基于 Ubuntu 桌面系统测量软件开发技术

武安状　主编

黄河水利出版社
·郑州·

内 容 提 要

Linux是一款优秀的操作系统,它支持多用户、多进程及多线程,以稳定、强健、可靠著称。Ubuntu是一个基于Linux的桌面环境操作系统,包括桌面、窗口、应用程序等。本书以Ubuntu 16.04 LTS为平台,总结了Ubuntu入门基础知识及常用软件开发工具使用方法。

全书共20章:Linux基础知识、Ubuntu安装方法、Ubuntu入门基础、常用办公软件、常用绘图软件、Shell程序设计、VI/VIM编辑器、GCC编译工具、GTK+图形界面、Anjuta开发环境、Eclipse开发环境、QT图形界面、MonoDevelop开发环境、Android软件开发、Go语言开发、MySQL数据库、SQLite数据库、测量软件开发、常见技术问题、其他参考资料。

本书语言简洁,深入浅出,图文并茂,逻辑性强,内容全面,适合测绘专业技术人员、软件开发人员、政府管理人员、科技工作者及大专院校师生参考。

图书在版编目(CIP)数据

基于Ubuntu桌面系统测量软件开发技术/武安状主编.—郑州:黄河水利出版社,2017.7
ISBN 978 - 7 - 5509 - 1813 - 9

Ⅰ.①基…　Ⅱ.①武…　Ⅲ.①测量 - 程序设计
Ⅳ.①P207 - 39

中国版本图书馆 CIP 数据核字(2017)第 190605 号

组稿编辑:王志宽　电话:0371-66024331　E-mail:wangzhikuan83@126.com

出　版　社:黄河水利出版社
　　　　　　地址:河南省郑州市顺河路黄委会综合楼14层　邮政编码:450003
发行单位:黄河水利出版社
　　　　　　发行部电话:0371 - 66026940、66020550、66028024、66022620(传真)
　　　　　　E-mail:hhslcbs@126.com
承印单位:河南承创印务有限公司
开本:787 mm×1 092 mm　1/16
印张:32
字数:739 千字　　　　　　　　　　印数:1—1 000
版次:2017 年 7 月第 1 版　　　　　　印次:2017 年 7 月第 1 次印刷

定价:98.00 元

《基于 Ubuntu 桌面系统测量软件开发技术》

编 委 会

主　　编：武安状

副 主 编：李传奇　　刘玉勇　　李保杰

编写人员：邱胜强　　张　炜　　王春山

　　　　　房春锦　　张增普　　武　岩

　　　　　杨君超　　杜　藏

前　言

  Linux 操作系统是一款优秀的操作系统,它支持多用户、多进程及多线程,以稳定、强健、可靠著称。Linux 操作系统是当前比较流行的三大电脑操作系统(Windows、Mac OS X、Linux)中唯一免费和开源的操作系统,并且版本众多,选择性大,免费升级,稳定高效,越来越受欢迎和关注。

  Linux 系统是基于 Unix 概念发展而来的操作系统,因此 Linux 具有与 Unix 系统相似的程式界面和操作方式,当然也继承了 Unix 稳定并且高效的特点。Linux 体积小,占用内存少,硬件配置要求低,甚至被淘汰的旧电脑也可以安装 Linux 操作系统。

  Linux 提供强大的服务器功能,因此在网络技术日益发展的今天,Linux 受到越来越多的企业和个人的青睐,越来越多的网络及网络服务器选择 Linux 作为运行平台。一般大型的服务器、工作站都是用 Linux 或 Unix 操作系统,甚至可以数月不用重启机器,因为它具有独特的内存管理方式。

  Linux 作为嵌入式操作系统,只要几百 K 程式代码就可以完整地驱动整个电脑硬件并成为一个完整的操作系统,因此相当适合作为小家电或者是小电子产品的操作系统,例如智能手机、数码相机、PDA、家用电器等的微电脑操作系统。

  Linux 的发行版本可以大体分为两类:一类是商业公司维护的发行版本,以著名的 Redhat 为代表;另一类是社区组织维护的发行版本,以 Debian 为代表。Debian 或者称 Debian 系列,包括 Debian 和 Ubuntu 等。

  Ubuntu 是一个以桌面应用为主的 Linux 操作系统,包括桌面、窗口、应用程序等。其名称来自非洲南部祖鲁语或豪萨语的"ubuntu"一词,意思是非洲一种传统的价值观,类似华人社会的"仁爱"思想。Ubuntu 基于 Debian 发行版和 GNOME 桌面环境,每 6 个月会发布一个新版本。

  Ubuntu 基于 Debian GNU/Linux,支持 x86、amd64(x64)和 PPC 架构,是由全球化的专业开发团队(Canonical Ltd)打造的开源 GNU/Linux 操作系统,为桌面虚拟化提供支持平台。

  在 20 世纪 80 年代,作者就已经开始接触 Unix 操作系统,当时 DOS 系统非常流行,重点学习了 DOS 操作系统,而 Unix 系统比较深奥,较难掌握,只是大概了解,没有深入研究。随着时间的变迁,Linux 操作系统越来越流行,作者又重新开始学习 Linux 操作系统,并以 Ubuntu 16.04 LTS(长期支持)版本为平台进行研究与探索。

  作者经过长期的研究与学习,积累了一些实践经验与软件开发技术,通过整理,理出头绪,分出章节,编写成书,为读者服务。本书全面系统地介绍了基于 Ubuntu 桌面环境操作系统的相关基础知识,总结了 Ubuntu 桌面系统下几种常用软件开发工具的安装方法及开发示例,并且分别使用了 Java、C＋＋、C#编程语言开发了大地坐标正反算及换带计算(简称坐标转换)程序,然后进行了总结,并附了全部源代码,供读者学习,以起到承前启后、抛砖引玉的效果,为中国的测绘事业贡献自己的力量。

全书共分 20 章,系统地介绍了 Linux 基础知识、Ubuntu 安装方法、Ubuntu 入门基础、常用办公软件、常用绘图软件、Shell 程序设计、VI/VIM 编辑器、GCC 编译工具、GTK + 图形界面、Anjuta 开发环境、Eclipse 开发环境、QT 图形界面、MonoDevelop 开发环境、Android 软件开发、Go 语言开发、MySQL 数据库、SQLite 数据库、测量软件开发、常见技术问题、其他参考资料。

参加本书编写的主要人员有河南省地质矿产勘查开发局测绘地理信息院的武安状、李传奇、刘玉勇、邱胜强、房春锦、武岩同志,河南省地质矿产勘查开发局第二地质矿产调查院的李保杰同志,河南省地质矿产勘查开发局第五地质勘查院的张炜同志,郑州高新技术产业开发区热力公司的王春山同志,河南省地质矿产勘查开发局第一地质矿产调查院的张增普同志,国网郑州供电公司的杨君超同志,河南洛宁抽水蓄能有限公司的杜藏同志。其中,武安状负责编写第 18 章,李传奇负责编写第 4、5 章,刘玉勇负责编写第 1、2 章,李保杰负责编写第 3 章,邱胜强负责编写第 6、7、8 章,张炜负责编写第 9、10、11 章,王春山负责编写第 12、13 章,房春锦负责编写第 14、15 章,张增普负责编写第 16 章,杨君超负责编写第 17 章,杜藏负责编写第 19 章,武岩负责编写第 20 章并负责软件测试工作及本书资料整理工作。本书由武安状担任主编并负责全书统稿。

本书在编写和出版过程中,得到了同济大学材料科学与工程学院杨飞博士、上海快猫文化传媒有限公司运维经理王博(曾任巨人网络、www.2345.com 网站高级运维工程师)、国网河南省电力公司电力科学研究院代双寅硕士的精心指导,以及南京地质学校(现东南大学)地形 8228 班全体同学的大力支持与热情鼓励,在此一并表示衷心的感谢。

本书在编写时参考了大量的经典著作及参考文献,收集了很多相关资料,包括网上下载的相关资料,所有使用的参考资料和图片的版权归原作者所有,引用的主要资料在本书参考文献中均有记载,在此对相关文献资料的作者表示衷心的感谢。

本书语言简洁,深入浅出,图文并茂,逻辑性强,内容全面,并附有大量的核心技术源代码供读者参考,从入门到精通,适合测绘专业技术人员、软件开发人员、政府管理人员、科技工作者及大专院校师生参考。

由于关于 Ubuntu 可借鉴的资料较少,加上时间仓促,作者水平有限,本书肯定有不足之处,欢迎各位读者及专家批评指正,以便再版时更正,谢谢。

作者简介:武安状,男,1963 年 10 月 16 日生,河南省邓州人,1984 年 12 月毕业于南京地质学校(现东南大学),教授级高级工程师,中国注册测绘师。出版专著 6 本,已被 32 座城市图书馆、33 所"985"高校、39 所"211"高校、80 所普通大学、43 所学院图书馆及 257 个单位收藏,2017 年 1 月开始走向海外市场,远销美国、英国、澳大利亚、俄罗斯、日本、中国台湾等地。手机:15038083078,微信:wuaz0829,邮箱:wuanzhuang@126.com,个人 QQ:378565069,QQ 群:150053870 或 217744052。欢迎专家指导与技术交流。

作 者

2017 年 5 月 8 日于郑州

目　录

第 1 章　Linux 基础知识

1.1　Unix 系统基础知识

1.1.1　Unix 系统简介

Unix(读优尼可斯)操作系统,是一个强大的多用户、多任务操作系统,支持多种处理器架构,按照操作系统的分类,属于分时操作系统,最早由 Ken Thompson、Dennis Ritchie 和 Douglas McIlroy 于 1969 年在 AT&T 的贝尔实验室开发。

目前它的商标权由国际开放标准组织所拥有,只有符合单一 Unix 规范的 Unix 系统才能使用 Unix 这个名称,其他的只能称为类 Unix(Unix-like)系统。

1.1.2　Unix 发展历史

1. Unix 诞生

1965 年,贝尔实验室(Bell Labs)加入一项由通用电气(General Electric)和麻省理工学院(MIT)合作的计划,该计划要建立一套多使用者、多任务、多层次(multi-user、multi-processor、multi-level)的 MULTICS 操作系统。直到 1969 年,由于 MULTICS 计划的工作进度太慢,该计划被停了下来。当时,Ken Thompson(后被称为"Unix 之父")已经有一个被称为"星际旅行"的程序在 GE-635 的机器上运行,但是运行速度非常慢,恰好有一部闲置的 PDP-7(Digital 的主机)被他发现,于是,Ken Thompson 和 Dennis Ritchie 就将"星际旅行"的程序移植到 PDP-7 上,而这部 PDP-7(见图 1-1)就此在整个计算机历史上留下了芳名。

MULTICS 其实是"Multiplexed Information and Computing Service"的缩写,在 1970 年,那部 PDP-7 只能支持两个使用者。当时,Brian Kernighan 就开玩笑地称他们的系统其实是"UNiplexed Information and Computing Service",缩写为 UNICS,后来,大家取其谐音,就称其为 Unix 了。

2. Unix 流行

1971 年,Ken Thompson 写了一份既充分又长篇的申请报告,申请到了一台 PDP-11/24 的机器,于是,Unix 第一版出来了,在一台 PDP-11/24 的机器上完成。这台电脑只有 24 kB 的物理内存和 500 kB 的磁盘空间,Unix 占用了 12 kB 的内存,剩下的一半内存可以支持两个用户进行 Space Travel 的游戏。

到了 1973 年的时候,Ken Thompson 与 Dennis Ritchie 感到用汇编语言做移植太过于麻烦,他们想用高级语言来完成第三版,在当时完全以汇编语言来开发程序的年代,他们的想法算是相当疯狂。一开始他们想尝试用 Fortran,可是失败了,后来他们用一个叫 BCPL(Basic Combined Programming Language)的语言开发,他们整合了 BCPL 形成 B 语

图 1-1　PDP-7 计算机

言,后来 Dennis Ritchie 觉得 B 语言还是不能满足要求,于是就改良了 B 语言,这就是今天的大名鼎鼎的 C 语言前身。于是,Ken Thompson 与 Dennis Ritchie 成功地用 C 语言重写了 Unix 的第三版内核。至此,Unix 这个操作系统修改、移植相当便利,为 Unix 日后的普及打下了坚实的基础,而 Unix 和 C 语言完美地结合成为一个统一体,C 语言与 Unix 很快成为世界的主导。

关于 Unix 的第一篇文章"The Unix Time Sharing System",由 Ken Thompson 和 Dennis Ritchie 于 1974 年 7 月发表,这是 Unix 与外界的首次接触,结果引起了学术界的广泛兴趣,多所大学想要索取其源码。后来,Unix 第五版就以"仅用于教育目的"的协议,提供给各个大学作为教学之用,成为当时操作系统课程中的范例教材,各大学开始通过 Unix 源码对 Unix 进行了各种各样的改进和扩展,随后,Unix 开始广泛流行。

1.1.3　Unix 系统组成

Unix 操作系统由三大部分组成:①Kernel(内核);②Shell(外壳);③工具及应用程序。

Unix Kernel(Unix 内核)是 Unix 操作系统的核心,指挥调度 Unix 机器的运行,直接控制计算机的资源,保护用户程序不受错综复杂的硬件事件细节的影响。

Unix Shell(Unix 外壳)是一个 Unix 的特殊程序,是 Unix 内核和用户的接口,是 Unix 的命令解释器。

1.1.4　Unix 系统特性

(1)Unix 系统是一个多用户、多任务的分时操作系统。

(2)Unix 的系统结构可分为三部分:操作系统内核(是 Unix 系统核心管理和控制中心,在系统启动时常驻内存),系统调用(供程序开发者开发应用程序时调用系统组件,包括进程管理、文件管理、设备状态等),应用程序(包括各种开发工具、编译器、网络通信处理程序等,所有应用程序都在 Shell 的管理和控制下为用户服务)。

(3)Unix 系统大部分是由 C 语言编写的,这使得系统易读、易修改、易移植。

(4)Unix 提供了丰富的、精心挑选的系统调用,整个系统的实现十分紧凑、简洁。

(5)Unix 提供了功能强大的可编程 Shell 语言(外壳语言)作为用户界面,具有简洁、高效的特点。

(6)Unix 系统采用树状目录结构,具有良好的安全性、保密性和可维护性。

(7)Unix 系统采用进程对换(Swapping)的内存管理机制和请求调页的存储方式,实现了虚拟内存管理,大大提高了内存的使用效率。

(8)Unix 系统提供多种通信机制,如管道通信、软中断通信、消息通信、共享存储器通信、信号灯通信。

1.1.5 Unix 应用范围

几乎所有 16 位及以上的计算机上都可以运行 Unix,包括微机、工作站、小型机、多处理机和大型机等。现在已经流行 64 位操作系统了。

1.1.6 Unix 系统标准

Unix 用户协会最早从 20 世纪 80 年代开始标准化工作,1984 年颁布了试用标准,后来 IEEE 为此制定了"POSIX 标准(IEEE 1003 标准)",国际标准名称为"ISO/IEC 9945",它通过一组最小的功能定义了在 Unix 操作系统和应用程序之间兼容的语言接口。

POSIX 是由 Richard Stallman 应 IEEE 的要求而提议的一个易于记忆的名称,含义是 Portable Operating System Interface(可移植操作系统接口),而 X 表明其 API 的传承。

1.2 Linux 系统基础知识

1.2.1 Linux 系统简介

Linux 是一类 Unix 计算机操作系统的统称,得名于计算机业余爱好者 Linus Torvalds。Linux 操作系统的内核的名字也是"Linux"。Linux 操作系统也是自由软件和开放源代码发展中最著名的例子。

Linux 主要作为 Linux 发行版(通常被称为"Distro")的一部分而使用,这些发行版由个人、松散组织的团队以及商业机构和志愿者组织编写,它们通常包括了其他的系统软件和应用软件,以及一个简化的安装工具和升级软件的集成管理器。

一个典型的 Linux 发行版包括 Linux 内核、一些 GNU 程序库和工具、命令行 Shell、图形界面的 X Window 系统和相应的桌面环境(如 KDE 或 GNOME),并包含数千种从办公套件、编译器、文本编辑器到科学工具的应用软件。

1.2.2 Linux 发展历史

Linux 是一个诞生于网络、成长于网络,且成熟于网络的奇特的操作系统。1991 年,在赫尔辛基的一个大学宿舍里，一名叫 Linus Torvalds(林纳斯·托瓦茨)的芬兰大学生为了让自己更方便地访问大学主机上的新闻和邮件，萌发了开发一个自由的 Unix 操作系统的想法，自己编写了磁盘驱动程序和文件系统，这些就是 Linux 内核的雏形。当时年仅21岁的林纳斯不知道他的这些代码将来会改变整个世界。

在自由软件之父理查德·斯托曼(Richard Stallman)某些精神的感召下，林纳斯很快以 Linux 的名字把这款类 Unix 的操作系统加入到了自由软件基金(FSF)的 GNU 计划中，并通过 GPL 的通用性授权，允许用户销售、拷贝并且改动程序，但是用户必须将同样的自由传递下去，而且必须免费公开修改后的源代码。由此可以看出，Linux 并不是被刻意创造的，它完全是日积月累的结果，是经验、创意和一小段一小段代码的集合体。无疑，正是林纳斯的这一举措带给了 Linux 和他自己巨大的成功和极高的声誉。

短短几年间，在 Linux 身边已经聚集了成千上万的狂热分子，大家不计得失地为 Linux 增补、修改，并随之将开源运动的自由主义精神传扬下去，人们几乎像看待神明一样对林纳斯顶礼膜拜。这也造成了现在 Linux 发行版诸子百家的形态。因为任何人只要遵守 GNU 开源协议，就可以下载到 Linux 内核的代码进行编写，而这些编写过的 Linux 就会拥有不同的版本名称。

1.2.3　Linux 两大版本

Linux 的发行版可以大体分为两类：一类是商业公司维护的发行版，以著名的 Redhat 为代表；另一类是社区组织维护的发行版，以 Debian 为代表。下面简要介绍一下各个发行版的特点：

(1)Redhat，应该称为 Redhat 系列，包括 RHEL(Redhat Enterprise Linux，也就是所谓的 Redhat Advance Server，收费版本)、Fedora Core(由原来的 Redhat 桌面版本发展而来，免费版本)、CentOS(RHEL 的社区克隆版本，免费版本)。

Redhat 应该说是在国内使用人群最多的 Linux 版本，甚至有人将 Redhat 等同于 Linux。这个版本的特点就是使用人群数量大，资料非常多，而且网上的一般 Linux 教程都是以 Redhat 为例来讲解的。

Redhat 系列的包管理方式采用的是基于 rpm 包的 yum 包管理方式，包分发方式是编译好的二进制文件。在稳定性方面，RHEL 和 CentOS 的稳定性非常好，适合于服务器使用，Fedora Core 的稳定性较差，最好只用于桌面应用。

(2)Debian，或者称 Debian 系列，包括 Debian 和 Ubuntu 等。Debian 是社区类 Linux 的典范，是迄今为止最遵循 GNU 规范的 Linux 系统。Debian 的资料很丰富，有很多支持的社区，有问题求教也有地方可去。

Debian 最早由 Ian Murdock 于 1993 年创建，分为三个版本分支：stable、testing 和 unstable。其中，unstable 为最新的测试版本，包括最新的软件包，但是也有相对较多的 bug，适合桌面用户。testing 版本都经过 unstable 中的测试，相对较为稳定，也支持不少新技术，比如 SMP(Symmetrical Multi-Processing，简称双 CPU 系统)等。而 stable 版本一般只用于服务器，上面的软件包大部分都比较过时，但是稳定性和安全性都非常高。

Debian 最具特色的是 apt-get /dpkg 包管理方式，其实 Redhat 的 yum 也是在模仿

Debian 的 apt 方式,但在二进制文件发行方式中,apt 应该是最好的了。

1.2.4 Linux 流行版本

Linux 发行版众多,均出于许多不同的目的而制作发行。目前,发行版已经超过 300 个,国外的 DistroWatch.com 网站提供了多时间跨度排名顺序,允许你查看选定时间范围内的 Linux 和 BSD(Berkeley Software Distribution,伯克利软件套件,是 Unix 的衍生系统)发行版的排名,2016 年度十大最流行 Linux 发行版如图 1-2 所示。

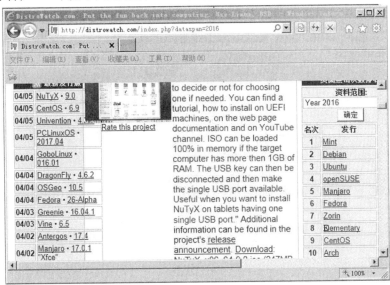

图 1-2 2016 年十大最流行 Linux 发行版

首先,让我们来看看表 1-1,表中列出了 2014 年、2015 年、2016 年分别排名前 10 位的 Linux 发行版的情况。

表 1-1 2014～2016 年前 10 位的 Linux 发行版排名顺序

position	2014 年	2015 年	2016 年
1	Linux Mint	Linux Mint	Linux Mint
2	Ubuntu	Debian	Debian
3	Debian	Ubuntu	Ubuntu
4	openSUSE	openSUSE	openSUSE
5	Fedora	Fedora	Manjaro
6	Mageia	Mageia	Fedora
7	Arch	Manjaro	Zorin
8	Elementary	CentOS	Elementary
9	CentOS	Arch	CentOS
10	Zorin	Elementary	Arch

正如你所看到的,这 3 年来并没有发生太多显著的变化。下面简要介绍一下 2016 年度最流行的 10 个 Linux 发行版情况。

1. Linux Mint

Linux Mint 是一个为 PC 和 x86 电脑设计的操作系统,于 2006 年开始发行,是一个基于 Debian 和 Ubuntu 的 Linux 发行版,其目标是提供一种更完整的即刻可用体验,这包括提供浏览器插件、多媒体编解码器、对 DVD 播放的支持、Java 和其他组件。它也增加了一套定制桌面及各种菜单、一些独特的配置工具,以及一个基于 Web 的软件包安装界面。它与 Ubuntu 软件仓库兼容,使得它有一个强悍的根基、一个巨大的可安装软件库,还有一个完善的服务设置机制。

Linux Mint 是初学者最容易上手的发行版之一。其所有的环境都是配置好的,包括网络、多媒体以及办公,并且 Linux Mint 是一个非常轻量级的发行版,系统占有资源极少,对于硬件的需求非常低,这是 Linux Mint 被推荐的重要因素。Linux Mint 桌面如图 1-3 所示。

图 1-3　Linux Mint 桌面

2. Debian

Debian Project 诞生于 1993 年 8 月 13 日,它的目标是提供一个稳定容错的 Linux 版本。支持 Debian 的不是某家公司,而是许多在其改进过程中投入了大量时间和精力的开发人员,这种改进汲取了早期 Linux 的经验。

Debian 以稳定性闻名,所以很多服务器都使用 Debian 作为其操作系统,而很多 Linux 的 LiveCD 亦以 Debian 为基础改写,最为著名的例子为 Knoppix。而在桌面领域,Debian 的一个修改版 Ubuntu Linux 就获得了很多 Linux 用户的支持,在 DistroWatch.com 浏览排名中一直很靠前。

Debian 可谓是众多 Linux 发行版之父。很多 Linux 发行版都是根据 Debian 进行编写的。例如 Ubuntu、Knoppix 和 Linspire 及 Xandros 等,都基于 Debian GNU/Linux。Debian 以其坚守 Unix 和自由软件的精神,以及其给予用户的众多选择而闻名,现时 Debian 包括了超过 37 500 个软件包并支持 12 个计算机系统结构。Debian 桌面如图 1-4 所示。

3. Ubuntu

Ubuntu 是一个以桌面应用为主的 Linux 操作系统,其名称来自非洲南部祖鲁语或豪萨语的"Ubuntu"一词,意思是"人性""我的存在是因为大家的存在",是非洲一种传统的

图 1-4　Debian 桌面

价值观,类似华人社会的"仁爱"思想。

　　Ubuntu 以 Debian GNU/Linux 不稳定分支为开发基础,其首个版本于 2004 年 10 月 20 日发布。Ubuntu 是基于 Debian 的 unstable 版本发展而来的,可以这么说,Ubuntu 就是一个拥有 Debian 所有的优点,以及自己特点的近乎完美的 Linux 桌面系统。

　　Ubuntu 基于 Debian 发行版和 unity 桌面环境,与 Debian 的不同之处在于它每 6 个月会发布一个新版本。Ubuntu 的目标是为一般用户提供一个最新的,同时又相当稳定的主要由自由软件构建而成的操作系统。其特点是界面非常友好,容易上手,对硬件的支持非常全面,是最适合做桌面系统的 Linux 发行版。Ubuntu 桌面如图 1-5 所示。

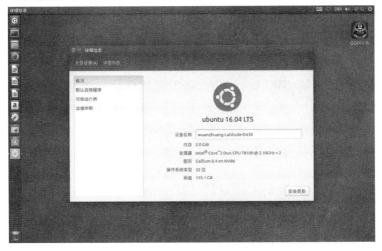

图 1-5　Ubuntu 桌面

4. openSUSE

　　openSUSE 是著名的 Novell 公司旗下的 Linux 的发行版,发行量在欧洲占第一位,它采用 KDE4.3 作为默认桌面环境,同时也提供 GNOME 桌面版本。它的软件包管理系统采用自主开发的 YaST(Yet another Setup Tool),颇受好评。它的用户界面非常华丽,甚至超越 Windows 7,而且性能良好,最新版本是 13.1。

　　openSUSE 拥有界面友好的安装程序,还有图形管理工具,可方便地访问 Windows 磁盘,对于终端用户和管理员来说使用它同样方便,这使它成为一个强大的服务器平台。YaST 作为 openSUSE 的重要特性之一,它是一套集系统安装、网络设定、RPM 软件包安装、在线更新、硬盘分区等诸多功能于一身的管理工具,以管理功能及集成界面见长。

　　openSUSE 包含了默认的图形用户界面及命令行接口的选项,在安装过程中,用户可以从最新版本的 KDE SC、GNOME 和 Xfce 中挑选喜欢的图形用户界面。openSUSE 桌面如图 1-6 所示。

图 1-6　openSUSE 桌面

5. Manjaro

　　基于 Arch Linux 的 Manjaro,目标在于利用广泛发行的 Arch 功能和优势,同时提供一个更舒适的安装和运行体验,无论是新手还是有经验的 Linux 用户,都可以开箱即用。

　　Manjaro 预装了桌面环境、图形应用程序(包括软件中心)和用于播放音频和视频的多媒体解码器。Manjaro 桌面如图 1-7 所示。

6. Fedora

　　Fedora 是一个基于 Linux 平台,开放的、创新的、前瞻性的操作系统。它是 Linux 的一个发行版,可运行的体系结构包括 x86(i386 到 i686)、x86_64 和 PowerPC,它允许任何人自由地使用、修改和重发布。它由一个强大的社群开发,基于 Fedora Project 的支持,世界性社区范围的志愿者和开发人员来构建和维护。这个社群的成员以自己的不懈努力,提供开放的标准,维护开放源码的软件。

　　Fedora 基于 RedHat Linux 发展而来,在 RedHat Linux 终止发布后,RedHat 公司以 Fedora 来取代 RedHat Linux 在个人领域的应用,而另外发布的 RedHat Enterprise Linux(RedHat 企业版 Linux)则取代 RedHat Linux 在商业领域的应用。

　　Fedora 之所以能够持续几年成为使用最广泛的发行版之一,是因为它有三个主要的

图 1-7　Manjaro 桌面

可用版本(Workstation、Server edition 和 Cloud image),以及 ARM 版本(用于基于 ARM 的服务器)。Fedora 桌面如图 1-8 所示。

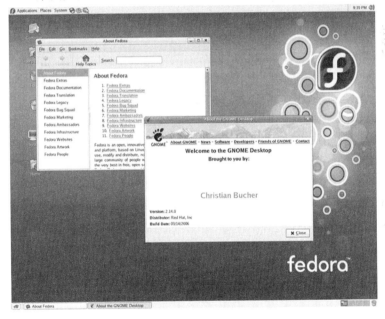

图 1-8　Fedora 桌面

7. Zorin

Zorin 是一款基于 Ubuntu 的 Linux 发行版,特别为 Linux 新手而设计,它拥有类似 Windows 7 的图形用户界面,以及很多类似 Windows 7 下的应用软件。Zorin 还带有能让用户运行很多 Windows 软件的程序。该发行版的终极目标是提供一个可替换 Windows 的 Linux 版本,并让 Windows 用户能轻松入门,享受 Linux 的所有特性。Zorin 桌面如图 1-9 所示。

图 1-9　Zorin 桌面

8. Elementary

Elementary 是一款基于 Ubuntu LTS 的桌面 Linux 发行版,第一个版本发行于 2011 年,目前发行的是第三个稳定版本,代号为"Freya"。

由于 Elementary 是基于 Ubuntu 的,所以它完全兼容 Ubuntu 的代码仓库和软件包。然而,它自己的应用程序管理器还在开发中。Elementary 桌面如图 1-10 所示。

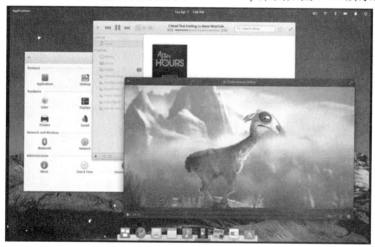

图 1-10　Elementary 桌面

9. CentOS

CentOS(Community Enterprise Operating System)是一个基于 RedHat Linux 提供的可自由使用源代码的企业级 Linux 发行版本,它来自于 RedHat Enterprise Linux,依照 RHEL 开放源代码重新编译而成。由于出自同样的源代码,因此有些要求高度稳定性的服务器以 CentOS 替代商业版的 RedHat Enterprise Linux 来使用,两者的不同之处在于 CentOS 并不包含封闭源代码软件。

CentOS 在 RHEL 的基础上修正了不少已知的 bug,相对于其他 Linux 发行版,其稳定性值得信赖。RHEL 在发行的时候,有两种方式:一种是二进制的发行方式,另一种是源代码的发行方式。

CentOS 的每个版本都会获得 10 年的支持（通过安全更新方式）。新版本的 CentOS 大约每两年发行一次，而每个版本的 CentOS 会定期（大概每 6 个月）更新一次，以便支持新的硬件，建立一个安全、低维护、稳定、高预测性、高重复性的 Linux 环境。CentOS 桌面如图 1-11 所示。

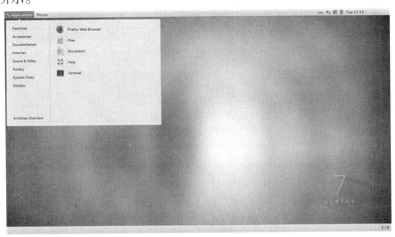

图 1-11　CentOS 桌面

10. Arch

Arch 是一个独立的开放源代码的发行版（这意味着它不基于任何其他的东西），并且受到了成千上万的 Linux 用户的喜爱。由于 Arch 遵循滚动发布模式，因此你只要使用 Pacman 执行定期的系统更新，就可以获得最新的软件。

一般来说，不建议新用户使用 Arch，主要是因为安装进程不会为你做任何的决定，所以你最好具有 Linux 基础知识，对相关概念有一定程度的了解，以便成功地安装软件。

还有一些其他的基于 Arch 的发行版，如 Apricity、Manjaro、Antergos 等，更适合那些想要无障碍尝试 Arch 衍生产品的新手。

Arch 桌面如图 1-12 所示。

1.3　Ubuntu 版本基础知识

1.3.1　Ubuntu 版本简介

Ubuntu（读乌班图）是一个以桌面应用为主的 Linux 操作系统。

Ubuntu 由 Mark Shuttleworth（马克·舍特尔沃斯，亦译为马克·沙特尔沃斯，见图 1-13）创立，Ubuntu 以 Debian GNU/Linux 不稳定分支为开发基础，其首个版本于 2004 年 10 月 20 日发布。

Ubuntu 是基于 Debian GNU/Linux，支持 x86、amd64（x64）和 ppc 架构，由全球化的专业开发团队（Canonical Ltd）打造的开源 GNU/Linux 操作系统，为桌面虚拟化提供支持平台。Ubuntu 对 GNU/Linux 的普及特别是桌面普及做出了巨大贡献，由此使更多人共享开

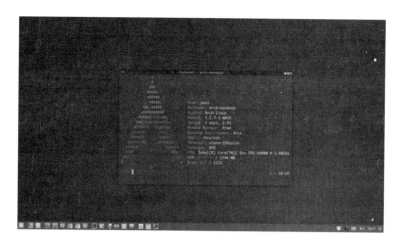

图 1-12　Arch 桌面

图 1-13　Ubuntu 创始人 Mark Shuttleworth

源的成果与精彩。

　　Debian 依赖庞大的社区力量,而不依赖任何商业性组织和个人。Ubuntu 使用 Debian 的大量资源,同时其开发人员作为贡献者也参与 Debian 社区开发,许多热心人士也参与 Ubuntu 的开发。Ubuntu 具有庞大的社区力量,用户可以方便地从社区获得帮助。

　　Ubuntu 基于 Debian 发行版和 GNOME 桌面环境,而从 11.04 版起,Ubuntu 发行版放弃了 GNOME 桌面环境,改为 Unity。Ubuntu 的目标在于为一般用户提供一个最新的,同时又相当稳定的主要由自由软件构建而成的操作系统。

　　Canonical 公司一直致力于使 Ubuntu 成为一个流行和普遍的发行版,你可在智能手机、平板电脑、个人电脑、服务器和云 VPS(Virtual Private Server 虚拟专用服务器)的上面看到 Ubuntu 的身影。

1.3.2　Ubuntu 发展历史

　　Ubuntu 由马克·舍特尔沃斯创立,其首个版本——4.10 发布于 2004 年 10 月 20 日。它以 Debian 为开发蓝本,与 Debian 稳健的升级策略不同,Ubuntu 每 6 个月便会发布一个新版本,以便人们实时地获取和使用新软件。

Ubuntu 的运作主要依赖 Canonical 有限公司的支持,同时亦有来自 Linux 社区的热心人士提供协助。Ubuntu 的开发人员多称马克·舍特尔沃斯为 SABDFL(Self-appointed Benevolent Dictator for Life,即自封终生开源码大佬)。

在 2005 年 7 月 8 日,马克·舍特尔沃斯与 Canonical 有限公司宣布成立 Ubuntu 基金会,并提供 1000 万美元作为起始营运资金。成立基金会的目的是确保将来 Ubuntu 得以持续开发与获得支持,但直至 2006 年,此基金会仍未投入运作。马克·舍特尔沃斯形容此基金会是在 Canonical 有限公司出现财务危机时的紧急营运资金。

在早期时候,用户可以通过船运(Shipit)服务来获得免费的安装光盘。Ubuntu 6.06 版提供免费船运服务,然而其后的 Ubuntu 6.10 版却没有提供免费的船运邮寄光盘服务,用户只可由网站上下载光盘映像文件自行刻录并安装。Ubuntu 6.06 版发布时,曾有消息指出往后不会再对非长期支持版提供船运服务,但在 Ubuntu 7.04 版推出时,船运服务再度启动,而此版并非长期支持版。在 Ubuntu 11.04 版发布前夕,船运服务被停止。

到目前为止,Ubuntu 共有 6 个长期支持版本(Long Term Support,简称 LTS):Ubuntu 6.06、8.04、10.04、12.04、14.04 与 16.04。Ubuntu 12.04 和 14.04 桌面版与服务器版都有 5 年支持周期,而之前的长期支持版本为桌面版 3 年、服务器版 5 年,Ubuntu 16.04 桌面版支持 5 年。

1.3.3　Ubuntu 安全机制

Ubuntu 所有与系统相关的任务均需使用 sudo 指令是它的一大特色,这种方式比传统的以系统管理员账号进行管理工作的方式更为安全,此为 Unix、Linux 系统的基本思维之一。更有趣的是,Windows 操作系统在较新的版本内也引入了类似的 UAC 机制,但是用户数量不多。

1.3.4　Ubuntu 预装组件

GNOME:桌面环境与附属应用程序。从 Ubuntu 11.04 开始,GNOME 桌面环境被替换为 Ubuntu 开发的 Unity 环境。

Unity:自 Ubuntu 11.04 后成为默认桌面环境,但仍然使用部分 GNOME 的附属应用程序。

GIMP:绘图程序(Ubuntu 10.04 以上默认没有安装)。

Firefox:网页浏览器(Web Browser)。

Empathy:即时通信软件。

Evolution:电子邮件(E-mail)与个人资讯管理软件(PIM),现改名为 Thunderbird。

OpenOffice:办公套件(Office Software),从 Ubuntu 11.04 开始用 LibreOffice 作为默认办公套件。

SCIM:输入法平台,支持东亚三国(中、日、韩)的文字输入,并有多种输入法选择(只有在安装系统时选择东亚三国语系,才会在缺省情况下被安装),从 Ubuntu 9.04 开始,默认输入法变成 IBUS。

Synaptic:新立得软件包管理器。

Totem:媒体播放机。

Rhythmbox:音乐播放器。

注意:需要指出的是,Ubuntu 16.04 LTS 预装的组件与以上稍有出入,不尽相同。

1.3.5　Ubuntu 发行版本

1. Ubuntu 发行版本

Ubuntu 每 6 个月发布一个新版本,而每个版本都有代号和版本号,其中标有 LTS 的是长期支持版,版本号基于发布日期,例如第一个版本 4.10,代表是在 2004 年 10 月发行的。

表 1-2 为 Ubuntu 发行历史版本一览表。

表 1-2　Ubuntu 发行历史版本一览表

版本号	代号	发布时间(年-月-日)
17.04	Zesty Zapus	2017-04-13
16.10	Yakkety Yak	2016-10-20
16.04 LTS	Xenial Xerus	2016-04-21
15.10	Wily Werewolf	2015-10-22
15.04	Vivid Vervet	2015-04
14.10	Utopic Unicorn	2014-10-23
14.04 LTS	Trusty Tahr	2014-04-18
13.10	Saucy Salamander	2013-10-17
13.04	Raring Ringtail	2013-04-25
12.10	Quantal Quetzal	2012-10-18
12.04 LTS	Precise Pangolin	2012-04-26
11.10	Oneiric Ocelot	2011-10-13
11.04(Unity 为默认桌面环境)	Natty Narwhal	2011-04-28
10.10	Maverick Meerkat	2010-10-10
10.04 LTS	Lucid Lynx	2010-04-29
9.10	Karmic Koala	2009-10-29
9.04	Jaunty Jackalope	2009-04-23

版本号	代号	发布时间(年-月-日)
8.10	Intrepid Ibex	2008-10-30
8.04 LTS	Hardy Heron	2008-04-24
7.10	Gutsy Gibbon	2007-10-18
7.04	Feisty Fawn	2007-04-19
6.10	Edgy Eft	2006-10-26
6.06 LTS	Dapper Drake	2006-06-01
5.10	Breezy Badger	2005-10-13
5.04	Hoary Hedgehog	2005-04-08
4.10(初始发布版本)	Warty Warthog	2004-10-20

2. Ubuntu 衍生版本

Ubuntu 的衍生版本包括 Kubuntu、Edubuntu、Xubuntu、Ubuntu Kylin、Ubuntu Server Edition、Gobuntu、Ubuntu Studio、Ubuntu JeOS、Mythbuntu、BioInfoServOS、Ebuntu、Xubuntu、Fluxbuntu、Freespire、Gnoppix、gOS、Hiweed、Jolicloud、Gubuntu、Linux Deepin、Linux Mint、Lubuntu、nUbuntu、Ubuntu CE 等。

3. Ubuntu 手机版

2013 年 1 月 3 日(北京时间凌晨两点),Canonical 有限公司在官网发布了适用于智能手机的 Ubuntu 操作系统分支,并宣布将很快提供适用于 Galaxy Nexus 的刷机包,计划于 2014 年初推出手机硬件。2014 年 2 月 20 日,乌班图于北京中关村皇冠假日酒店召开了乌班图智能手机发布会,正式宣布乌班图与国产手机厂商魅族合作推出乌班图版 MX3,魅族副总裁李楠也到场出席。

第 2 章　Ubuntu 安装方法

2.1　Ubuntu 16.04 LTS 版本介绍

2.1.1　Ubuntu 16.04 LTS 简介

Canonical 有限公司在 2016 年 4 月 21 日正式发布了 Ubuntu 16.04 LTS 新版本,代号为"Xenial Xerus",可提供下载,安装到台式机、笔记本等电脑上。

Ubuntu 16.04 LTS 版本,是一个长期支持版本,官方表示会提供长达 5 年的技术支持(包括常规更新、bug 修复、安全升级),一直到 2021 年 4 月,而且后续会按惯例发布16.04.1、16.04.2、16.04.3 等升级版本。

Ubuntu 16.04 LTS 最大的变化就是采用了 Linux 4.4 版系统内核,同时对几乎所有系统应用都进行了升级,包括 LibreOffice 5.1.2、Mozilla Firefox 45.0.2、Python 3.5、OpenSSH 7.2p2、PHP 7.0、MySQL 5.7、GCC 5.3、Binutils 2.26、Glibc 2.23、Apt 1.2、GNOME 3.18 Stack,并支持安装 snap 格式。这些预装应用都导入了 WebKit2 引擎,同时不再使用原有的 Ubuntu 软件中心,代之以 GNOME Stack 里的 GNOME Software,不过名字改成了 Ubuntu Software,还默认加入了 GNOME 日历。

在驱动程序方面,AMD 官方的 fglrx 显卡驱动、xorg.conf 均被移除,推荐使用开源的 Radeon、AMDGPU,而且还从 Linux 反向导入了新版开源驱动的源代码,可提供更好的体验。此外,外观没有太大变化,只是图标、Unity 界面做了细微调整,支持高 dpi 光标缩放。

2.1.2　Ubuntu 16.04 LTS 下载

以下是官方提供的 Ubuntu 16.04 LTS 桌面操作系统下载地址:

32 位——http://releases.ubuntu.com/16.04/ubuntu-16.04-desktop-i386.iso

64 位——http://releases.ubuntu.com/16.04/ubuntu-16.04-desktop-amd64.iso

读者可根据自己的计算机配置情况,下载相应版本的安装文件。作者安装的是 Ubuntu 32 位操作系统,按照上面的地址来下载,方法如下:

如图 2-1 所示,点击链接,在最下面出现一个长条形的小对话框,选择【另存为】菜单,显示如图 2-2 所示的【另存为】对话框,选择保存目录,然后点击【保存】按钮,开始下载。

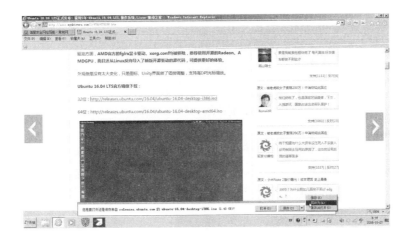

图 2-1 Ubuntu 16.04 桌面版官方下载地址

图 2-2 【另存为】对话框

2.2 Ubuntu 16.04 LTS 安装方法

Ubuntu 是一款比较流行的 Linux 操作系统。基于 Debian 发行版和 GNOME 桌面环境,和其他 Linux 发行版相比,Ubuntu 非常易用,和 Windows 相容性很好,非常适合 Windows 用户的迁移,预装了大量常用软件,中文版的功能也较齐全,支持拼音输入法,预装了 Firefox、LibreOffice、多媒体播放、图像处理等大多数常用软件,一般会自动安装网卡、声卡等设备的驱动。

如果用户想安装双系统(Windows/Linux),也非常方便,在 Windows 操作系统下就可以安装使用,不用重新分区,就如同安装一个应用软件那么容易。换言之,整个 Ubuntu 操作系统在 Windows 下就如同一个大文件一样,很容易卸载掉。但是,如果想作为开发软件使用,最好单独安装 Linux 系统,防止在开发过程中出现意外,导致 Windows 也无法启动。

Ubuntu 有三个版本,分别是桌面版(Desktop Edition)、服务器版(Server Edition)、上网本版(Netbook Remix),普通电脑使用桌面版即可。

2.2.1 UltraISO 简介和安装

1.软件简介

UltraISO(软碟通)是一款功能强大、方便实用、老牌优秀的光盘映像文件制作、编辑、转换工具,可随心所欲地制作、编辑、转换光盘映像文件,从 ISO 中提取文件和目录,也可从 CD - ROM 制作光盘映像或者将硬盘上的文件制作成 ISO 文件,还可处理 ISO 的启动信息,制作启动光盘和 U 盘等。其界面如图 2-3 所示。

图 2-3　UltraISO(软碟通)软件界面

2.最新的 UltraISO 版本更新功能

(1)支持 Windows 10;

(2)改进了写入磁盘映像功能,并可以从更多的 ISO 制作启动 U 盘,包括 Debian 8、Ubuntu 15.04、SBAV 5.14 和 gparted 0.22 等;

(3)在制作音乐光盘时支持 WMA 媒体文件重新采样;

(4)支持加载 NTFS/exFAT 磁盘上的深度隐藏分区(bootpart);

(5)在制作映像或刻录完成后自动弹出光盘;

(6)可以打开并提取 Android 启动/恢复映像中的文件;

(7)修正了某些 AHCI 接口的刻录机刻录光盘时报错的问题;

(8)改进一些小的问题和进行了错误修正。

3.软件安装

(1)需要上网下载最新版本的 UltraISO 9.6.5.3237 软件来使用,经作者测试表明,以前的旧版本制作的安装程序虽然成功,但是屡次出现安装失败,作者在网上搜索该版本软件的下载地址,如图 2-4 所示。

(2)找到下载地址后,进行下载,待下载完毕,在 Windows 7 操作系统下,双击刚下载

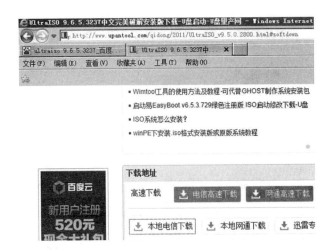

图 2-4 UltraISO 下载地址

的软件解压,找到安装程序,双击开始安装,如图 2-5 所示。

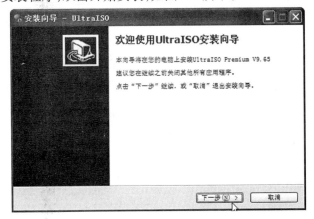

图 2-5 UltraISO 安装准备

(3)点击【下一步】,出现如图 2-6 所示的对话框。

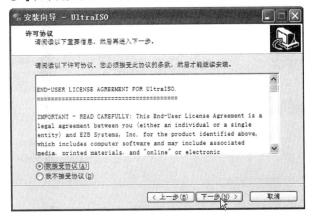

图 2-6 接受许可协议

(4)选择"我接受协议",点击【下一步】,出现如图 2-7 所示的对话框。

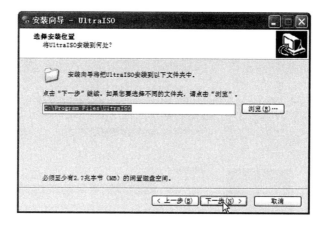

图 2-7　选择安装位置

（5）选择安装目录,选择默认即可,点击【下一步】,出现如图 2-8 所示的对话框。

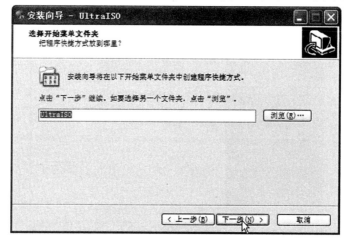

图 2-8　输入安装名称

（6）输入安装名称,点击【下一步】,出现如图 2-9 所示的对话框。

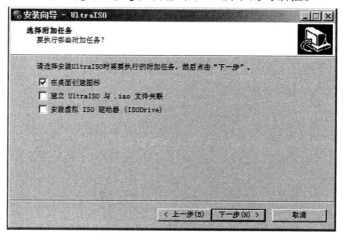

图 2-9　选择附加任务

（7）勾选"在桌面创建图标"，点击【下一步】，出现如图 2-10 所示的对话框。

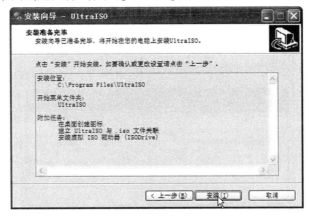

图 2-10　开始安装 UltraISO

（8）点击【安装】按钮，开始安装程序，安装完成，出现如图 2-11 所示的对话框。

图 2-11　UltraISO 安装完成

（9）点击【结束】，开始注册，如图 2-12 所示。

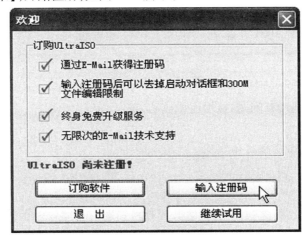

图 2-12　注册软件

（10）选择【输入注册码】（提倡使用），出现如图 2-13 所示的对话框，或其他选项，如
【继续试用】。

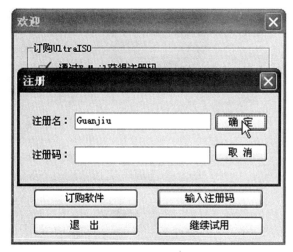

图 2-13　注册验证

（11）显示注册名和注册码，输入注册码，点击【确定】，出现如图 2-14 所示的对话框。

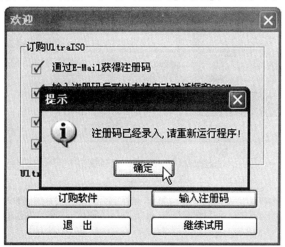

图 2-14　注册成功

（12）如果注册码没有问题，显示注册成功，按【确定】退出程序，显示软件版本信息如
图 2-15 所示。

（13）到此为止，软碟通软件制作工具安装完毕，可以正常使用了。

2.2.2　制作启动 U 盘方法

首先准备一个 U 盘，然后备份 U 盘里的资料到别的存储设备上，要求 U 盘容量在 2
GB 以上，最好是新的 U 盘，开始制作 Ubuntu 16.04 LTS 系统启动/安装 U 盘，下面演示制
作方法：

图 2-15　软件版本信息

（1）插入 U 盘，然后点击 UltraISO 菜单：【文件】→【打开】，如图 2-16 所示。

图 2-16　打开 UltraISO

（2）选择下载的 ubuntu-16.04-desktop-i386.iso 镜像文件打开，如图 2-17 所示。

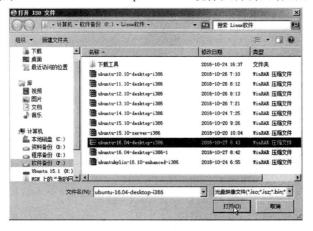

图 2-17　选择 ISO 文件

（3）点击菜单:【启动】→【写入硬盘映像】，如图 2-18 所示。

图 2-18　写入硬盘映像

（4）显示【写入硬盘映像】对话框，如图 2-19 所示。

图 2-19　【写入硬盘映像】对话框

（5）勾选中间的"刻录校验"选项，然后点击右边的【便捷启动】按钮，再选择【写入新的驱动器引导扇区】→【Syslinux】，如图 2-20 所示。

（6）显示【提示】对话框，选择【是】，如图 2-21 所示。

（7）开始写入引导扇区，稍候显示"引导扇区写入成功"，点击【确定】，如图 2-22 所示。

（8）点击下面的【写入】按钮，开始制作启动 U 盘，如图 2-23 所示。

（9）显示【提示】对话框，选择【是】，如图 2-24 所示。

（10）下面正式开始制作启动盘，并显示进度条，如图 2-25 所示。

（11）经过 5~10 分钟，制作完毕，开始校验文件，如图 2-26 所示。

图 2-20　写入引导扇区

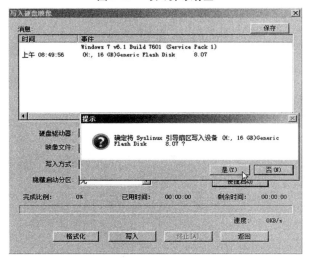

图 2-21　写入前确认

图 2-22　引导扇区写入成功

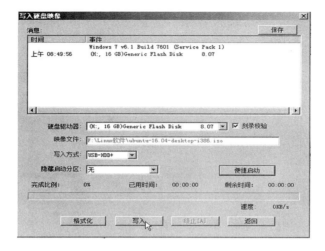

图 2-23   开始制作启动 U 盘

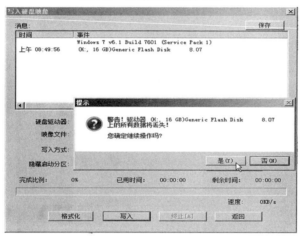

图 2-24   格式化 U 盘提示

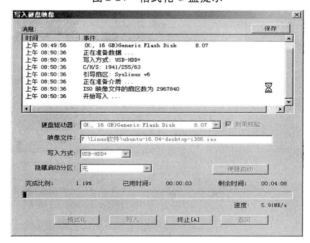

图 2-25   制作过程中

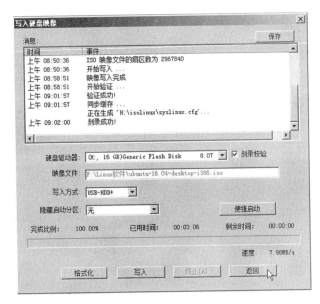

图 2-26   启动 U 盘制作完成

（12）校验完毕，点击右下角的【返回】按钮结束制作，用资源管理器打开 U 盘，显示如图 2-27 所示。

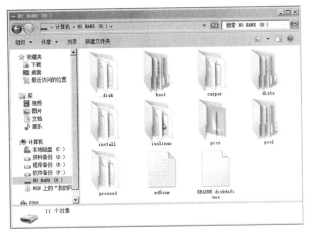

图 2-27   启动 U 盘文件清单

注意事项：

● 用 Ultra ISO 制作启动 U 盘时会把 U 盘格式化，请备份好 U 盘内的文件。

● 在制作启动 U 盘时防止系统出现休眠或关机，意外断电会导致 U 盘彻底损坏，应引起注意。

2.2.3   安装操作系统方法

在准备安装 Ubuntu 操作系统之前，作者建议，最好找一台旧的或淘汰的计算机，这样可以放心地去学习，没有后顾之忧。如果要安装双系统，一旦出现问题，有可能会使你的 Windows 系统崩溃，最后连 Windows 系统也启动不了。作者开发软件 30 年，深有体会，不出问题是万幸,出现问题是必然。

Ubuntu 系统对计算机硬件配置要求不高,作者使用的就是 10 年前的 DELL 旧电脑,成功安装了 Ubuntu 16.04 LTS 版本,下面是成功安装后的经验总结,以供大家模仿学习。

(1)重启计算机,在启动时按"ESC"、"F2"或"."键(不同机型进入 BIOS(UEFI)设置的按钮不完全一样,但大概都是这几个,计算机启动时一般在左下角有提示)进入 BIOS(UEFI),如图 2-28 所示。然后在 BIOS(UEFI)中设置 U 盘为第一启动驱动器(显示名称为 U 盘的型号),保存设置,如图 2-29 所示。

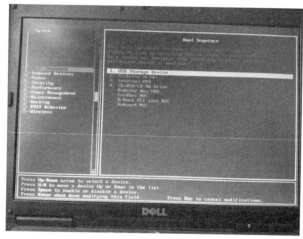

图 2-28　进入 BIOS(UEFI)

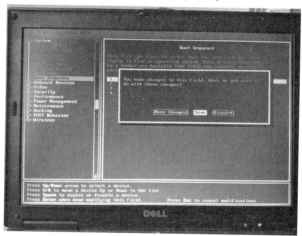

图 2-29　修改启动顺序

(2)保存并退出系统,如图 2-30 所示。

(3)插入制作好的启动 U 盘,按开关键,重新启动电脑,稍候,显示如图 2-31 所示的画面,表示启动成功,开始安装 Ubuntu 系统。

(4)稍候,显示如图 2-32 所示的画面。

(5)选择使用语言,例如"中文(简体)",右边显示两个图标:"试用 Ubuntu"或"安装 Ubuntu",然后点击右边的【安装 Ubuntu】按钮,显示如图 2-33 所示的界面。

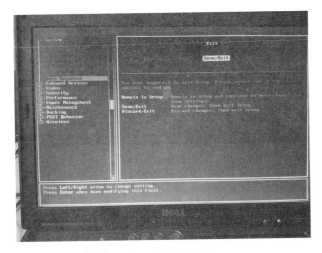

图 2-30　保存并退出

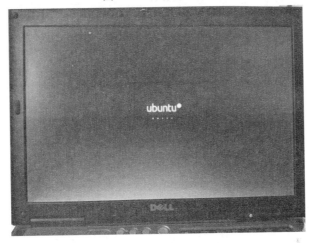

图 2-31　开始安装 Ubuntu 系统

图 2-32　安装界面

（6）显示"安装 Ubuntu 时下载更新"和"为图形或无线硬件,以及 MP3 和其他媒体安装第三方软件"两个选项,如果选择"安装 Ubuntu 时下载更新",势必会影响安装进度,而且网络尚未配置好,因此选择不更新,待安装成功后再更新,这样能加快安装进度。直接单击【继续】,出现如图 2-34 所示的界面。

图 2-33 选择下载更新

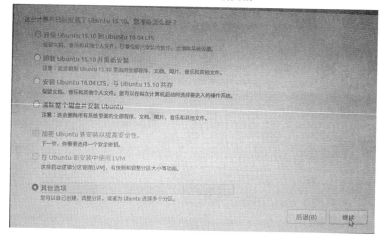

图 2-34 选择安装方式

（7）安装方式有很多选项,有详细说明,这里选择【其他选项】,点击【继续】按钮,出现如图 2-35 所示的界面。

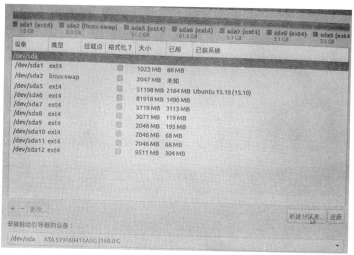

图 2-35 显示原有硬盘分区

（8）显示电脑原有的硬盘分区信息,点击右下角的【新建分区表】按钮,删除原来的全部信息,然后显示如图 2-36 所示的提示。

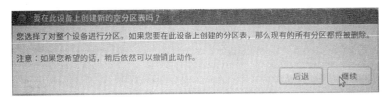

图 2-36　删除分区信息提示

(9)点击【继续】按钮,稍候,原有硬盘分区信息全部删除完毕,显示硬盘总容量,如图 2-37 所示。

图 2-37　显示硬盘总容量

(10)用鼠标左键点击最上边的空闲处,选中目标,然后点击左下角的加号【+】,如图 2-38 所示。

图 2-38　设置挂载点

(11)稍候,显示【创建分区】对话框(相当于 Windows 的分区),设置挂载点及容量(详细参考本书最后一章内容),选择主分区,挂载点为/boot,分配 1 GB(1024 MB)空间,如图 2-39 所示。

(12)点击【确定】后,再按上述方法继续分配,继续选择上边的空闲处,再点击左下角的加号【+】,交换空间分配 2 GB 空间,主分区,如图 2-40 所示。

图 2-39 设置/boot 挂载点

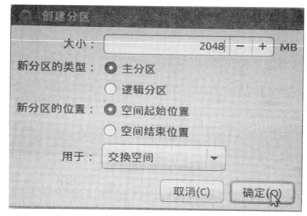

图 2-40 设置交换空间挂载点

（13）点击【确定】，继续分配空间，根目录分配 50 GB 空间，逻辑分区，如图 2-41 所示。

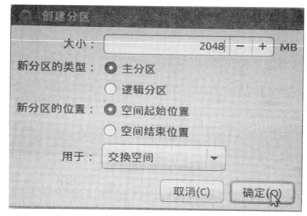

图 2-41 设置根目录挂载点

（14）点击【确定】，继续分配空间，/home 分配 80 GB 空间，逻辑分区，如图 2-42 所示。

图 2-42　设置/home 挂载点

（15）点击【确定】，剩余的空间全部分给/usr，逻辑分区，用于存放用户安装的程序，如图 2-43 所示。

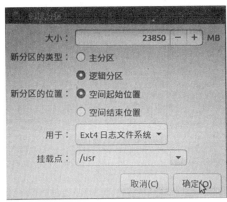

图 2-43　设置/usr 挂载点

（16）所有空间分配完毕，点击右下角的【现在安装】按钮，如图 2-44 所示。

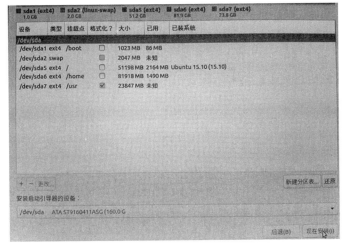

图 2-44　设置挂载点完毕

（17）安装之前，再次显示提示信息，选择【继续】，如图2-45所示。

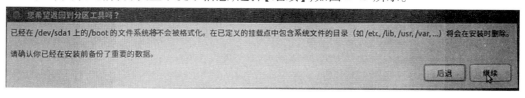

图2-45　确认分区信息提示

（18）将改动写入磁盘，显示提示信息，点击【继续】按钮，如图2-46所示。

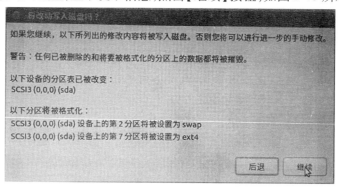

图2-46　写入前提示

（19）显示时区信息，下面选择你所在地方的时区，一般情况下，国内用户在安装Ubuntu时选择Shanghai即可，如图2-47所示。

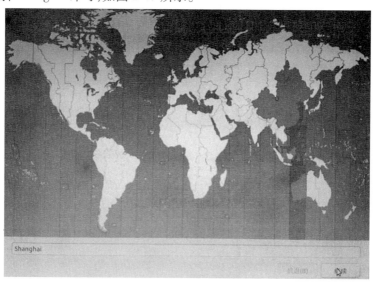

图2-47　选择时区

（20）选择键盘布局，选择汉语，一般不用更改，点击【继续】按钮，如图2-48所示。

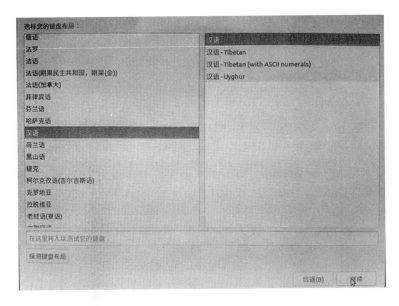

图 2-48　选择键盘布局

（21）设置姓名、计算机名、用户名和密码等信息，如图 2-49 所示。

图 2-49　设置用户名及密码等

注意：用户名和计算机名不宜过长，根目录密码以后要经常使用（以后称管理员密码，以区分其他密码），开机和安装软件时都要输入此密码。

（22）所有配置都设置好之后，正式开始安装，如图 2-50 所示。

（23）显示安装过程，如图 2-51 所示。

（24）大约 20 分钟，显示【安装完成】对话框，点击【现在重启】按钮，如图 2-52 所示。稍等片刻，在系统自动关机后重新启动之前，迅速拔出 U 盘，然后重启系统。

（25）重启系统后，输入管理员密码（根目录密码），如图 2-53 所示。

（26）启动成功后显示界面如图 2-54 所示，到此为止，Ubuntu 16.04 LTS 已经正式安装完成。

图 2-50　开始安装系统

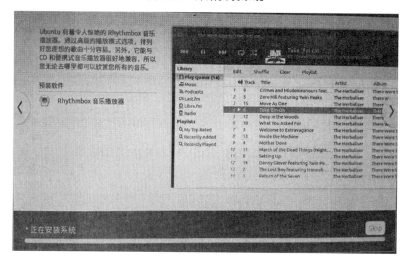

图 2-51　安装相关软件

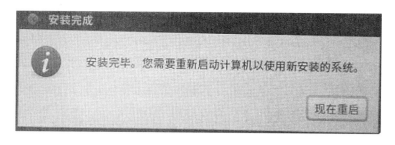

图 2-52　安装完毕提示

图 2-53　输入密码

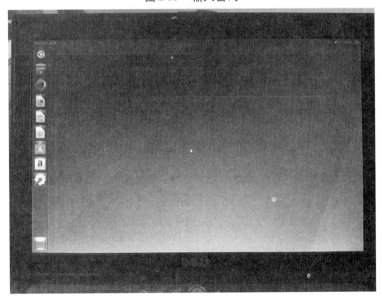

图 2-54　成功启动系统后桌面

2.3　Ubuntu 16.04 LTS 系统更新

2.3.1　无线网卡 TP-LINK 简介

1. 网卡功能

由于作者单位使用的网络为无线网络客户端,每台计算机分配给一个网卡,网卡为 TP-LINK 300 M 无线 USB 网卡,运行于 Windows 操作系统下,适用于台式 PC 机、笔记本等设备进行无线连接,可以提供方便、快捷的无线上网方式,如图 2-55 所示。

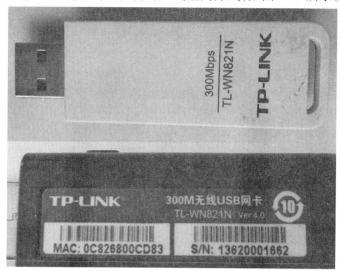

图 2-55 TP-LINK 300M 无线 USB 网卡

该网卡支持自动检测功能,能够自动调整速率,无线传输速率最高可达 300 Mbps,支持 WPA、WPA2 高级安全机制,支持 TKIP、AES、WEP 加密,能够为无线网络连接提供安全保障。

2. 产品特性

- 遵循 IEEE 802. 11b、IEEE 802. 11g、IEEE 802. 11n 标准;
- 支持 WPA-PSK/WPA2-PSK、WPA/WPA2 高级安全机制及 WEP 加密;
- 无线传输速率最高可达 300 Mbps,可根据网络环境自动调整无线速率;
- 支持 USB 2.0 接口;
- 支持三种工作模式:点对点模式(Ad hoc)、基础结构模式(Infrastructure)和模拟 AP 模式(SoftAP);
- 当处于 Infrastructure 组网模式时,在各 AP(Access Point)之间支持无线漫游功能;
- 具有良好的抗干扰能力;
- 配置简单并提供检测信息;
- 支持 Windows XP、Windows Vista 和 Windows 7 操作系统;
- 采用 MIMO 技术,多根天线同时发送或接收数据。

3. 网卡使用

由于该网卡是单位配发给作者的,只有在 Windows 系统下安装客户端应用程序和驱动程序后才能使用。至于在 Linux 系统下怎么使用,作者也没经验,经过自己摸索,结合网上的经验,最终成功连接了网络,如图 2-56 所示。

2.3.2 配置无线网络方法

(1)打开电脑,启动系统,看到桌面右上角的空心扇形符号,说明网络没有配置好,选

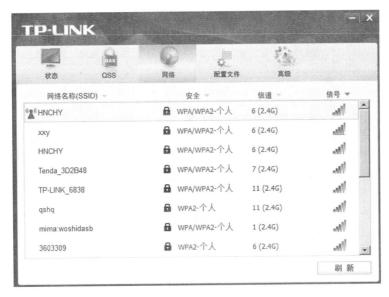

图 2-56　显示可用的无线网络

择【启用联网】,如图 2-57 所示。

（2）插入 TP-LINK 300M 无线 USB 网卡,出现一个【启用 Wi-Fi】选项,说明该网卡被识别,如图 2-58 所示。

（3）勾选【启用 Wi-Fi】,然后点击最下面的【编辑连接】菜单,如图 2-59 所示。

图 2-57　启用联网

图 2-58　启用 Wi-Fi

图 2-59　编辑连接

（4）出现一个【网络连接】对话框,点击右上角的【增加】按钮,如图 2-60 所示。

（5）选择连接类型,点击对话框中间最右边的下拉菜单（小倒三角箭头）,如图 2-61 所示。

（6）在弹出的下拉式若干选项中选择【Wi-Fi】项,如图 2-62 所示。

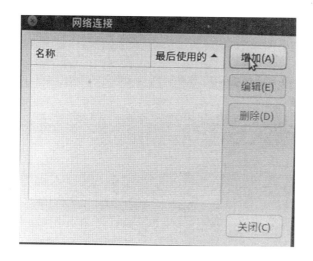

图 2-60　增加连接类型

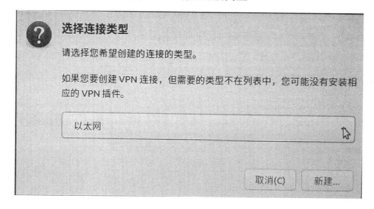

图 2-61　选择连接类型

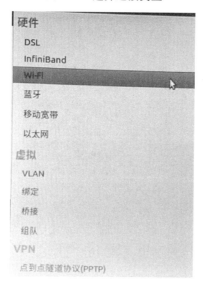

图 2-62　选择【Wi-Fi】

（7）选择完毕，点击右下角的【新建】按钮，如图 2-63 所示。

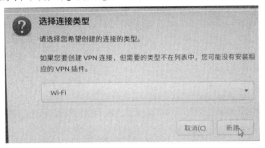

图 2-63　新建 Wi-Fi

（8）在弹出的对话框中输入连接名称（HNCHY）、SSID（HNCHY）、模式（客户端）、设备（点击右边的小三角符号，在下拉框中选择），如图 2-64 所示。

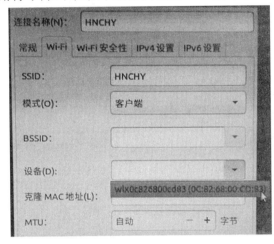

图 2-64　输入连接名称

（9）设置【Wi-Fi 安全性】选项，在下拉框中选择，如"WPA 及 WPA2 个人"，如图 2-65 所示。

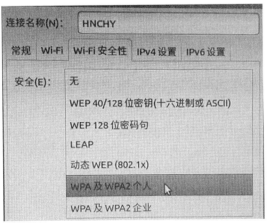

图 2-65　设置 Wi-Fi 安全性

（10）输入分配给该网卡的密码，然后点击右下角的【保存】按钮，如图2-66所示。

图 2-66　设置连接密码

（11）设置完毕，点击对话框右下角的【关闭】按钮，如图2-67所示。

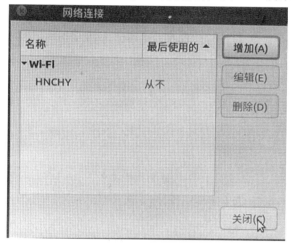

图 2-67　关闭对话框

（12）点击"HNCHY"符号，尝试进行连接，如图2-68所示。

（13）如果出现如图2-69所示的对话框，输入网络密码，点击右下角的【连接】按钮，进行认证，如图2-69所示。

（14）稍候，"HNCHY"符号自动移到"断开"图标上面，表示连接成功，如图2-70所示。

（15）点击桌面左边的快速启动栏上的火狐浏览器图标，打开网络，如图2-71所示。

（16）在图2-72中的地址栏中输入网址，如"www.sohu.com"，回车。

（17）稍等片刻，正常显示搜狐网页，表示连接成功，如图2-73所示。

（18）打开系统设置，点击网络，找到该网络，点击右边的箭头，显示该网络详细参数，

图 2-68　开始尝试连接

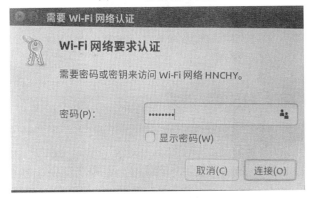

图 2-69　Wi-Fi 网络认证

图 2-70　无线网络连接成功

如图 2-74 所示。

　　(19)经试验表明,即使重装系统后,也不用再重新设置网络,插入网卡就能用。如果

图 2-71　打开火狐浏览器

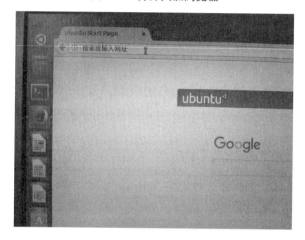

图 2-72　输入网址

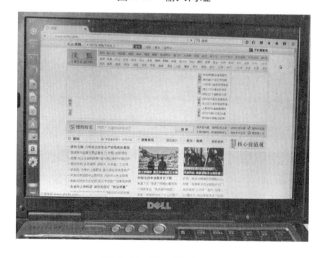

图 2-73　显示搜狐网页

使用有线网络,设置方法稍有不同,请参考网上资料。

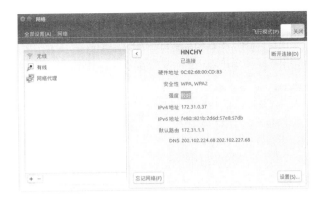

图 2-74　显示网络参数

2.3.3　设置软件和更新源

Ubuntu 系统安装好后,要及时设置更新软件源,启用硬件的专有附加驱动,首要任务是把源服务器换成国内的镜像服务器,以方便升级,方法如下:

(1)点击右上角的关机按钮,找到【系统设置】菜单,如图 2-75 所示。

图 2-75　打开系统设置

(2)上一步中也可打开启动栏上的状如齿轮状符号,显示【系统设置】对话框,如图 2-76 所示。

图 2-76　【系统设置】对话框

（3）点击最下边的"软件和更新"图标，显示【软件和更新】对话框，如图 2-77 所示。

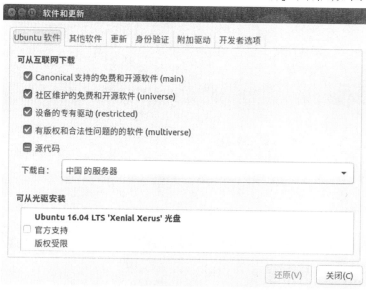

图 2-77　设置软件和更新

（4）第一个标签是"Ubuntu 软件"，点击"下载自：中国的服务器"右边的小倒三角符号，如图 2-78 所示。

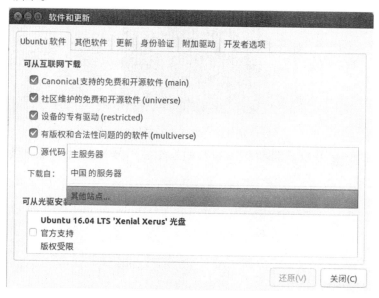

图 2-78　更改服务器

（5）选择"其他站点"，出现如图 2-79 所示的界面。

（6）选择国内的镜像服务器，如 mirrors. ustc. edu. cn（University of Science and Technology of China，中国科学技术大学），然后点击右下角的【选择服务器】按钮，显示如图 2-80 所示的对话框。

（7）输入管理员密码，进行身份验证后，更改源服务器完毕，如图 2-81 所示。

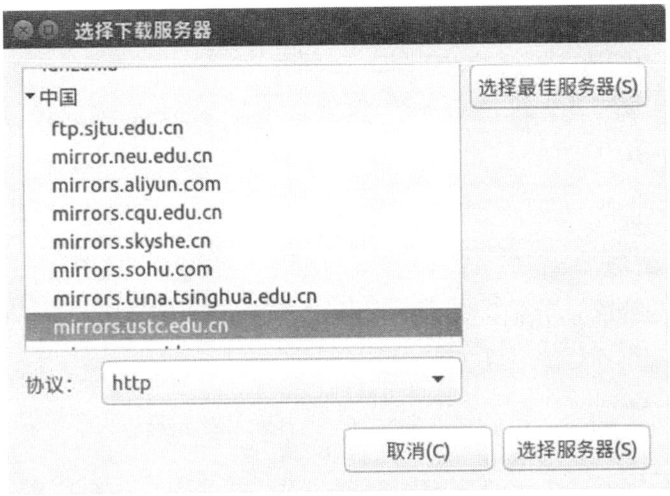

图 2-79　选择国内服务器

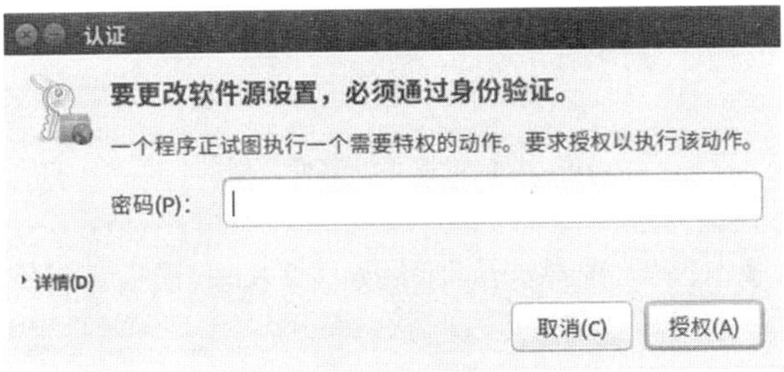

图 2-80　认证授权

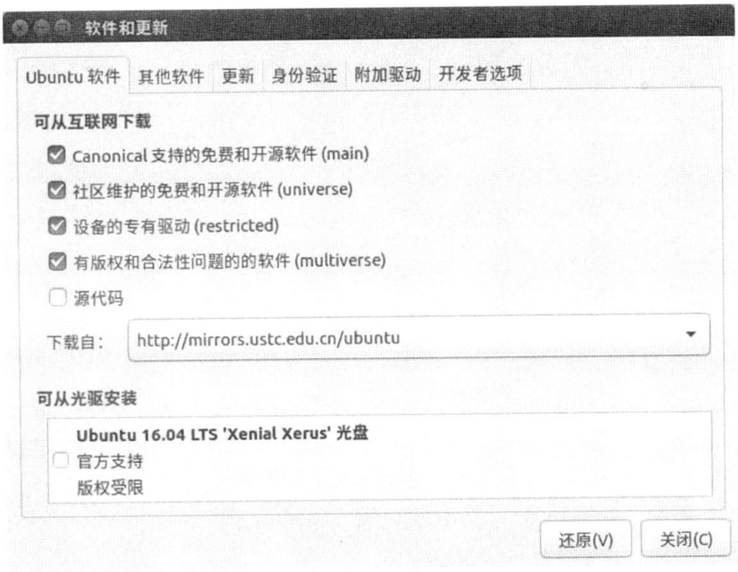

图 2-81　更改源服务器成功

（8）点击第二个标签"其他软件"，可以查看安装某些软件时，由软件提供的更新源，用不上的可以去掉勾选，或者删除，如图2-82所示。

图 2-82　修改其他软件更新源

（9）点击第三个标签"更新"，可以选择要更新的项目，一般不勾选提前释放的软件，其他如更新频率、新版本提醒，选择默认即可，如图2-83所示。

图 2-83　修改系统更新周期

（10）第四个标签"身份验证"，是更新源服务器的 GPG 验证，添加额外源，如 ppa 时，会添加该源的身份验证文件，如图2-84所示。

（11）第五个标签是"附加驱动"，点击后开始搜索系统中的需要专有驱动的硬件，找到后选择"使用……"，再点击右下角的【应用更改】按钮即可，如图2-85所示。

图 2-84　添加身份验证信息

图 2-85　使用附加驱动程序

（12）最后一个标签是"开发者选项"，可勾选"提前释放出的更新"，也可以不选。如果系统发现有更新，会提示你安装更新，如图 2-86 所示。

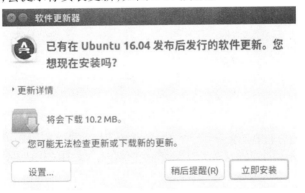

图 2-86　系统升级提示

注意：以上设置只需要更改源服务器，其他均接收默认即可。

2.4 Ubuntu 16.04 LTS 基础知识

2.4.1 如何关闭计算机

（1）打开计算机的开关键，如果操作系统没问题，运行正常，会出现如图 2-87 所示的界面。

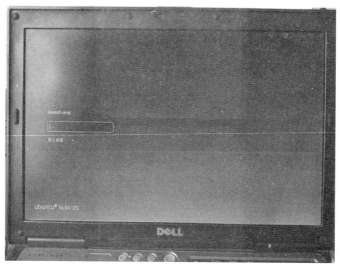

图 2-87 启动 Ubuntu 系统

（2）输入管理员密码，就可以进入桌面，如图 2-88 所示。如果密码错误，则无法登录。

图 2-88 启动后桌面显示

（3）点击右上角像齿轮一样的符号，最下边一个菜单是"关机"，如图 2-89 所示，点击该菜单。

图 2-89　关闭计算机

（4）此时出现一个对话框，左边是【重启】，右边是【关机】，选择点击即可，如图 2-90 所示。

图 2-90　选择重启或关机

2.4.2　如何配置拼音输入法

Ubuntu 16.04 LTS 在安装时如果选择中文安装，安装过程中将自动安装 fcitx 小企鹅中文输入法，其输入方案默认有拼音和双拼两种。

（1）点击右上角的键盘图标，下边有一个【配置当前输入法】，如图 2-91 所示。

（2）点击【配置当前输入法】，显示【输入法配置】对话框，点击左下角的加号【＋】，添加输入法，接着显示【添加输入法】对话框，如图 2-92 所示。

图 2-91　配置当前输入法

（3）选择拼音，再点击右下角的【确认】按钮，完成输入法设置，如图 2-93 所示。

设置后就可以使用拼音输入法了。如果想使用五笔输入法，请参考本书后面章节内容。

2.4.3　屏幕截图使用方法

Ubuntu 系统如何截图？这是软件开发人员必须面对的问题，很多人不知道 Linux 中

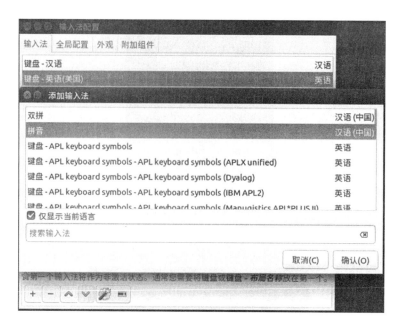

图 2-92　添加输入法

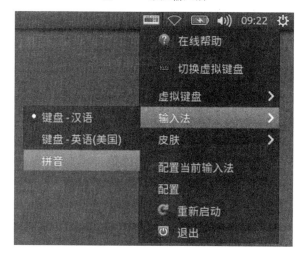

图 2-93　设置拼音输入法

怎么截屏,其实和 Windows 差不多,只是 Windows 下有很多截图的软件和插件,下面介绍一下 Ubuntu 中截屏的两种方法。

方法一:

(1)Ubuntu 自带一个截图软件,中文名字叫"截图",在应用程序中可以找到。方法是:打开桌面左侧的快速启动面板上的第一个图标,在右边框内输入"screenshot",点击该图标,就可以启动了,这时它的图标就出现在左边快速启动面板上,选中该图标,点击鼠标右键,选择菜单中的"固定到启动器",或直接拖动到启动面板上任意位置也可以。

(2)在截图软件里可以设置截图的区域、截图的特效,还有截图的时间延迟。如果想抓取菜单等内容,可以设置延迟几秒,比如 5 秒,截图完成后弹出【保存】对话框,选择保

图 2-94　截图软件

存位置,即可自动保存。

方法二:

(1)一般来说,键盘上都有 PrintScreen 按键(有的计算机上可能标识符不一样),此按键可以对整个屏幕进行截图,如图 2-95 所示。按下 PrintScreen 就会弹出保存截图的对话框,然后就可以保存截图了。

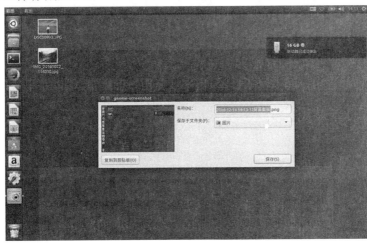

图 2-95　显示截图效果

(2)另外,按住 Alt + PrintScreen 键可以对当前活动窗口截图,经作者测试表明,不能保存菜单。

第 3 章　Ubuntu 入门基础

3.1　Ubuntu 16.04 LTS 新手入门

Ubuntu 是一个基于 Linux 的桌面环境操作系统,包括桌面、窗口、应用程序等。第一次接触 Linux 系统,有点让人摸不着头脑,有很多问题需要弄清楚。安装完成之后,很是令人激动,启动系统,输入密码,进入桌面,默认情况下没有看到终端窗口,也不知怎么输入命令,经过作者的一番摸索,把常用的操作经验总结一下,由浅入深,供新手学习,仅供参考。

3.1.1　终端使用方法

终端是一个命令行窗口,在这里可以输入 shell 命令,用鼠标左键点击桌面左侧的快速启动面板(也叫快速启动栏,简称启动栏)上最上边的那个图标(像轴承一样的图形,简称主按钮),在搜索栏输入程序名称,会搜出该程序的图标,然后选中该图标,把它拖到左侧的面板上,以后直接点击该图标就能快速启动程序,下面简要介绍一下终端使用方法:

(1)点击左上角的主按钮,稍等,在旁边出来的文本框中输入字母 terminal 或 ter,然后点击下边的终端图标,如图 3-1 所示。

图 3-1　启用终端方法

(2)在打开的窗口中有一个命令提示符,最左边是自己的“用户名@计算机名称:”,冒号右边是当前主文件夹,后面的 $ 表示当前处于普通用户,# 是管理员用户,如图 3-2 所示。

输入 pwd 命令,回车,显示当前工作目录,如图 3-3 所示。

输入 ls 命令,回车,显示当前目录下的全部内容,包括文件和文件夹,如图 3-4 所示。

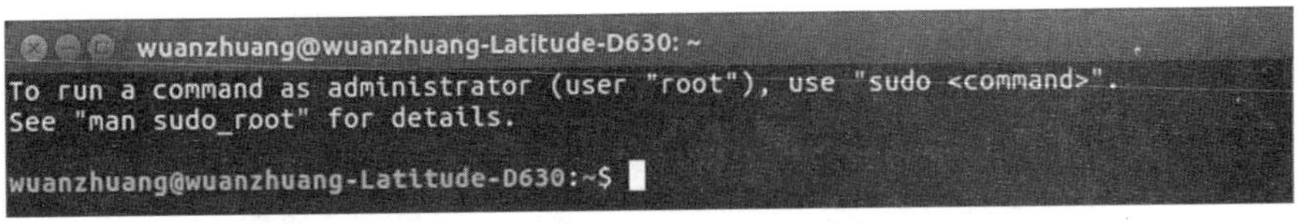

图 3-2 终端使用方法

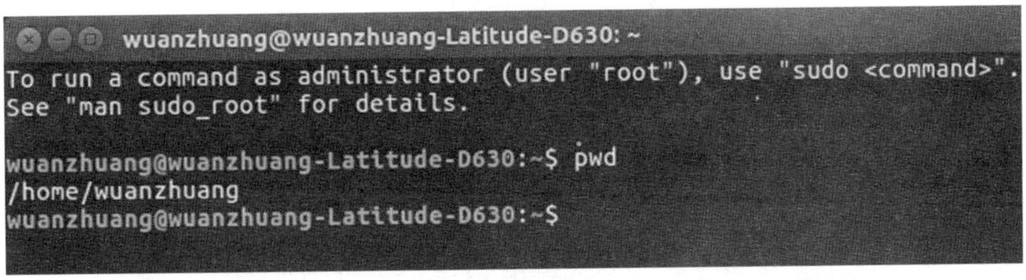

图 3-3 测试 pwd 命令

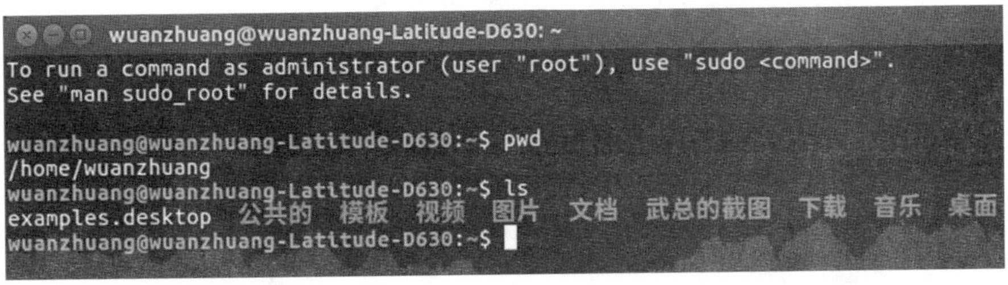

图 3-4 测试 ls 命令

（3）输入命令 sudo reboot，回车，则重启操作系统，sudo 是切换到管理员模式，要输入管理员密码，输入的密码不显示，盲打输入后按回车键，稍后自动重新启动系统，如图 3-5 所示。

图 3-5 测试重启系统

（4）如果要多次使用管理员命令，可以输入 sudo su 命令，将当前用户切换到管理员模式，再输入其他命令时不用再加 sudo 命令了，如图 3-6 所示。

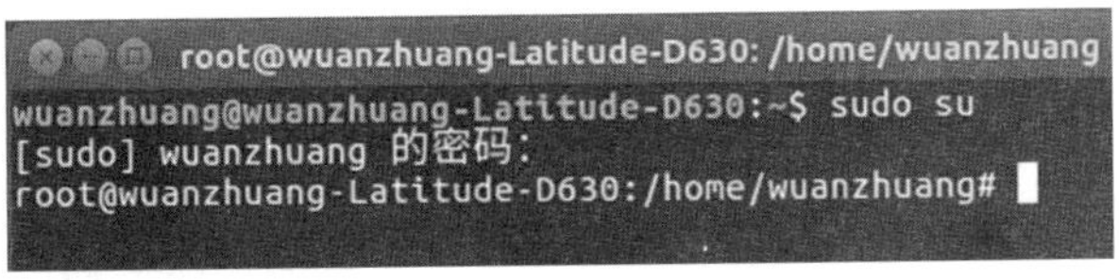

图 3-6 进入管理员模式

输入 exit 返回普通用户模式，如图 3-7 所示。

（5）按键盘上的上或下箭头键，可以恢复显示上一个或下一个刚输入的终端命令。按键盘上的 Ctrl + Alt + F1 ~ F4 键可以切换到虚拟终端，按 Alt + F7 键返回桌面窗口。

・55・

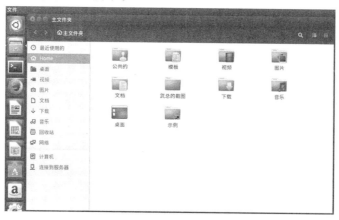

图 3-7　返回普通用户模式

3.1.2　主文件夹介绍

（1）主文件夹是用户的个人文件夹，用来存放用户的配置文件，点击左边启动栏内第二个文件夹图标，显示如图 3-8 所示。

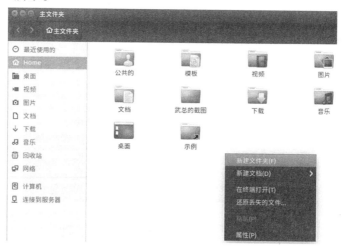

图 3-8　用户主文件夹

（2）显示主文件夹窗口，里面包含几个默认的文件夹：公共的、模板、视频、图片、文档、下载、音乐、桌面和示例，分别存放对应的文件。在右边空白处点击鼠标右键，显示弹出菜单，如图 3-9 所示。

图 3-9　弹出菜单

（3）选择最上面的【新建文件夹】，输入文件夹名称，可创建新文件夹，如图 3-10 所示。

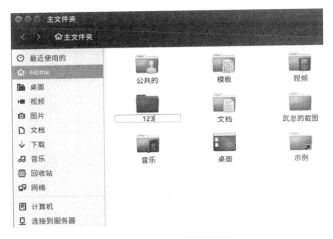

图 3-10　新建文件夹测试

（4）如果要删除某文件夹，选中该文件夹，点击鼠标右键，选择【丢弃到回收站】就行了，如图 3-11 所示。如果要彻底删除，打开回收站清空功能。

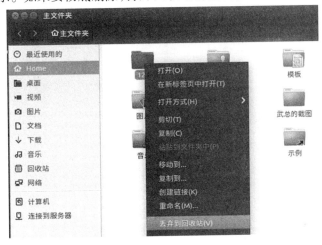

图 3-11　删除文件夹测试

（5）把鼠标移动桌面最上面，显示活动菜单，打开【转到】→【输入位置】，可显示当前位置，如图 3-12 所示。

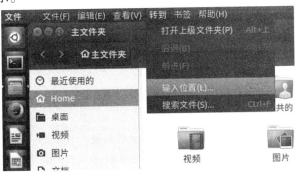

图 3-12　显示输入位置

（6）在上面的地址栏内显示当前子目录名称，如图 3-13 所示。

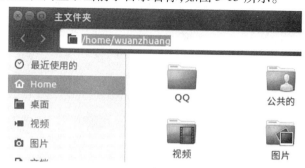

图 3-13　显示用户目录结构

（7）点击右上角的放大镜符号，可以查找文件，如图 3-14 所示。

图 3-14　查找文件方法

（8）输入查找的字符，如"武总"，显示查找结果，如图 3-15 所示。

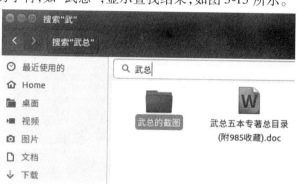

图 3-15　查找文件结果

（9）点击左边的"计算机"符号，右边窗口则显示系统自动创建的全部文件夹及文件，如图 3-16 所示。

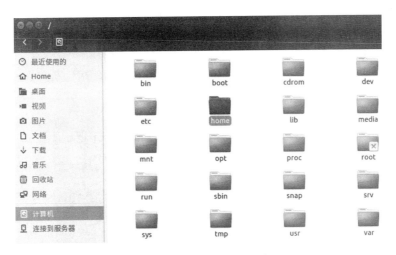

图 3-16　计算机系统文件夹

3.1.3　使用 U 盘复制文件

（1）不用安装驱动程序，就可以使用 U 盘。当 U 盘插入时，系统会自动识别 U 盘，在左边启动栏下面显示 U 盘符号，并显示 U 盘中的内容，如图 3-17 所示。如果没有显示，可能是 U 盘有问题或没有插好，重试一下也许就能显示。

图 3-17　显示 U 盘内容信息

（2）如果需要向 U 盘复制文件或文件夹，选中该文件或文件夹，点鼠标右键，选择【复制到…】菜单，如图 3-18 所示。

（3）选中左边的 U 盘符号，如"16GB 卷"，然后选择右下角的【选择】按钮开始复制，如图 3-19 所示。

（4）复制完毕，就可以看到 U 盘里的文件或文件夹了，如图 3-20 所示。

（5）如果需要从 U 盘复制文件到计算机，选中该文件，点击鼠标右键，选择【复制到…】菜单，如图 3-21 所示。

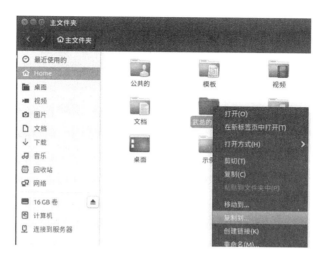

图 3-18　向 U 盘复制文件

图 3-19　选择复制到 U 盘

图 3-20　复制文件成功

（6）选择复制位置，本示例为复制到桌面，结果如图 3-22 所示。

（7）如果文件已经存在，则会提示用户文件冲突，如图 3-23 所示。

图 3-21　从 U 盘复制文件

图 3-22　复制到桌面成功

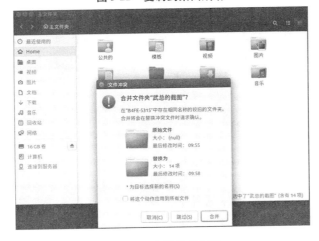

图 3-23　文件冲突提示

（8）关于下一步如何操作，可选择【取消】、【跳过】、【合并】、【替换为】，操作完成后，点击"16GB 卷"右侧的符号（像老式录音机的开盒按钮）可以退出 U 盘，如图 3-24 所示。

（9）选择左边启动栏内的 U 盘符号，点击鼠标右键，选择【退出】，也可以退出 U 盘，如图 3-25 所示。

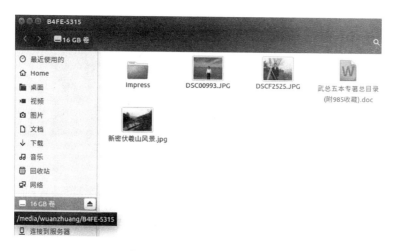

图 3-24　退出 U 盘方法一

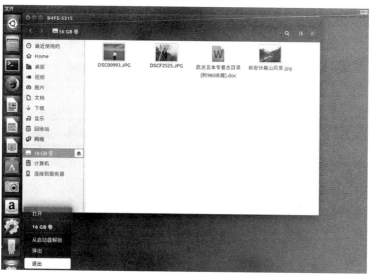

图 3-25　退出 U 盘方法二

3.1.4　查看已安装软件方法

（1）如果要查看本系统已安装的软件，点击左边启动栏上的主按钮，如图 3-26 所示。

（2）选择最下面第二个图标，像"A"字形状，显示部分已安装的软件，如图 3-27 所示。

（3）点击上面的"已安装 显示另外××个结果"，则显示所有已安装的软件，如图 3-28 所示。

（4）拖动右边的滑块，向下移动，可浏览所有已经安装的软件。

3.1.5　浏览 Ubuntu Software

（1）点击左边启动器栏中的第八个图标，像公文包样式，显示软件包中的软件（实际上是储存在 Ubuntu 服务器上的免费软件），如图 3-29 所示。

（2）拖动右边的滑块，向下移动，显示软件分类，如图 3-30 所示。

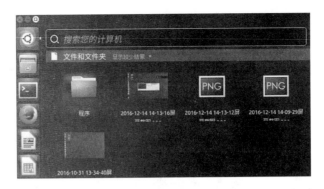

图 3-26　查看已安装的软件

图 3-27　显示部分已安装的软件

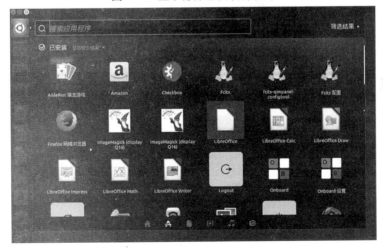

图 3-28　显示所有已安装的软件

（3）选择【开发工具】栏，显示所有可供下载安装的软件开发工具，如图 3-31 所示。

（4）点击任意一个开发工具，显示该软件详细信息，如图 3-32 所示。

如果想安装该软件，直接点击图 3-32 中上面的【安装】即可，不过看不到安装过程，作者没有使用此方法安装程序。

图 3-29 Ubuntu Software

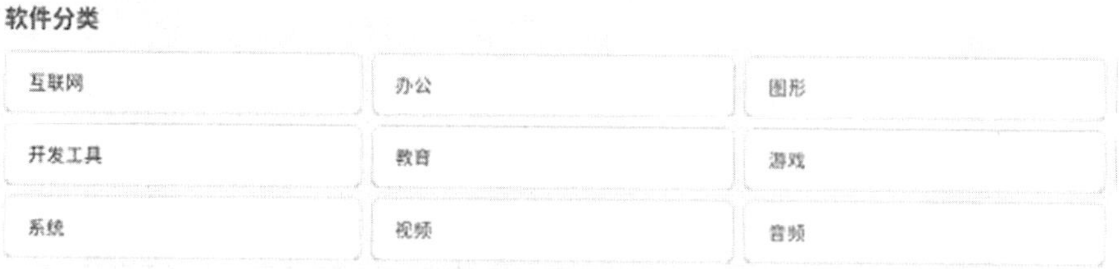

软件分类

互联网	办公	图形
开发工具	教育	游戏
系统	视频	音频

图 3-30 显示软件分类

图 3-31 显示软件开发工具

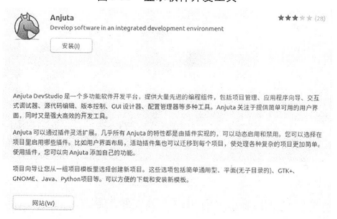

图 3-32 显示 Anjuta 软件信息

（5）选择最顶部的已安装，则显示所有本机已安装的软件，如图 3-33 所示。

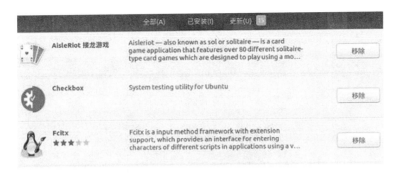

图 3-33　显示已安装的软件

(6)如果想删除已安装的软件,则点击其右边的【移除】按钮就行了。当然,有更科学的方法删除已安装软件,请参考后面的章节。

3.2　常用软件安装方法

在安装 Ubuntu 系统时,已经预装了一些常用的软件。如果在 Ubuntu 软件中心能找到你想要安装的软件,点击该软件,会自动安装到你的计算机中。如果想安装其他的软件,就得自己进行安装,比如 WPS 办公软件。安装方法有好几种,在终端使用命令安装或使用新立得软件包管理器(简称新立得包管理器或新立得)安装都可以,不过对于新手来说,新立得界面更接近于 Windows 操作系统,一学就会。另外,在安装软件前要提前连接好网络,否则会提示安装失败。

3.2.1　安装新立得软件包管理器

新立得也是用来安装和卸载软件的工具,对于初次接触 Linux 系统的用户来说安装应用程序非常方便。如果能在新立得中查到需要的应用程序,尽量用新立得来安装。如果查不到需要的应用程序,如 WPS 办公软件和 QQ 聊天软件,则只能自己去下载安装。使用新立得安装软件时要连接好网络,保持网络畅通,否则无法正常安装。安装和使用新立得软件包管理器的方法如下:

(1)打开终端,输入 sudo apt install synaptic,回车,进行安装,如图 3-34 所示。

图 3-34　安装新立得软件包管理器

（2）在看到"您希望继续执行吗？［Y/n］"的提示后，输入 y，然后按回车键继续执行，稍候，安装完毕，自动返回到待命状态，如图 3-35 所示。

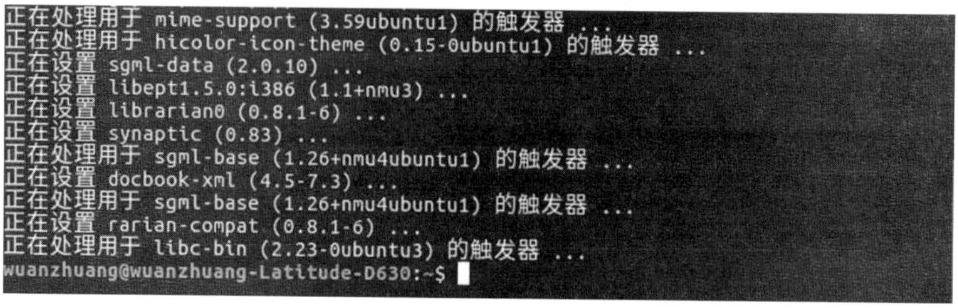

图 3-35　新立得安装完毕

（3）下面开始用新立得安装其他软件，打开启动栏上的主按钮，输入 syn，显示新立得软件包管理器图标，如图 3-36 所示。

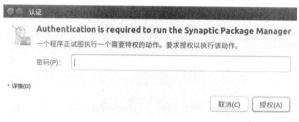

图 3-36　查找新立得软件

（4）点击该程序，出现如下对话框，要求输入管理员密码，如图 3-37 所示。

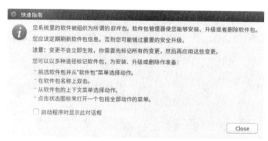

图 3-37　认证授权

（5）输入管理员密码，点击【授权】按钮，显示快速指南，直接点右下角的【Close】按钮，如图 3-38 所示。

图 3-38　显示快速指南

（6）启动新立得包管理器软件，如图3-39所示。

图3-39 新立得包管理器界面

（7）点击上面快捷方式栏最右边的"搜索"图标，出现【查找】对话框，如图3-40所示。

图3-40 查找要安装的软件

（8）在搜索框内输入要安装的软件名称，如"leafpad"，点击右下角的【搜索】按钮，显示搜索结果，选中该文件，点鼠标右键，选择【标记以便安装】，如图3-41所示。

图3-41 标记要安装的软件

（9）点击上边的绿色"应用"图标，出现如图3-42所示的对话框。

（10）点击右下角的【Apply】按钮，开始下载软件包，如图3-43所示。

图 3-42　显示摘要信息

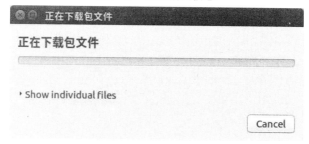

图 3-43　下载软件包

（11）稍候,安装成功,显示"变更已应用",如图 3-44 所示。

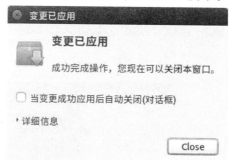

图 3-44　软件安装完毕

（12）打开启动栏上的主按钮,输入 leafpad,就可以看到该程序的图标,如图 3-45 所示。

（13）点击新立得软件的菜单【设置】→【软件库】,可以设置软件库,如图 3-46 所示,也可以不设置。

图 3-45　显示 leafpad 图标

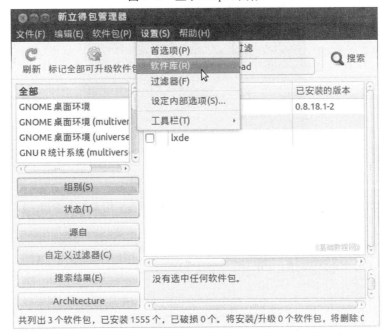

图 3-46　设置新立得包管理器软件库

3.2.2　安装 Shutter 截图工具

Shutter 屏幕截图软件是一款功能强大的截图工具,可以自由选定区域,同时选定之后依然可以通过上下左右四个方向来改变选区。该软件也可以抓取动态的下拉菜单,在截图的时候会进行倒计时提醒,安装方法如下:

(1)用新立得软件管理器安装,或者打开终端,输入 sudo apt install shutter,进行安装,如图 3-47 所示。

图 3-47　安装 Shutter 截图工具

(2)在出现"您希望继续执行吗?[Y/n]"的提示后,输入 y,然后按回车键继续安装,如图 3-48 所示。

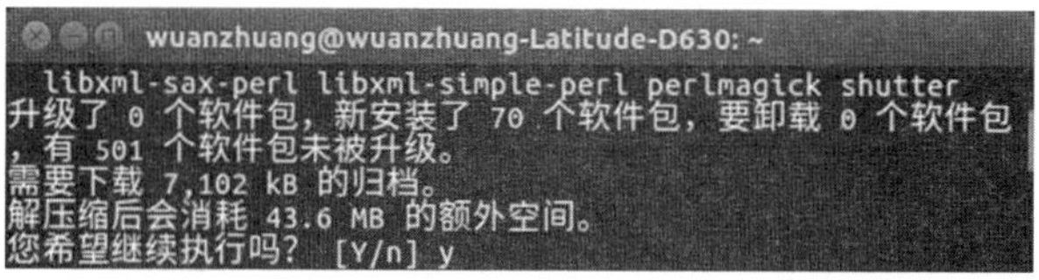

图 3-48　继续安装确认提示

（3）安装完毕，自动返回到待命状态，打开启动栏中的主按钮，输入 shutter，显示如图 3-49所示的图标，表示安装成功。

图 3-49　显示 Shutter 图标

（4）点击应用程序图标，启动程序，打开【帮助】菜单中的【关于 Shutter】，显示版本信息，如图 3-50 所示。

图 3-50　显示 Shutter 版本信息

（5）此外，Shutter 还提供了图片的编辑功能，包括基本的选定、添加文字注释等。Shutter 最特别之处就是提供导出功能，可以将图片上传到公共空间或者通过 ftp 上传到服务器，同时该软件也提供了一些插件供我们使用，如水印、灰度、失真等。

3.2.3 安装 QQ 国际版

Ubuntu 系统,是一个非常适合初学者学习的 Linux 系统,但是大部分人都已经习惯了使用 Windows 操作系统,这样的话,对 Windows 系统上面的一些软件就特别需要,特别是 QQ 这个软件必不可少。现在为大家介绍一下 Ubuntu 16.04 LTS 安装 QQ 的方法。

(1)在 Windows 系统或 Ubuntu 系统下,下载能在 Linux 系统运行的 wine-qqintl.zip 文件,然后复制到主文件夹下,比如新建的 QQ 目录,如图 3-51 所示。

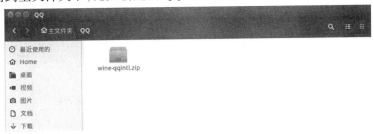

图 3-51 下载 QQ 聊天软件

(2)选中该文件,点击鼠标右键,选择【提取到此处】,进行解压,如图 3-52 所示。

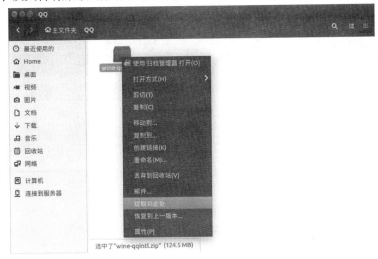

图 3-52 解压 QQ 的文件夹

(3)解压好以后,就可以看到解压后的文件夹,如图 3-53 所示。

(4)双击打开该文件夹之后,我们可以看到三个压缩包,后缀为".deb",如图 3-54 所示。

(5)为了安装方便,把这三个压缩包复制到主文件夹下,如图 3-55 所示。

(6)准备工作做好之后,先升级一下 Ubuntu 系统中的安装源,输入命令 sudo apt update,回车,如图 3-56 所示。

(7)更新完成后,接着安装 wine 1.6,输入命令 sudo apt install wine1.6,回车,如图 3-57所示。

(8)在 wine1.6 安装过程中可能会弹出一个协议,如图 3-58 所示。

(9)反复按键盘上的 Tab 键或者空格键跳到【确定】按钮上,点击【确定】后,才能进行

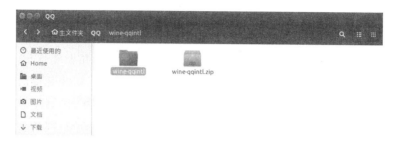

图 3-53　解压后文件夹

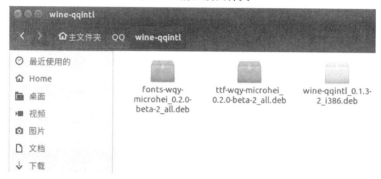

图 3-54　安装 QQ 必备文件

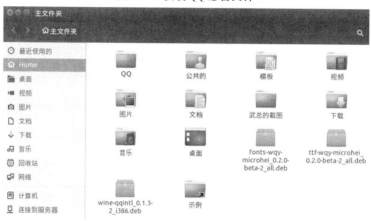

图 3-55　复制到主文件夹

图 3-56　更新软件安装源

下一步安装。安装完成 wine 1.6 后,开始安装软件依赖,输入命令 sudo apt install-f,回车,如图 3-59 所示。

(10)接着安装 QQ 的字体库,方法是输入 sudo dpkg-i 文件名. deb,选中刚才解压的三个压缩包中的第一个,点鼠标右键,选择【重命名】,然后复制到粘贴板,在终端里再粘贴

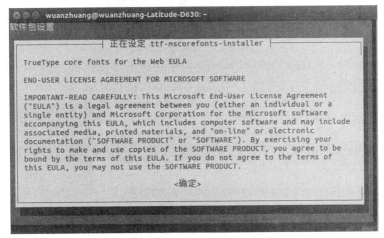

图 3-57　安装 wine 1.6 软件

图 3-58　软件包设置

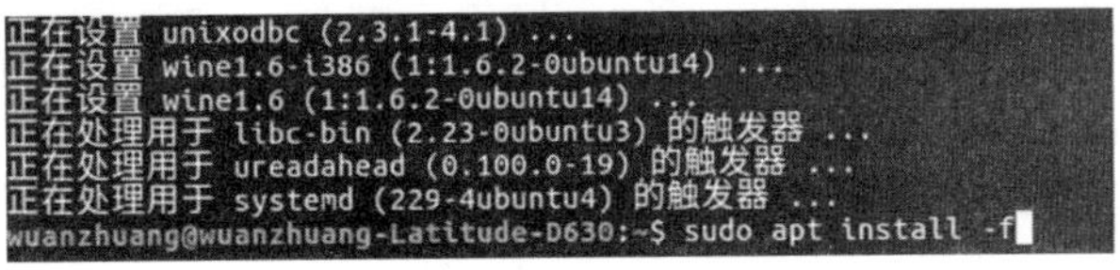

图 3-59　安装软件依赖

该文件名,别忘了后缀加上".deb",如此方法,依次安装刚解压的三个压缩包,如图 3-60 所示。

图 3-60　逐个安装 QQ 文件

(11)安装完毕后,然后我们需要做的就是等待,在一段时间之后,注销,重启一下系统,然后在启动栏中输入 qq,如图 3-61 所示。

图 3-61　显示 QQ 图标

（12）点击图 3-61 中的"QQ 国际版"图标,输入账号和密码,点击【登录】,如图 3-62 所示,就可以进行 QQ 聊天了。

3.2.4　安装五笔字型输入法

Ubuntu 16.04 LTS 在安装时如果选择中文安装,安装过程中将自动安装 fcitx(小企鹅)中文输入法,其输入方案默认有拼音和双拼两种。如果你习惯使用五笔字型输入法,就需要安装相关的软件包。

（1）打开终端,输入以下命令:sudo apt install fcitx-table-wubi,回车,如图 3-63 所示。

（2）在显示"您希望继续执行吗? ［Y/n］"时,键入 y,回车,开始安装五笔字型输入法,如图 3-64 所示。

（3）安装完成后,点击桌面右上角的键盘图标,在弹出的菜单中,点击执行【重新启动】,如图 3-65 所示,将启动 fcitx(小企鹅)输入法的内存进程。

（4）待重新启动后,再次点击桌面右上角的键盘图标,在弹出的菜单中,点击执行【配置】,如图 3-66 所示。

图 3-62　启用 QQ 2012 聊天软件

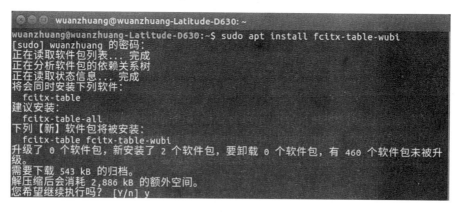

图 3-63　安装五笔字型输入法

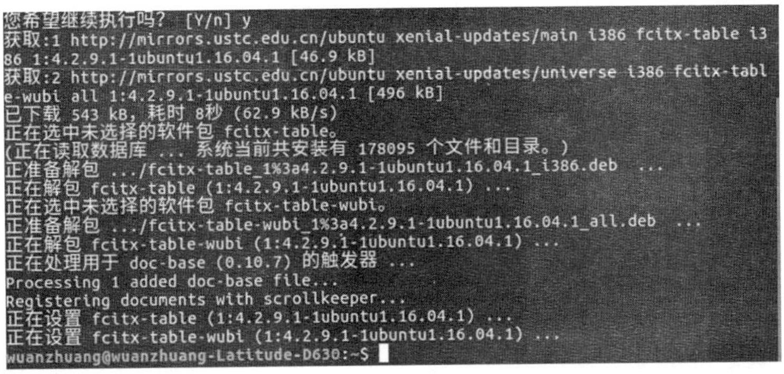

您希望继续执行吗? [Y/n] y
获取:1 http://mirrors.ustc.edu.cn/ubuntu xenial-updates/main i386 fcitx-table i386 1:4.2.9.1-1ubuntu1.16.04.1 [46.9 kB]
获取:2 http://mirrors.ustc.edu.cn/ubuntu xenial-updates/universe i386 fcitx-table-wubi all 1:4.2.9.1-1ubuntu1.16.04.1 [496 kB]
已下载 543 kB，耗时 8秒 (62.9 kB/s)
正在选中未选择的软件包 fcitx-table。
(正在读取数据库 ... 系统当前共安装有 178095 个文件和目录。)
正准备解包 .../fcitx-table_1%3a4.2.9.1-1ubuntu1.16.04.1_i386.deb ...
正在解包 fcitx-table (1:4.2.9.1-1ubuntu1.16.04.1) ...
正在选中未选择的软件包 fcitx-table-wubi。
正准备解包 .../fcitx-table-wubi_1%3a4.2.9.1-1ubuntu1.16.04.1_all.deb ...
正在解包 fcitx-table-wubi (1:4.2.9.1-1ubuntu1.16.04.1) ...
正在处理用于 doc-base (0.10.7) 的触发器 ...
Processing 1 added doc-base file...
Registering documents with scrollkeeper...
正在设置 fcitx-table (1:4.2.9.1-1ubuntu1.16.04.1) ...
正在设置 fcitx-table-wubi (1:4.2.9.1-1ubuntu1.16.04.1) ...
wuanzhuang@wuanzhuang-Latitude-D630:~$

图 3-64 安装五笔字型输入法成功

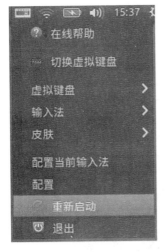

15:37
在线帮助
切换虚拟键盘
虚拟键盘
输入法
皮肤
配置当前输入法
配置
重新启动
退出

图 3-65 重新启动输入法设置

15:37
在线帮助
切换虚拟键盘
虚拟键盘
输入法
皮肤
配置当前输入法
配置
重新启动
退出

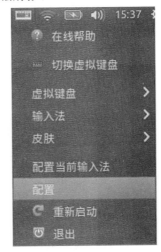

图 3-66 重新配置输入法

(5)在弹出的【输入法配置】对话框中,点击左下角的【+】按钮,如图 3-67 所示。

输入法配置
输入法
全局配置
外观
附加组件
键盘 - 汉语
汉语
键盘 - 英语(美国)
英语
拼音
汉语 (中国)
第一个输入法将作为非激活状态。通常您需要将键盘或键盘 - 布局名称放在第一个。

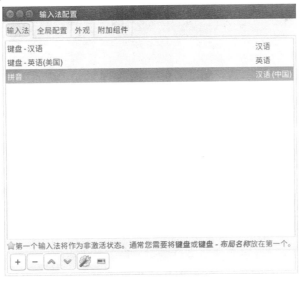

图 3-67 输入法配置

（6）在接下来弹出的【添加输入法】对话框中，已经可以看到"五笔字型"的字样，点击此项，然后点击对话框右下角的【确认】按钮，如图3-68所示。

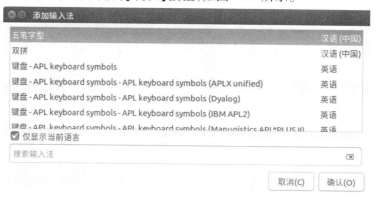

图3-68　添加五笔字型输入法

（7）关闭【输入法配置】对话框，再次点击桌面右上角的键盘图标，在"输入法"二级菜单中，已经可以看到【五笔字型】的选项了，如图3-69所示。

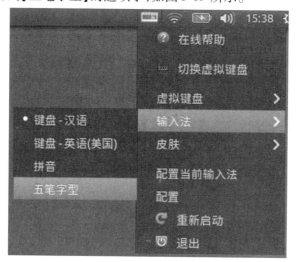

图3-69　五笔字型输入法安装成功

3.2.5　如何删除已安装软件

删除已安装软件有多种方法，作者在安装Android-studio软件时，由于单位网络的原因，导致安装不成功，半途而废，接着继续安装Golang语言开发环境，被迫中断，显示如图3-70所示的提示信息。没有任何有效的解决办法，作者经过一番思考，决定删除安装不成功的软件，首先彻底删除Android-studio软件，方法如下：

（1）打开终端，输入如下命令：sudo apt remove android-studio-purge，如图3-71所示。

当然，也可以用新立得包管理器进行删除，如图3-72所示。

（2）逐个选中已安装的软件（标志为左边小框为绿色），点击鼠标右键，选择【标记以便彻底删除】，如此，将已安装的软件全部选择，如图3-73所示。

出现一个错误

提供的详情如下：

E: android-studio: 子进程 已安装 post-installation 脚本 返回错误状态 1

关闭(C)

图 3-70　软件安装错误提示

```
wuanzhuang@wuanzhuang-Latitude-D630: ~
wuanzhuang@wuanzhuang-Latitude-D630:~$ sudo apt remove android-studio --purge
[sudo] wuanzhuang 的密码:
正在读取软件包列表... 完成
正在分析软件包的依赖关系树
正在读取状态信息... 完成
下列软件包是自动安装的并且现在不需要了：
  libpango1.0-0 libpangox-1.0-0 ubuntu-core-launcher
使用'sudo apt autoremove'来卸载它(它们)。
下列软件包将被【卸载】：
  android-studio*
升级了 0 个软件包，新安装了 0 个软件包，要卸载 1 个软件包，有 13 个软件包未被升
级。
解压缩后将会空出 80.9 kB 的空间。
您希望继续执行吗？ [Y/n] y
(正在读取数据库 ... 系统当前共安装有 294617 个文件和目录。)
正在卸载 android-studio (5.2.1-ubuntu0) ...
正在清除 android-studio (5.2.1-ubuntu0) 的配置文件
正在处理用于 hicolor-icon-theme (0.15-0ubuntu1) 的触发器 ...
正在处理用于 bamfdaemon (0.5.3-bzr0+16.04.20160824-0ubuntu1) 的触发器 ...
Rebuilding /usr/share/applications/bamf-2.index...
正在处理用于 gnome-menus (3.13.3-6ubuntu3.1) 的触发器 ...
正在处理用于 desktop-file-utils (0.22-1ubuntu5) 的触发器 ...
正在处理用于 mime-support (3.59ubuntu1) 的触发器 ...
wuanzhuang@wuanzhuang-Latitude-D630:~$
```

图 3-71　彻底删除软件方法

新立得包管理器

文件(F) 编辑(E) 软件包(P) 设置(S) 帮助(H)

刷新　标记全部可升级软件包　应用　属性　重建搜索索引　搜索

全部		状	软件包	已安装的版本
golang		☐ ⊙	golang	2:1.6-1ubuntu4
		☐ ⊙	golang-1.6	1.6.2-0ubuntu5
		☐ ⊙	golang-1.6-doc	
		☐ ⊙	golang-1.6-go	

取消标记
标记以便安装
标记以便重新安装
标记以便升级
标记以便删除
标记以便彻底删除

Go programming lan

获取截屏　获取变更日

The Go programming l
programmers more pr

组别(S)

状态(T)

图 3-72　标记以便彻底删除

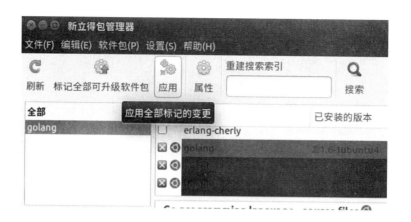

图 3-73　删除已安装软件准备

（3）全部选择后，点击图 3-73 中的绿色"应用"图标，显示摘要信息，如图 3-74 所示。

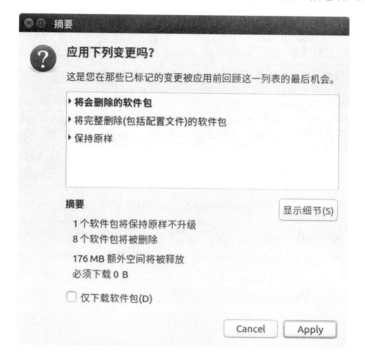

图 3-74　显示摘要信息

（4）点击右下角的【Apply】按钮，开始删除已安装的软件，如图 3-75 所示。

（5）删除完毕，显示如图 3-76 所示的界面。

（6）软件删除后，可以重新安装，最好注销一下再重新安装。

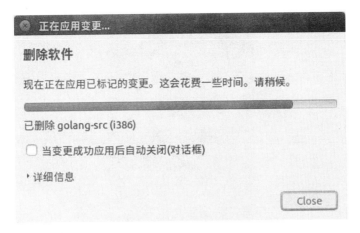

图 3-75　正在删除安装软件

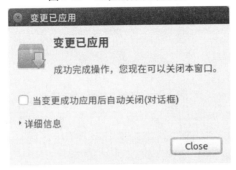

图 3-76　删除软件完毕

3.3　修改系统设置方法

3.3.1　如何创建快捷方式

（1）Ubuntu 添加桌面快捷方式的方法是打开启动栏的主按钮,输入应用程序名称,如 qq,出现该程序的图标,选中后直接拖到启动栏或桌面的任意位置即可,如图 3-77 所示。

图 3-77　创建快捷方式

（2）双击桌面上的应用程序图标，可直接打开应用程序，如图 3-78 所示。

图 3-78　打开 QQ 聊天工具

（3）如果想把该应用程序添加到启动栏，选中桌面上的该图标，直接拖动启动栏，如图 3-79 所示，或选中该图标点击鼠标右键，选择菜单中的【固定到启动器】也可。

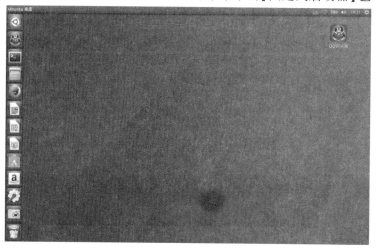

图 3-79　添加到启动器栏方法

（4）如果想删除启动栏中的应用程序，选中该图标后，点击鼠标右键，选择【从启动器解锁】，即可删除图标，如图 3-80 所示。当然程序依然存在，删除的只是快捷方式。

3.3.2　显示应用程序菜单方法

在默认情况下，打开一个应用程序时，该程序的菜单不会显示，把鼠标放在桌面的最上边，就会显示应用程序的菜单栏，移开鼠标则菜单消失，不过可以通过设置使其一直显示。

图 3-80　从启动器栏删除方法

3.3.3　如何设置桌面背景、窗口主题、启动器图标大小

（1）点击左侧启动栏中的齿轮图标，显示【系统设置】对话框，点击上面的"外观"图标，如图 3-81 所示。

图 3-81　显示系统设置

（2）出现外观设置界面，点击右面壁纸框内的任意图片，可以选择不同的壁纸，点击壁纸框下边的【＋】按钮，用户可以添加自己的壁纸，点击右上角的"壁纸"下拉列表，可以选择纯色，如图 3-82 所示。

图 3-82　设置壁纸

（3）右下角是窗口主题，可以更换窗口的颜色、边框和字体等，如图 3-83 所示。

图 3-83　窗口设置

（4）最下边是启动器图标大小，拖动滑块可以设置桌面左侧快速启动栏上的图标大小，如图 3-84 所示。

图 3-84　调整启动器图标大小

3.3.4　如何调整亮度和锁屏

（1）打开启动栏中的"系统设置"图标，显示如图 3-85 所示的对话框。

图 3-85　显示系统设置

（2）点击最上面第二个图标"亮度和锁屏"，可以调整屏幕亮度和屏保时间，如图 3-86 所示。

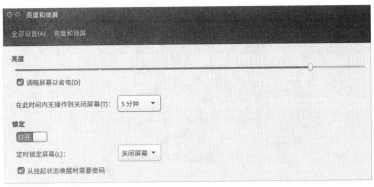

图 3-86　调整亮度和锁屏

3.3.5　如何移动启动栏位置

对于习惯于使用 Windows 操作系统的用户，总是看不惯 Ubuntu 的界面设计，对于启动栏停靠在左边感到很不舒服。可以通过命令把启动栏移到底部，方法如下：

（1）打开终端，输入命令 gsettings set com. canonical. Unity. Launcher launcher-position Bottom，回车，可把 Unity 移动到底部，如图 3-87 所示。

图 3-87　改变启动栏位置

（2）执行命令后，结果如图 3-88 所示。

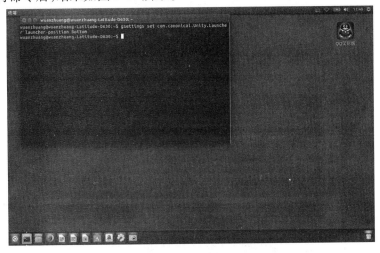

图 3-88　把启动栏放到最下面

（3）输入如下命令：gsettings set com. canonical. Unity. Launcher launcher-position Left，回车，启动栏重新回到桌面左边，如图 3-89 所示。

图 3-89 恢复启动栏默认位置

注意:输入时要区分大小写,否则不能正常执行。

3.4 常用命令操作指南

3.4.1 浏览网页方法

(1)在 Ubuntu 16.04 LTS 系统安装完成后,系统会自动安装一个 Firefox(火狐)浏览器,点击左边启动栏中的第四个图标,自动打开,如图 3-90 所示。

图 3-90 浏览网页方法

(2)在上面的地址栏中输入网址,如"www.sohu.com",回车,网页自动打开,如图 3-91 所示。

(3)打开百度网页,输入"武安状",显示查找结果,如图 3-92 所示。

(4)如果右上角的网络符号为空心扇形,则表示网络不通,配置好后就可以使用了。

图 3-91 显示搜狐网页

图 3-92 百度查找作者名称

3.4.2 浏览器配置方法

（1）和 Windows 系统下的浏览器一样，Ubuntu 浏览器也可以设置，把鼠标移到最上面，显示浏览器的菜单栏，打开菜单：【编辑】→【首选项】，如图 3-93 所示。

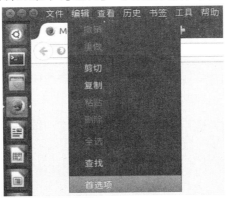

图 3-93 配置浏览器方法

（2）显示如图 3-94 所示的界面，用户可以进行设置。

图 3-94　设置常规参数

（3）点击右上角的三个横杠符号，也可以打开首选项，如图 3-95 所示。

图 3-95　显示首选项方法

3.4.3　如何创建新账户

（1）点击启动栏中的齿轮图标，打开系统设置，如图 3-96 所示。

（2）点击右下角的"用户账户"图标，可以管理账户，在用户账户面板中，左侧显示已有的账户名称，右侧是账户类型和密码选项，如图 3-97 所示。

（3）点击右上角的"解锁"图标，输入管理员密码解锁后，可以添加、删除、修改用户和设置自动登录，如图 3-98 所示。

（4）点击左下角的【 + 】按钮，可以新建一个账户，选择用户的类型，如图 3-99 所示。

图 3-96 打开系统设置

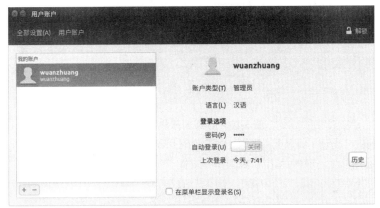

图 3-97 用户账户管理

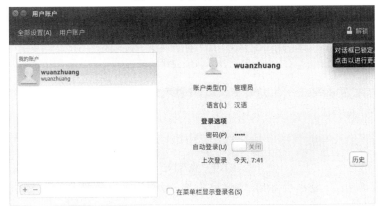

图 3-98 解锁授权

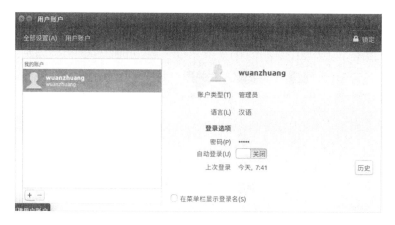

图 3-99　新建一个账户

（5）显示【添加账户】对话框，如图 3-100 所示。

图 3-100　【添加账户】对话框

（6）选择账户类型，全名可以使用中文，用户名必须是英文小写字母，然后点击右下角的【添加】按钮，显示如图 3-101 所示的界面。

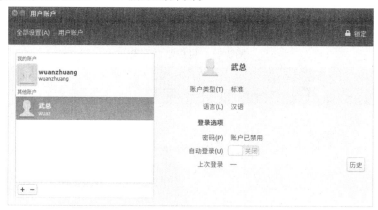

图 3-101　添加账户成功

（7）添加成功后，显示新创建的账户名称，点击"账户已禁用"来设置用户密码，如图 3-102 所示。

（8）显示如图 3-103 所示的对话框，可以更改或重新设置用户密码。

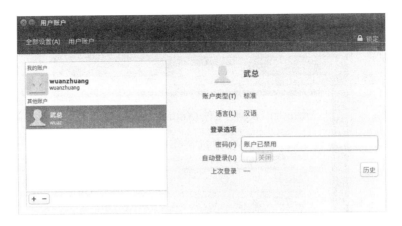

图 3-102　设置账户密码

图 3-103　设置密码

(9)设置完毕,点击右下角的【更改】按钮,完成。

3.4.4　如何下载文件

(1)点击启动栏中的火狐浏览器,打开百度网页,输入要下载的文件信息,比如"ubuntu 16.04 LTS",可以查到很多网页和链接地址,如图 3-104 所示。

图 3-104　下载文件方法

（2）点击最上面的一个链接，打开该网页，找到中间有紫色的链接，如"32-bit PC（i386）desktop image"，如图 3-105 所示。

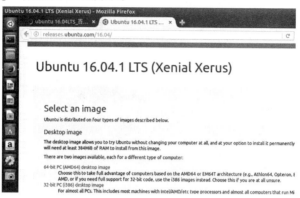

图 3-105　找到下载文件

（3）点击该链接后，显示对话框，供用户选择下一步操作，本例选择"保存文件"，然后按【确定】按钮，如图 3-106 所示。

图 3-106　保存文件提示

（4）系统开始下载，点击右上角标有时间的图标，如"3 时"，可以查看下载进度，如图 3-107 所示。

图 3-107　显示下载任务栏

(5)点击最下面的【显示全部下载项】,显示下载的全部任务,如图 3-108 所示。

图 3-108　显示全部下载任务

(6)如果想中止下载,点击对应项右边的叉号即可取消下载任务,下载后的文件都在用户的主文件夹下的子目录中,如:/home/wuanzhuang/下载/下载文件。

3.4.5　如何使用网易邮箱

(1)在 Ubuntu 系统中,在地址栏内输入"www.126.com",打开网易 126 邮箱,如图 3-109 所示。

图 3-109　打开网易邮箱

(2)输入用户名和密码,然后登录,显示邮箱中的相关内容,如图 3-110 所示。

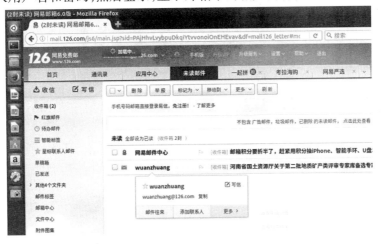

图 3-110　显示邮箱内容

（3）选择"未读邮件"，可查看和下载邮件。如果有附件，会在右边有提示，点击"查看附件"，如图3-111所示。

图3-111　显示未读邮件内容

（4）附件标题显示在下面的窗口中，选中该附件，如图3-112所示。

图3-112　查看附件内容

（5）把鼠标放到附件上，显示弹出式菜单，如图3-113所示。

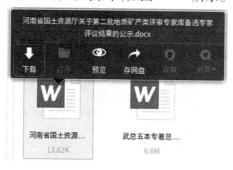

图3-113　下载附件方法

（6）点击最左边"下载"图标，弹出如图3-114所示的对话框。

（7）点击【确定】按钮后自动打开该文件，并显示该文件内容，如图3-115所示。

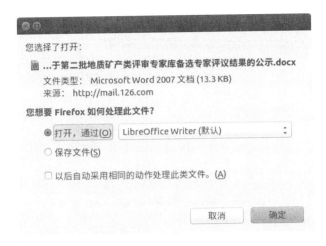

图 3-114　打开附件

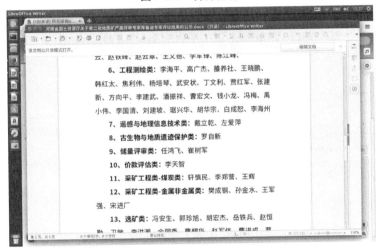

图 3-115　显示文件内容

3.4.6　如何添加本地打印机

　　一般情况下,Ubuntu 16.04 LTS 默认安装的打印机不能正常工作。由于作者的打印机是 HP LaserJet 1020 plus 打印机,型号比较陈旧,上网查了很多资料,各种各样的安装方法都试过,都没有成功,经过认真思考与细致分析,最终测试成功,总结经验如下:

　　(1)连接好网络,保持网络畅通,并打开打印机开关,用 USB 电缆将其连接到计算机上,上网(http://foo2zjs.rkkda.com)下载一个文件,如图 3-116 所示。

　　(2)下载完毕,打开主文件,新建一个目录,名称为"temp",把下载文件(在下载文件夹中查找)复制到该文件夹中,如图 3-117 所示。

　　(3)用鼠标右键点击该文件,选择【提取到此处】,自动解压文件,如图 3-118 所示。

　　(4)解压成功后,出现一个名称为"foo2zjs"的子文件夹,或者在终端使用"foo2zjs.tar.gz"也可以解压,如图 3-119 所示。

　　(5)打开终端,进入 temp 子目录,再进入 foo2zjs 子目录,执行 make 命令,如图 3-120

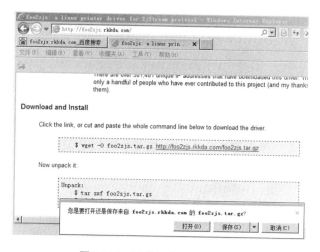

图 3-116　下载打印机驱动程序

图 3-117　复制文件到临时目录

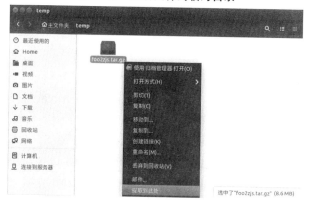

图 3-118　解压下载的文件

所示。

（6）执行 ./getweb 1020 命令,然后执行 sudo make install 命令,如图 3-121 所示。

（7）输入管理员密码,开始安装打印机驱动程序,安装完毕,别忘了删除系统默认的打印机驱动程序,输入 sudo apt remove system-config-printer-udev,回车。安装热插拔系统

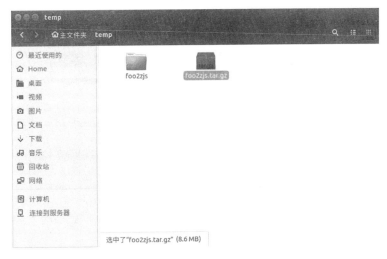

图 3-119　显示解压后文件夹

```
wuanzhuang@wuanzhuang-Latitude-D630: ~/temp/foo2zjs
wuanzhuang@wuanzhuang-Latitude-D630:~$ cd temp
wuanzhuang@wuanzhuang-Latitude-D630:~/temp$ ls
86-hpmud-hp_laserjet_1020.rules   hp_laserjet_1020-hpijs.ppd      lj-x86_32.so
foo2zjs                            hp_laserjet_1020-plugin         lj-x86_64.so
foo2zjs.tar.gz                     hp_laserjet_1020-plugin.version
hp_laserjet_1020.fw.gz            LICENSE
wuanzhuang@wuanzhuang-Latitude-D630:~/temp$ cd foo2zjs
wuanzhuang@wuanzhuang-Latitude-D630:~/temp/foo2zjs$ make
```

图 3-120　开始安装驱动

```
wuanzhuang@wuanzhuang-Latitude-D630: ~/temp/foo2zjs
foo2slx.1in              jbig_ar.h
wuanzhuang@wuanzhuang-Latitude-D630:~/temp/foo2zjs$ ./getweb 1020
sihp1020.img

(c) Copyright Hewlett-Packard 2005

wuanzhuang@wuanzhuang-Latitude-D630:~/temp/foo2zjs$ sudo make install
[sudo] wuanzhuang 的密码:
```

图 3-121　执行命令安装

支持,输入 sudo make install-hotplug,回车,如图 3-122 所示。

```
wuanzhuang@wuanzhuang-Latitude-D630: ~/temp/foo2zjs
# On Fedora 6/7/8/9/10/11/12, run "system-config-printer".
# On Mandrake, run "printerdrake"
# On Suse 9.x/10.x/11.x, run "yast"
# On Ubuntu 5.10/6.06/6.10/7.04, run "gnome-cups-manager"
# On Ubuntu 7.10/8.x/9.x, run "system-config-printer".
wuanzhuang@wuanzhuang-Latitude-D630:~/temp/foo2zjs$ sudo apt remove system-confi
g-printer-udev
正在读取软件包列表... 完成
正在分析软件包的依赖关系树
正在读取状态信息... 完成
软件包 system-config-printer-udev 未安装,所以不会被卸载
下列软件包是自动安装的并且现在不需要了:
  ippusbxd libpango1.0-0 libpangox-1.0-0 ubuntu-core-launcher
使用'sudo apt autoremove'来卸载它(它们)。
升级了 0 个软件包,新安装了 0 个软件包,要卸载 0 个软件包,有 13 个软件包未被升
级。
wuanzhuang@wuanzhuang-Latitude-D630:~/temp/foo2zjs$ sudo make install-hotplug
```

图 3-122　安装热插拔系统支持

（8）重新启动计算机,完成驱动程序安装,此时就能听到打印机自检的声音,打开启动栏上的系统设置,如图 3-123 所示。

图 3-123　打开系统设置

（9）点击中间"硬件"下的"打印机"图标,显示如图 3-124 所示的对话框。

图 3-124　配置打印机

（10）点击左上角的"添加"图标,添加打印机,显示如图 3-125 所示的对话框。

图 3-125　添加打印机

（11）双击最上面的黑框，最大化窗口，如图 3-126 所示。

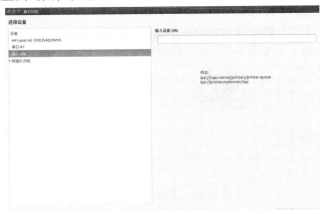

图 3-126　最大化窗口

（12）点击左上角的小叉号，关闭对话框，重新点击"添加"图标，此时，右下角的【前进】按钮成功显示，如图 3-127 所示。

图 3-127　调出【前进】按钮

（13）选择设备中的"Hp Linux 映像及打印（HPLIP）"，点击右下角的【前进】按钮，显示该打印机描述信息，如图 3-128 所示。

图 3-128　打印机信息描述

（14）点击右下角的【应用】按钮，显示【打印机-localhost】对话框，并显示打印机的图标，如图 3-129 所示。

图 3-129　添加打印机成功

（15）点击中间标有对号的打印机图标，显示如图 3-130 所示的对话框，点击【打印测试页】按钮，开始打印。

图 3-130　打印测试页

（16）打开 LibreOffice Writer 文档，可测试打印效果，如图 3-131 所示。

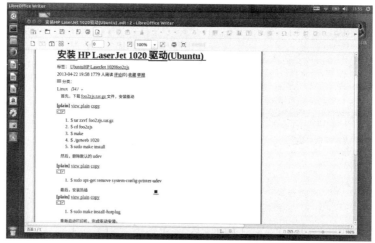

图 3-131　打印测试文件

第4章 常用办公软件

4.1 LibreOffice 办公软件

4.1.1 LibreOffice 简介

LibreOffice 是一套可与其他常用办公软件兼容的跨平台办公软件套件,在安装 Ubuntu 16.04 LTS 系统时已经预装,是 OpenOffice. org 办公套件的衍生版,与 OpenOffice 相比,增加了很多特色功能,同样免费开源,可在 Windows、Mac OS X、Linux 平台上运行,以 Mozilla Public License V2.0 许可证分发源代码。LibreOffice 拥有强大的数据导入和导出功能,能直接导入 PDF 文档、微软 Works、LotusWord,支持主要的 OpenXML 格式等。

4.1.2 Writer 文字处理

(1)LibreOffice 是一套办公软件,Writer 是其中的文字处理软件,点击左边启动栏的第5个图标,如图4-1 所示。

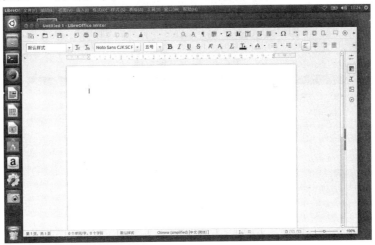

图 4-1　Writer 文字处理软件

(2)在左上角光标闪烁处输入任意文字,如"武总教你学编程!",如图4-2 所示。

(3)点击菜单:【文件】→【保存】,如图4-3 所示。

(4)显示【保存】对话框,在顶部输入文件名称,如图4-4 所示。

(5)本例使用系统默认名字,如"Untitled1",按右下角的【保存】按钮,保存完成后,在用户的主文件夹下就可以看到刚保存的文件,如"Untitled1. odt",如图4-5 所示。

(6)点击菜单:【文件】→【打开】,如图4-6 所示。

图 4-2 输入简单文字

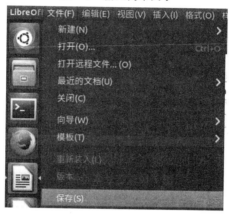

图 4-3 保存文件菜单

图 4-4 输入保存文件名称

图 4-5 保存成功

图 4-6 打开文件菜单

（7）显示【打开】对话框，如图 4-7 所示。

图 4-7 打开文件

（8）选中刚保存成功的文件，点击右下角的【打开】按钮，显示文件内容，如图 4-8 所示，可以继续进行编辑或者执行其他操作。

（9）如果想要保存成 Windows 7 系统下的 Word 2003 文档格式，点击【保存】对话框中间的所有文件标签，找到你想要保存的格式，本例为"Microsoft Word 97-2003（.doc）"，

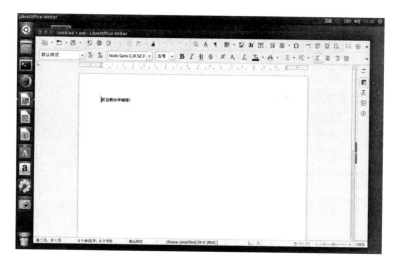

图 4-8　显示文件内容

如图 4-9 所示。

图 4-9　保存 Word 文件

（10）点击右下角的【保存】按钮，显示【确认文档格式】对话框，直接选择默认，如图 4-10 所示。

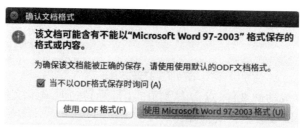

图 4-10　更换保存格式提示

（11）保存完毕，用 U 盘复制该文件到 Windows 7 系统下，然后用 Word 2003 打开，显示如图 4-11 所示。

图 4-11　用 Word 2003 打开

（12）用 Windows 7 系统下的写字板也可以打开 Untitled1. odt 文件，显示如图 4-12 所示。

图 4-12　用写字板打开

（13）尝试使用 LibreOffice Writer 打开 Word 2003 文件，也可以正常打开，如图 4-13 所示。

4.1.3　Calc 电子表格

（1）LibreOffice 是一套办公软件，Calc 是其中的电子表格软件，点击左边启动栏的第 6 个图标，如图 4-14 所示。

图 4-13　打开 Word 2003 文件

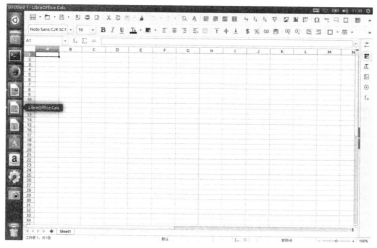

图 4-14　Calc 电子表格软件

（2）在表格内输入文字内容，如图 4-15 所示。

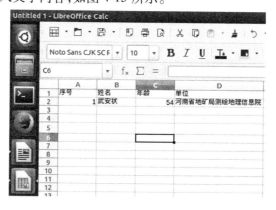

图 4-15　输入文字内容

（3）点击菜单：【文件】→【保存】，如图4-16所示。

图4-16　保存文件菜单

（4）显示【保存】对话框，在顶部输入文件名称，如图4-17所示。

图4-17　输入文件名称

（5）本例使用系统默认名字，如"Untitled1"，按【保存】按钮，保存完成后，在用户的主文件夹下可以看到刚保存的文件，如"Untitled1.ods"，如图4-18所示。

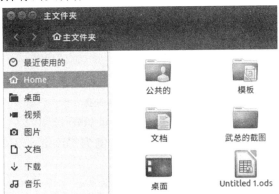

图4-18　保存成功

（6）点击菜单：【文件】→【打开】，显示【打开】对话框，如图 4-19 所示。

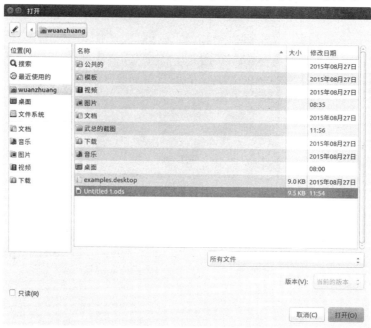

图 4-19　打开文件

（7）选中刚保存成功的文件，点击右下角的【打开】按钮，显示文件内容，如图 4-20 所示，可以继续进行编辑或者执行其他操作。

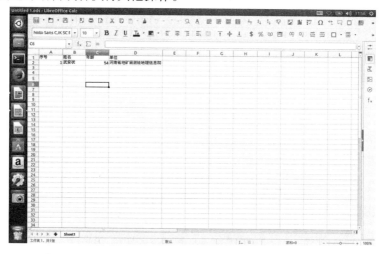

图 4-20　显示文件内容

（8）如果想要保存成 Windows 7 系统下的 Excel 2003 格式文件，点击【保存】对话框中间的所有文件标签，找到你想要保存的格式，本例为"Microsoft Excel 97-2003（.xls）"，如图 4-21 所示。

（9）点击右下角的【保存】按钮，显示【确认文档格式】对话框，直接选择默认，如图 4-22 所示。

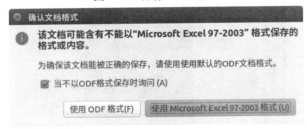

图 4-21　保存 Excel 格式

图 4-22　更换保存格式提示

（10）保存完毕，用 U 盘复制到 Windows 7 系统下，用 Excel 2003 打开，显示如图 4-23 所示。

图 4-23　用 Excel 2003 打开

4.1.4　Impress 演示文稿

（1）LibreOffice 是一套办公软件，Impress 是其中的演示文稿软件，点击左边启动栏的第 7 个图标,如图 4-24 所示。

图 4-24   Impress 演示文稿软件

(2)在"单击添加标题"处输入文字,如"武总的幻灯",然后打开菜单:【插入】→【图像...】,如图 4-25 所示。

图 4-25   插入图像方法

(3)选择要插入的图像文件,如图 4-26 所示。

图 4-26   选择图像文件

（4）点击右下角的【打开】按钮，该图像自动插入到当前项目中，如图4-27所示。

图4-27　插入图像效果

（5）点击菜单：【文件】→【保存】，如图4-28所示。

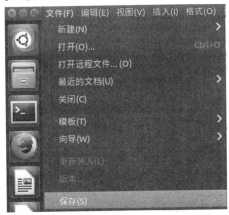

图4-28　保存文件菜单

（6）显示【保存】对话框，在顶部输入文件名称，如图4-29所示。

图4-29　输入文件名称

（7）本例使用系统默认名字,如"Untitled1",按右下角的【保存】按钮,保存完成后,在用户的主文件夹下可以看到刚保存的文件,如"Untitled1.odp",如图4-30所示。

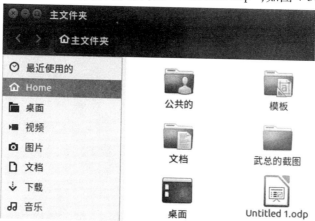

图4-30   保存成功

（8）点击菜单:【文件】→【打开】,如图4-31所示。

图4-31   打开文件菜单

（9）显示【打开】对话框,选中刚保存成功的文件,点击右下角的【打开】按钮,如图4-32所示。

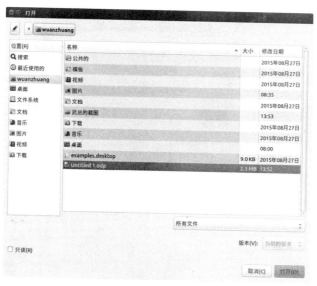

图4-32   打开文件

（10）原来的文件已经打开,如图4-33所示,可以继续进行编辑或执行其他操作。

（11）如果想要保存成Windows 7系统下的PowerPoint 2003格式文件,点击【保存】对

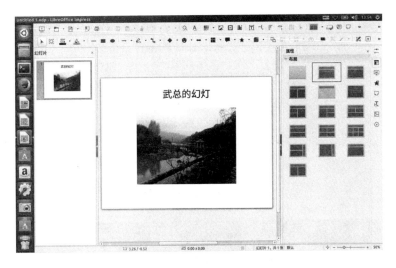

图 4-33　显示文件内容

话框中间的所有文件标签,找到你想要保存的格式,本例为"Microsoft PowerPoint 97-2003
(.ppt)",如图 4-34 所示。

图 4-34　保存 PowerPoint 格式

　　(12)点击右下角的【保存】按钮,显示【确认文档格式】对话框,直接选择默认,如
图 4-35 所示。

　　(13)保存完成后,在用户的主文件夹下显示 PPT 文件,如图 4-36 所示。

　　(14)用 U 盘复制到 Windows 7 系统下,用 PowerPoint 2003 打开,显示如图 4-37 所示。

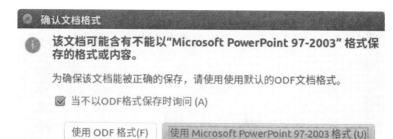

图 4-35　更换保存格式提示

图 4-36　保存成功

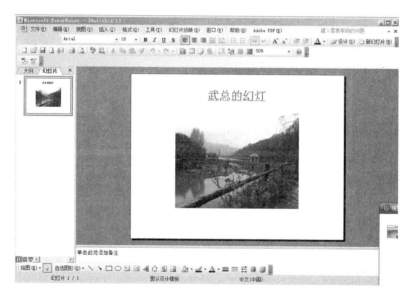

图 4-37　用 PowerPoint 2003 打开

4.2 WPS-Office 办公软件

4.2.1 WPS-Office 安装

1. WPS-Office 简介

WPS-Office 是由中国金山软件股份有限公司自主研发的一款办公软件套装,可以实现办公软件最常用的文字、表格、演示等多种功能,具有占用内存少、运行速度快、体积小、支持强大插件平台、免费提供海量在线存储空间及文档模板、支持阅读和输出 PDF 文件、全面兼容 Office 97~2010 格式(doc/docx/xls/xlsx/ppt/pptx 等)的独特优势,覆盖 Windows、Linux、Android、iOS 等多个平台。

2. 下载安装包方法

下载正确的 WPS For Linux 安装包,下载地址:http://community. wps. cn/download/,打开该网页,显示如图 4-38 所示。

图 4-38 WPS 软件下载地址

根据自己的 Linux 操作系统是 32 位还是 64 位,正确选择下载对应版本的安装包。作者的操作系统是 Ubuntu 系统 32 位的,因此下载 32 位的 deb 文件,即 wps-office_10. 1. 0. 5672~a21_i386. deb。

注意,后缀名为".rpm"的文件为小红帽系列版本使用,后缀名为".tar. xz"为源码安装包,也可以选择源码包 wps-office_10. 1. 0. 5672~a21_x86. tar. xz 进行安装。

3. 安装方法

软件安装包下载好之后,把文件复制到主文件夹下,如图 4-39 所示。

然后打开终端,输入命令 sudo dpkg-i wps-office_10. 1. 0. 5672~a21_i386. deb,回车,等执行完,Ubuntu 系统的 WPS-Office 就安装好了,如图 4-40 所示。

安装完成后,打开启动栏上的主按钮,输入 wps,可以看到 WPS 软件已成功安装,如

主文件夹
主文件夹
最近使用的
Home
桌面
视频
图片
文档
下载
音乐
回收站
QQ
公共的
红楼梦原版
模板
视频
图片
文档
武总的截图
下载
音乐
桌面
wps-office_
10.1.0.5672~a21_
i386.deb

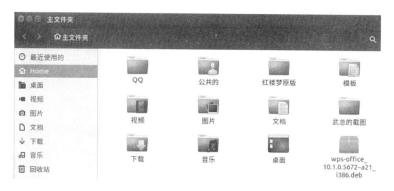

图 4-39 复制文件

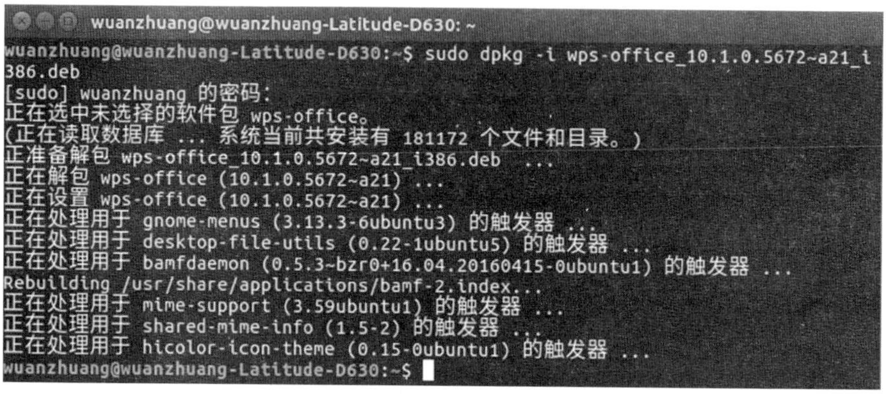

wuanzhuang@wuanzhuang-Latitude-D630: ~
wuanzhuang@wuanzhuang-Latitude-D630:~$ sudo dpkg -i wps-office_10.1.0.5672~a21_i
386.deb
[sudo] wuanzhuang 的密码:
正在选中未选择的软件包 wps-office。
(正在读取数据库 ... 系统当前共安装有 181172 个文件和目录。)
正准备解包 wps-office_10.1.0.5672~a21_i386.deb ...
正在解包 wps-office (10.1.0.5672~a21) ...
正在设置 wps-office (10.1.0.5672~a21) ...
正在处理用于 gnome-menus (3.13.3-6ubuntu3) 的触发器 ...
正在处理用于 desktop-file-utils (0.22-1ubuntu5) 的触发器 ...
正在处理用于 bamfdaemon (0.5.3~bzr0+16.04.20160415-0ubuntu1) 的触发器 ...
Rebuilding /usr/share/applications/bamf-2.index...
正在处理用于 mime-support (3.59ubuntu1) 的触发器 ...
正在处理用于 shared-mime-info (1.5-2) 的触发器 ...
正在处理用于 hicolor-icon-theme (0.15-0ubuntu1) 的触发器 ...
wuanzhuang@wuanzhuang-Latitude-D630:~$

图 4-40 安装 WPS 软件包

图 4-41 所示。

wps
应用程序
WPS 文字
WPS 表格
WPS 演示

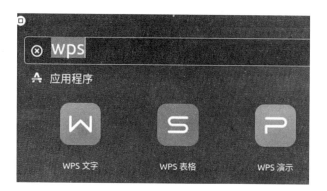

图 4-41 显示 WPS 图标

4.2.2 WPS 文字

(1)打开刚安装好的 WPS 文字软件,如图 4-42 所示。

(2)点击菜单:【文件】→【新建】,打开一个新的文档,如图 4-43 所示。

(3)在左上角光标闪烁处输入任意文字,如“武总教你使用 WPS!”,如图 4-44 所示。

(4)点击菜单:【文件】→【保存】,如图 4-45 所示。

(5)显示【另存为】对话框,默认情况下,第一行文字名作为文件名称,默认保存格式

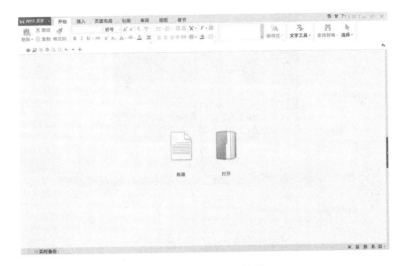

图 4-42　WPS 文字软件

图 4-43　新建文件

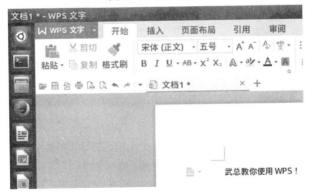

图 4-44　输入文字

为 Microsoft Word 2007/2010 文件格式,如图 4-46 所示。

(6)点击右下角的【保存】按钮,自动保存,在用户的主文件夹下的文档文件夹中可以

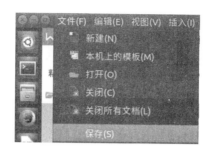

图 4-45　保存文件菜单

图 4-46　输入文件名称

看到保存结果,如图 4-47 所示。

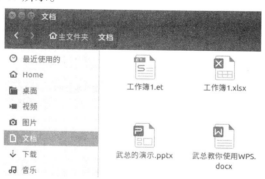

图 4-47　保存成功

(7)点击菜单:【文件】→【打开】,显示【打开】对话框,如图 4-48 所示。

(8)选中刚保存的 WPS 文件,点击右下角的【打开】按钮,显示文件内容,如图 4-49 所示,可以进行编辑或执行其他操作。

4.2.3　WPS 表格

(1)打开刚安装好的 WPS 表格软件,如图 4-50 所示。

图 4-48　打开文件

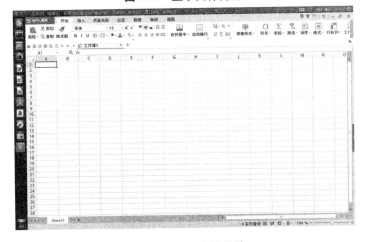

图 4-49　显示文件内容

图 4-50　WPS 表格软件

（2）在表格内输入任意内容,如图 4-51 所示。

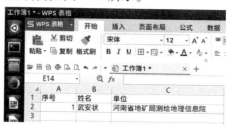

图 4-51　输入内容

（3）点击菜单:【文件】→【保存】,如图 4-52 所示。

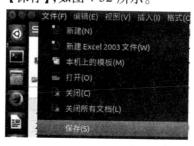

图 4-52　保存文件菜单

（4）显示【另存为】对话框,输入文件名称,本例使用默认名称,如"工作簿 1",默认保存格式为 Microsoft Excel 2007/2010 文件格式,如图 4-53 所示。

图 4-53　输入文件名称

（5）点击右下角的【保存】按钮,自动保存,在用户的主文件夹下的文档文件夹中可以看到保存结果,如图 4-54 所示。

（6）点击菜单:【文件】→【打开】,显示【打开】对话框,如图 4-55 所示。

（7）选中刚保存的 WPS 表格,点击右下角的【打开】按钮,显示文件内容,如图 4-56 所示,可以进行编辑或执行其他操作。

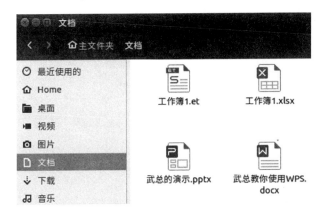

图 4-54　保存成功

图 4-55　打开文件

4.2.4　WPS 演示

（1）打开刚安装好的 WPS 演示软件,如图 4-57 所示。

（2）点击"单击此处添加标题",修改为"武总的演示",如图 4-58 所示。

（3）在标题下面添加图片,选中该图框,然后选择菜单:【插入】→【插入图片】,显示【插入图片】对话框,如图 4-59 所示。

（4）选择你要插入的图片,点击右下角的【打开】按钮,该图片已显示在当前面板中,如图 4-60 所示。

（5）现在对图片进行简单编辑,放大或缩小,然后点击菜单:【文件】→【保存】,如图 4-61 所示。

（6）显示【另存为】对话框,默认情况下,第一行文字名作为文件名称,默认保存格式为 Microsoft PowerPoint 2007/2010 文件格式,如图 4-62 所示。

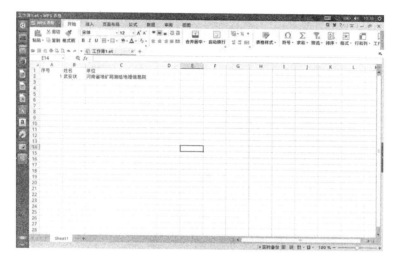

图 4-56　显示文件内容

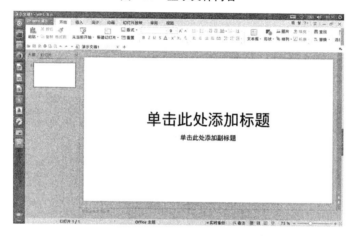

图 4-57　WPS 演示软件

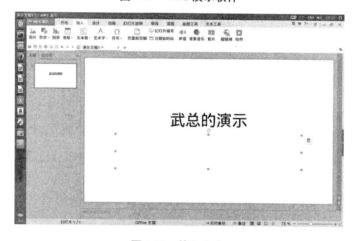

图 4-58　输入文字

图 4-59　【插入图片】对话框

图 4-60　显示效果

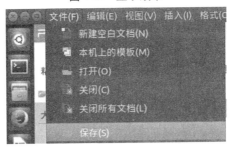

图 4-61　保存文件菜单

(7)点击右下角的【保存】按钮,自动保存,在用户的主文件夹下的文档文件夹中可以看到保存结果,如图 4-63 所示。

(8)点击菜单:【文件】→【打开】,显示【打开】对话框,如图 4-64 所示。

(9)选中刚保存的 WPS 演示文件,点击右下角的【打开】按钮,显示文件内容,如

图 4-62　输入文件名称

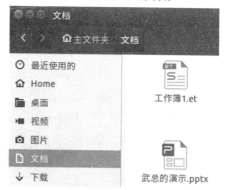

图 4-63　保存成功

图 4-64　打开文件

图 4-65 所示,可以进行编辑或执行其他操作。

图 4-65　显示文件内容

4.3　其他办公系列软件

4.3.1　Gedit 文本编辑器

Gedit 是一个文本编辑器,可以高亮显示代码,同时打开多个文件,常用来编写程序代码,非常方便,相对 VIM 来说简单得多,下面演示一下如何使用该工具。

(1)打开启动栏上的主按钮,输入 gedit,显示该文本编辑器,如图 4-66 所示。

图 4-66　打开 Gedit 软件

(2)点击该图标,打开文本编辑器,如图 4-67 所示。

(3)在左上角的空白处输入一行文字,如"武总测试 gedit 文本编辑工具!",如图 4-68 所示。

(4)选择菜单:【文件】→【保存】,或右上角的【保存】按钮,如图 4-69 所示。

(5)显示【另存为】对话框,在上面输入文件名称,本例采用系统默认文件名称,如图 4-70 所示。

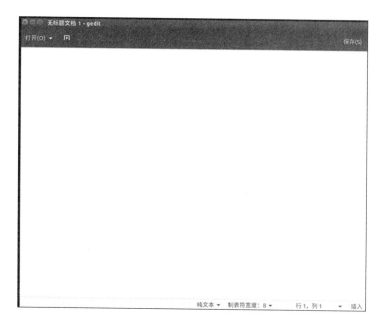

图 4-67　显示 Gedit 软件界面

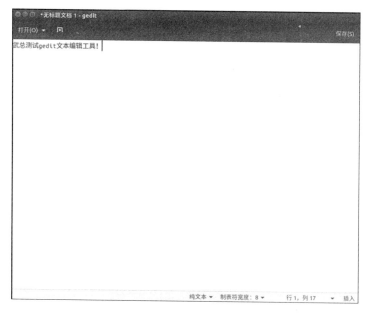

图 4-68　输入文字

（6）保存完成后，选择菜单：【文件】→【打开】，如图 4-71 所示。

（7）选中刚才保存的文件，然后点击右下角的【打开】按钮，如图 4-72 所示。

（8）显示刚才编辑的文件，可以继续进行编辑或进行其他操作，如图 4-73 所示。

4.3.2　Evince 文档查看器

Evince 文档查看器可以浏览 PDF 文件、动画书和图片文件，相当于 Windows 系统下

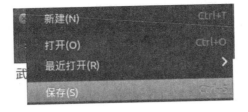

图 4-69   保存文件菜单

图 4-70   输入文件名称

图 4-71   打开文件菜单

图 4-72   选择文件

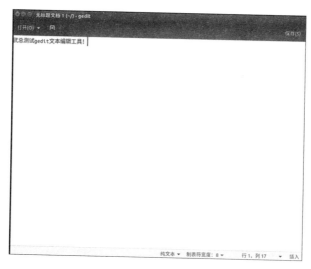

图 4-73　显示文件内容

的 PDF 文件浏览器,功能强大,操作方便,演示如下:

(1)打开启动栏上的主按钮,输入 ev,显示该文档查看器,如图 4-74 所示。

图 4-74　打开 Evince 文档查看器

(2)点击图标打开该工具,如图 4-75 所示。

图 4-75　Evince 软件界面

(3)把鼠标移到桌面最上面,选择菜单:【文件】→【打开】,如图 4-76 所示。

(4)显示【打开文档】对话框,选择本机中的 PDF 文件,如图 4-77 所示。

(5)点击右下角的【打开】按钮,显示 PDF 文件内容,如图 4-78 所示。

图 4-76　打开文件菜单

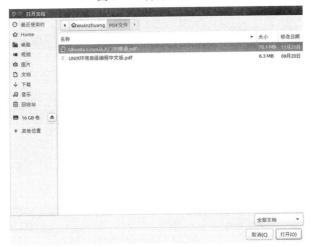

图 4-77　选择 PDF 文件

图 4-78　显示文件内容

（6）图 4-78 中，左边为缩略图，右边为放大图。关闭该文件，然后打开另一个文件，如图 4-79 所示。

（7）图 4-79 中，左边为索引，右边为详细内容，选择左边的不同章节，在右边显示对应

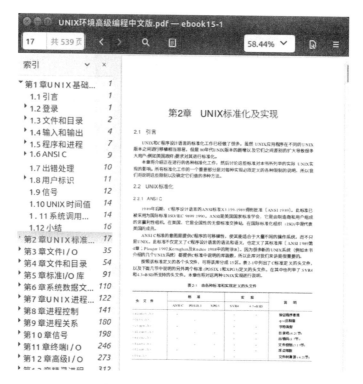

图 4-79　打开另一个 PDF 文件

的该章内容，调整右上角的显示比例，可放大显示，如图 4-80 所示。

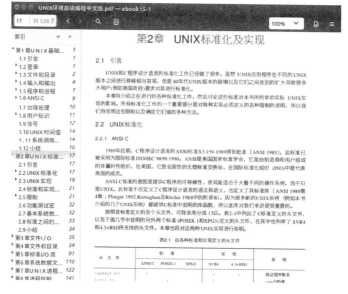

图 4-80　调整显示比例

4.3.3　GIMP 图片编辑器

GIMP 图片编辑器可以截取、缩放、修改图片，功能强大，操作方便，和 Windows 系统

下的 PhotoShop 功能相当,更重要的是免费,安装方法如下:

(1)使用新立得包管理器进行安装,如图 4-81 所示。

图 4-81　安装 GIMP 图片编辑器

(2)点击上面的"搜索"图标,显示对话框,输入搜索内容,如"gimp",然后点击右下角的【搜索】按钮,显示搜索结果,如图 4-82 所示。

图 4-82　显示搜索结果

(3)选中"gimp",点击鼠标右键,选择【标记以便安装】,如果该程序有依赖,会显示如图 4-83 所示的对话框,要求附加标记相关的软件包,点击右下角的【标记】按钮。

(4)新立得自动标记,然后,点击上面的绿色"应用"图标,开始下载安装包,如图 4-84 所示。

(5)显示摘要,让用户再次确认,点击右下角的【Apply】按钮,如图 4-85 所示。

(6)开始下载安装包,点击下面的"Show individual files"字样,显示下载详细信息和进度,如图 4-86 所示。

(7)下载完成,开始安装软件,如图 4-87 所示。

(8)软件安装完毕,显示如图 4-88 所示的对话框,关闭即可。

图 4-83　标记附加依赖软件

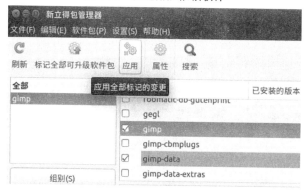

图 4-84　准备安装软件

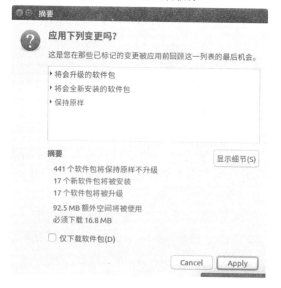

图 4-85　显示摘要信息

图 4-86　下载软件包

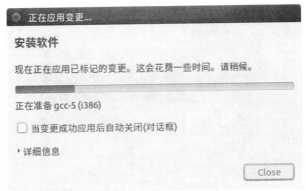

图 4-87　开始安装软件

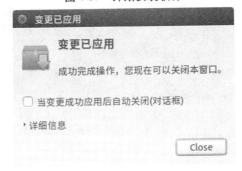

图 4-88　软件安装完成

（9）打开启动栏上的主按钮,输入 gimp,显示该软件图标,如图 4-89 所示。

（10）点击 GIMP 图标,打开 GIMP 工具,如图 4-90 所示。

（11）启动程序,可以看到窗口分三部分,两边是工具面板,中间是文件窗口,如图 4-91 所示。

（12）点击菜单:【文件】→【打开】,如图 4-92 所示,或者在图像窗口点击鼠标右键,选择需要处理的图片。

（13）显示对话框,选中要编辑的图像文件,点击右下角的【打开】按钮,如图 4-93 所示。

（14）点击菜单:【图像】→【缩放图像】,可以改变图像大小,如图 4-94 所示。

（15）在弹出的对话框内,修改图像的宽度和高度为新数值（单位为像素）,如图 4-95 所示。

图 4-89　显示 GIMP 图标

图 4-90　打开 GIMP 软件

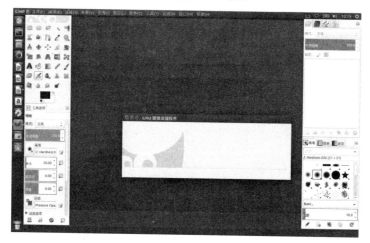

图 4-91　GIMP 软件界面

图 4-92　打开图像文件菜单

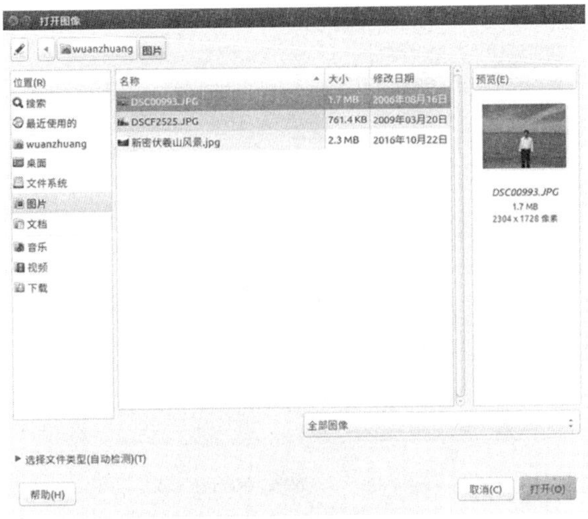

图 4-93　选择图像

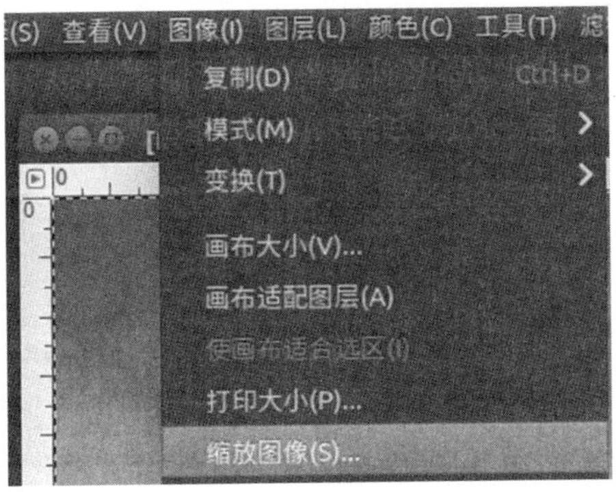

图 4-94　缩放图像

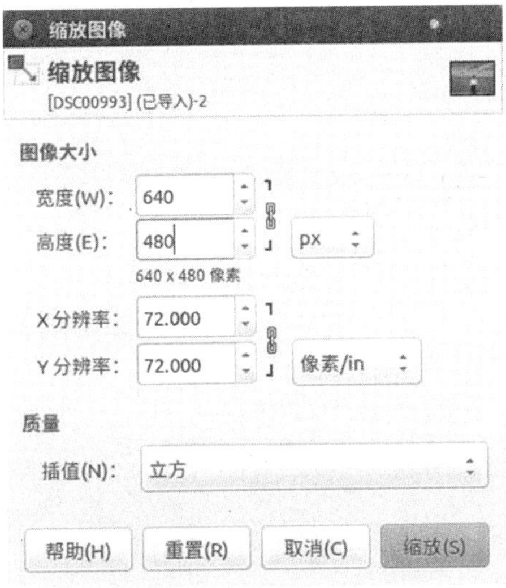

图 4-95　设置缩放比例

（16）设置完毕，点击右下角的【缩放】按钮，回到主窗口，点击菜单：【文件】→【另存为】,如图 4-96 所示。

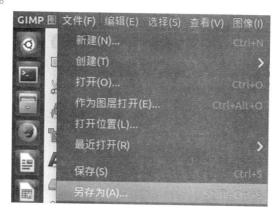

图 4-96　另存为文件菜单

（17）显示【保存图像】对话框,输入文件名称,点击右下角的【保存】按钮,如图 4-97 所示。

图 4-97　输入文件名称

（18）保存完毕,关闭退出程序,然后重新打开,如图 4-98 所示。

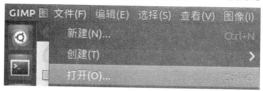

图 4-98　打开文件菜单

（19）找到刚保存的文件名称,点击右下角的【打开】按钮,如图 4-99 所示。

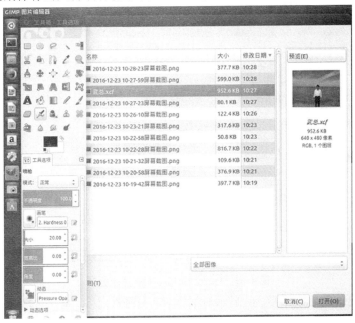

图 4-99　打开文件

（20）显示新图像文件,可以看出,该照片像素已经变为 640×480,如图 4-100 所示。

图 4-100　显示缩放效果

4.3.4　SMPlayer 媒体播放器

（1）SMPlayer 是一个媒体播放器,可以播放 DVD 光碟、视频、音乐、影碟等多媒体文件,使用新立得包管理器进行安装,如图4-101所示。

图4-101　安装SMPlayer媒体播放器

(2)点击上面的"搜索"图标,显示对话框,输入搜索内容,如"smplayer",然后点击右下角的【搜索】按钮,显示搜索结果,如图4-102所示。

图4-102　标记要安装的软件

(3)选中"smplayer",点击鼠标右键,选择【标记以便安装】,如果该程序有依赖,会显示一个对话框,要求附加标记相关的软件包,点击右下角的【标记】按钮,如图4-103所示。

(4)标记完毕,点击上面的绿色"应用"图标,开始下载安装包,如图4-104所示。

(5)显示摘要,让用户再次确认,点击右下角的【Apply】按钮,如图4-105所示。

(6)开始下载安装包,点击下面的"Show individual files"字样,显示下载进度,如图4-106所示。

(7)下载完成,开始安装软件,如图4-107所示。

(8)软件安装完毕,显示如图4-108所示的对话框,关闭即可。

(9)打开启动栏上的主按钮,输入smplayer,显示播放器图标,如图4-109所示。

(10)点击SMPlayer图标,打开播放器,如图4-110所示。

(11)选择菜单:【打开】→【文件】,如图4-111所示,或在一个视频文件上点右键,选

图 4-103　标记附加依赖软件

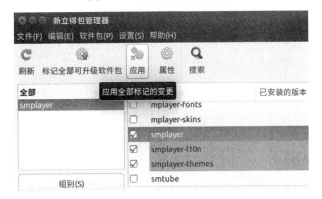

图 4-104　准备安装软件

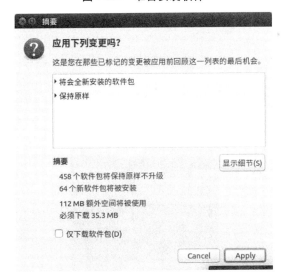

图 4-105　显示摘要信息

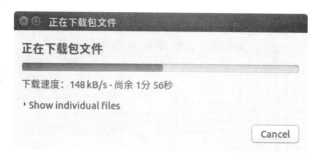

图 4-106　下载安装包

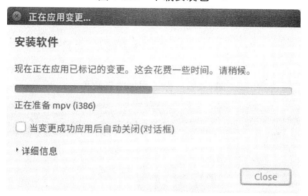

图 4-107　开始安装软件

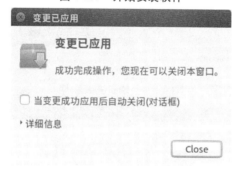

图 4-108　软件安装完成

图 4-109　显示 SMPlayer 图标

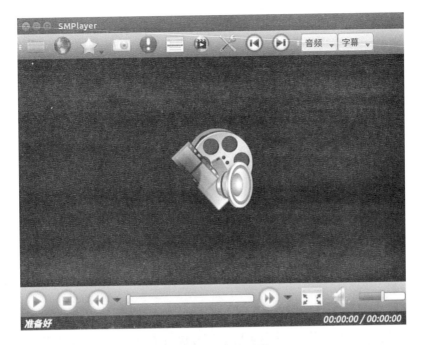

图 4-110　打开播放器

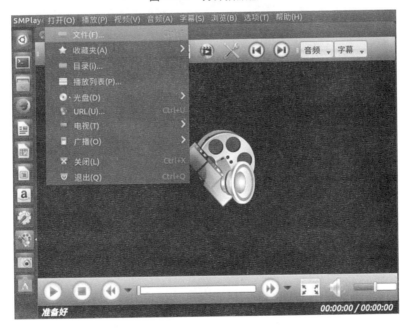

图 4-111　打开媒体文件

择【打开】。

　　(12) 显示对话框,找到要播放的视频文件,点击右下角的【打开】按钮,如图 4-112 所示。

　　(13) 打开成功后,开始播放视频,如图 4-113 所示。

图 4-112　选择视频文件

图 4-113　播放视频演示

（14）拖动下面的滑块,可以拉到任意位置继续播放,如图 4-114 所示。

（15）点击菜单:【选项】→【首选项】,可以设置记住播放点、关闭屏幕保护等详细设置,如图 4-115 所示。

（16）显示【首选项】对话框,进行自定义设置,如图 4-116 所示。

图 4-114　选择播放位置

图 4-115　设置首选项

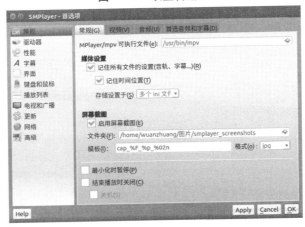

图 4-116　自定义设置

第5章 常用绘图软件

5.1 LibreCAD 绘图软件

5.1.1 LibreCAD 软件简介

LibreCAD 是一个基于 QCAD 社区版的全方位 2D CAD 绘图工具,免费开源,可以跨平台运行,支持 Windows、Mac OS X、Linux 操作系统。

LibreCAD 原名为 CADuntu,LibreCAD 被重组并移植到 Qt V4.0 上,它是基于社区版本 QCad 构建的,并利用 Qt4 进行了重构,原生支持 Mac OS X、Windows 和 Linux 操作系统。它提供了基于 GPL 协议的读取、修改、创建 CAD 文件(.dxf)方案。

LibreCAD 软件界面如图 5-1 所示。

[Download: Windows, Mac, Linux]

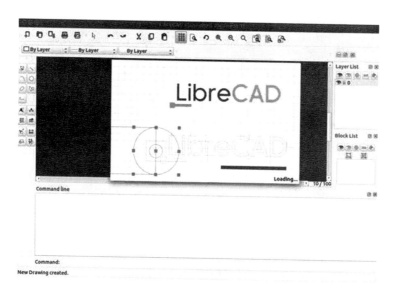

图 5-1　LibreCAD 软件界面

5.1.2 LibreCAD 安装方法

(1)连接好网络,打开新立得包管理器进行安装,如图 5-2 所示。

(2)点击上面的"搜索"图标,显示对话框,输入搜索内容,如"librecad",然后点击右下角的【搜索】按钮,显示搜索结果,如图 5-3 所示。

(3)选中"librecad",点击鼠标右键,选择【标记以便安装】,如果该程序有依赖,会显

图 5-2   安装 LibreCAD 软件

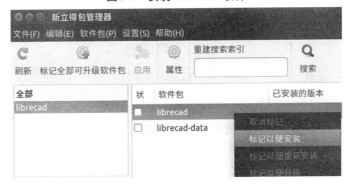

图 5-3   显示搜索结果

示一个对话框,要求附加标记相关的软件包,点击右下角的【标记】按钮,如图 5-4 所示。

图 5-4   标记附加依赖软件

（4）标记完毕，点击上面的绿色"应用"图标，开始下载安装包，如图5-5所示。

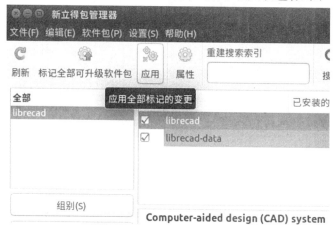

图5-5　准备安装软件

（5）显示摘要，让用户再次确认，点击右下角的【Apply】按钮，如图5-6所示。

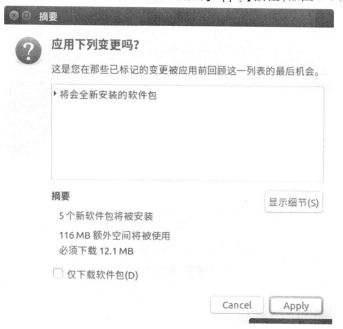

图5-6　显示摘要信息

（6）开始下载安装包，点击下面的"Show individual files"字样，显示下载进度，如图5-7所示。

（7）下载完成，开始安装软件，如图5-8所示。

（8）软件安装完毕，显示如图5-9所示的对话框，关闭即可。

（9）打开启动栏上的主按钮，输入cad，显示LibreCAD图标，如图5-10所示。

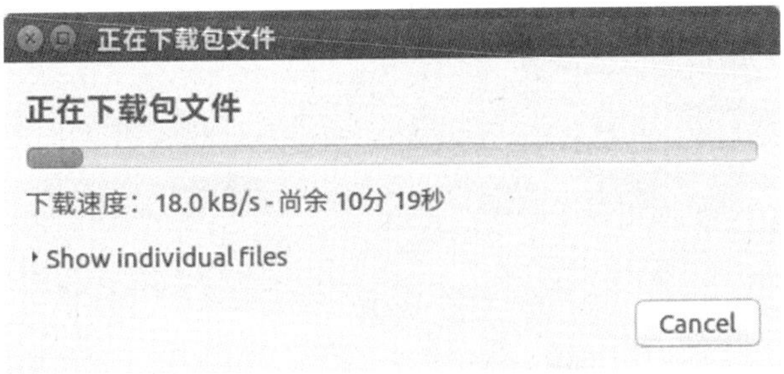
正在下载包文件
正在下载包文件
下载速度：18.0 kB/s - 尚余 10分 19秒
Show individual files
Cancel

图 5-7　下载安装包

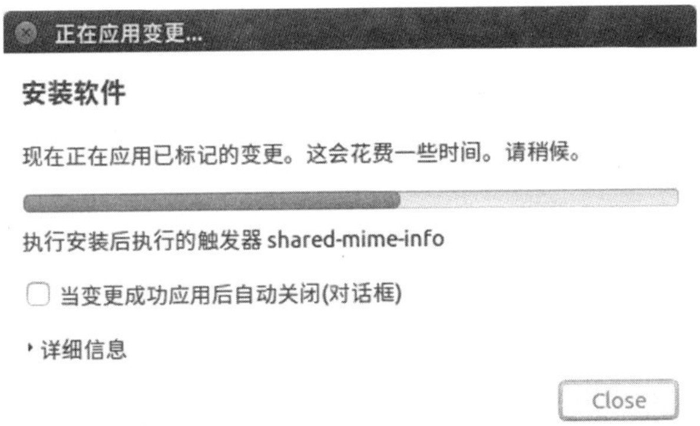
正在应用变更...
安装软件
现在正在应用已标记的变更。这会花费一些时间。请稍候。
执行安装后执行的触发器 shared-mime-info
当变更成功应用后自动关闭(对话框)
详细信息
Close

图 5-8　开始安装软件

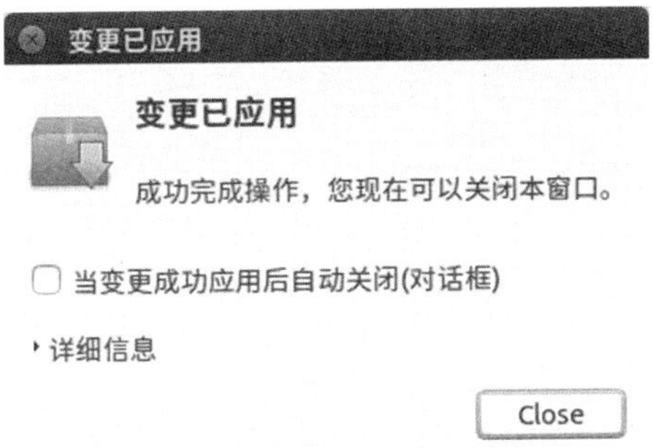
变更已应用
变更已应用
成功完成操作，您现在可以关闭本窗口。
当变更成功应用后自动关闭(对话框)
详细信息
Close

图 5-9　软件安装完成

cad
应用程序
LibreCAD

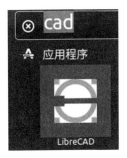

图 5-10　显示 LibreCAD 图标

5.1.3 LibreCAD 绘图示例

(1)打开 LibreCAD 软件,如图 5-11 所示。

图 5-11　打开 LibreCAD 软件

(2)初次使用时,需要设置菜单语言和度量衡单位,第二行选择简体中文时,第一行自动默认为米制,如图 5-12 所示。

图 5-12　设置语言及单位

(3)点击右下角的【OK】按钮,完成设置,接着显示 LibreCAD 工作界面,如图 5-13 所示。

(4)打开菜单:【绘图】→【直线】→【两点】,如图 5-14 所示,在屏幕上画一条直线。

(5)再注记文字,打开菜单:【绘图】→【文本】→【文本】,如图 5-15 所示。

(6)显示一个对话框,在框内输入文字,如图 5-16 所示。

(7)输入完毕,点击右下角的【OK】按钮,在屏幕上点击注记位置,自动注记。打开菜单:【文件】→【保存】,如图 5-17 所示。

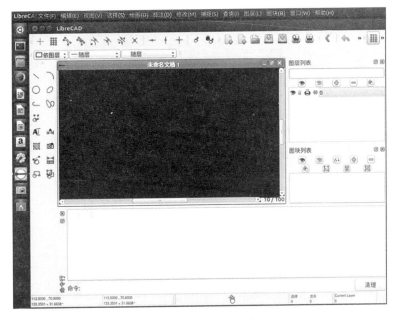

图 5-13　LibreCAD 软件工作界面

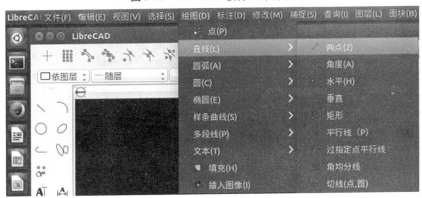

图 5-14　画一条直线

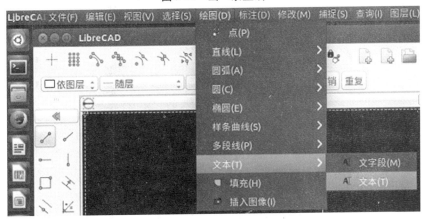

图 5-15　注记文字

图 5-16　输入文字内容

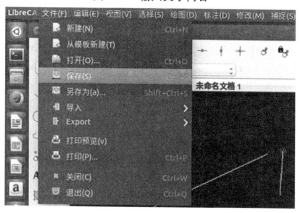

图 5-17　保存文件菜单

（8）显示一个对话框,输入文件名和保存类型,点击右下角的【Save】按钮,如图 5-18
所示。

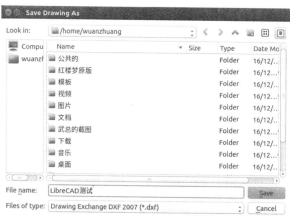

图 5-18　输入文件名称

(9)关闭程序,退出 LibreCAD,重新打开,导入刚保存的文件,如图 5-19 所示。

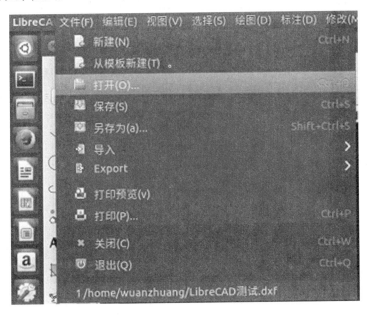

图 5-19　打开文件菜单

(10)选择刚才的文件,点击右下角的【Open】按钮,如图 5-20 所示。

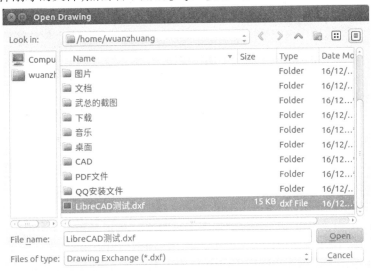

图 5-20　打开文件

(11)可以看到刚才的绘图文件,如图 5-21 所示。

5.1.4　导入 AutoCAD 文件

(1)在 Windows 7 系统下,打开 AutoCAD 2008 绘图软件,测试画一个简单的图形,如一条直线和一个注记,如图 5-22 所示。

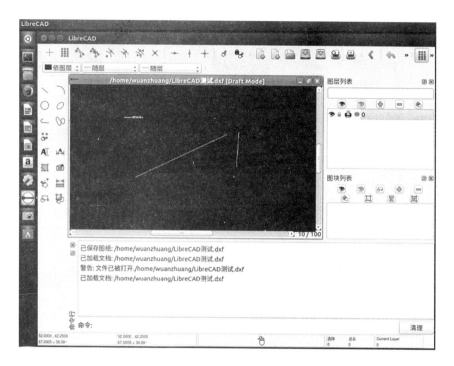

图 5-21　显示绘图效果

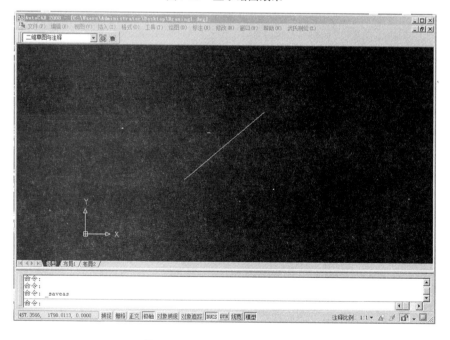

图 5-22　用 AutoCAD 2008 绘图

（2）选择保存文件，文件名称和保存类型选择默认，如"Drawing1.dwg"，如图 5-23 所示。

（3）用 U 盘复制该文件到 Ubuntu 系统下，并打开 LibreCAD 软件，如图 5-24 所示。

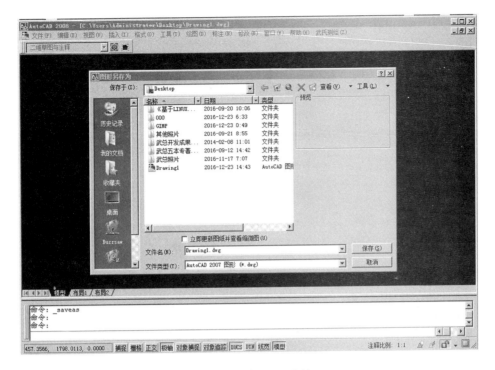

图 5-23　保存 DWG 文件

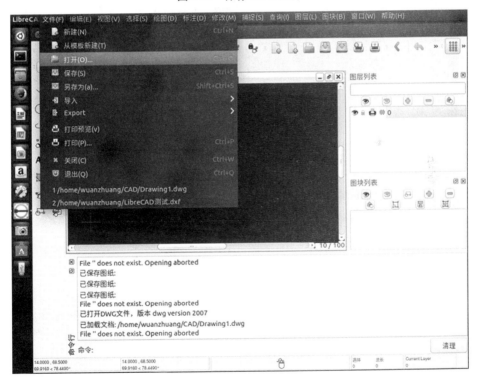

图 5-24　打开文件菜单

（4）选中刚才的 DWG 文件，点击右下角的【Open】按钮，如图 5-25 所示。

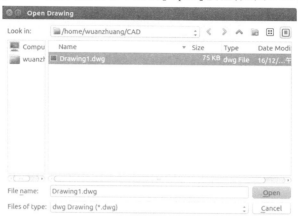

图 5-25　打开 DWG 文件

（5）如图 5-26 所示，可以正常打开，并显示 AuctoCAD 的 DWG 文件。

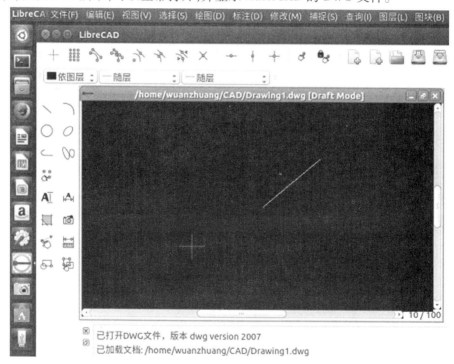

图 5-26　显示 DWG 文件效果

（6）下面测试打开以前绘制的地籍图，使用 AutoCAD 2008 打开，原图形如图 5-27 所示。

（7）用 LibreCAD 打开，虽然可以显示，但需要编辑，缺少相应的符号库，如图 5-28 所示。

（8）经测试表明，目前 LibreCAD 文件在 AutoCAD 软件中无法打开，等待更新版本出现。

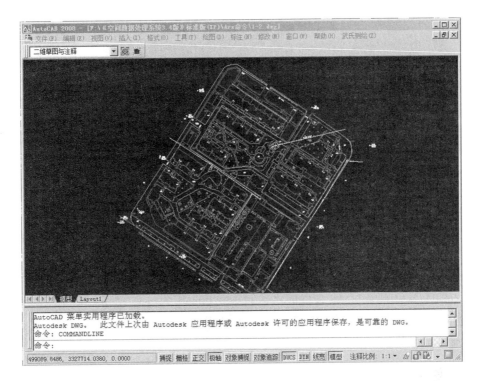

图 5-27　地籍图

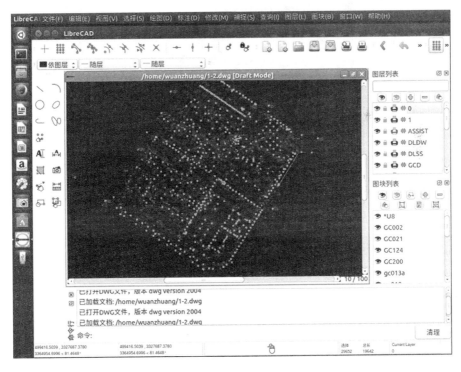

图 5-28　显示地籍图

5.2 其他绘图软件

5.2.1 FreeCAD 软件简介

FreeCAD 是一个基于 OpenCASCADE 的开源 CAD/CAE 工具。OpenCASCADE 是一套开源的 CAD/CAM/CAE 几何模型核心,由法国的 Matra Datavision 公司开发,是著名的 CAD 软件 EUCLID 的开发平台。

FreeCAD 是一种通用的 3D CAD 建模软件,发展完全开源(GPL 的 LGPL 许可证)。FreeCAD 直接的目的是用于机械工程和产品设计,也适合在更广泛的领域使用,如建筑或其他工程专业、工程领域。FreeCAD 具有类似 CATIA、SolidWorks 或 Solid Edge 的工具,因此也提供 CAX(CAD、CAM、CAE)和 PLM 等功能。这是一个基于参数化建模功能与模块化的软件架构,这使得它无需修改核心系统提供额外的功能。

FreeCAD 也可跨平台运行,目前可运行在 Windows、Linux / Unix 和 Mac OS X 等系统,在所有平台上都具有完全相同的外观和功能。

FreeCAD 软件工作界面如图 5-29 所示。

[Download: Windows, Mac, Ubuntu, Fedora]

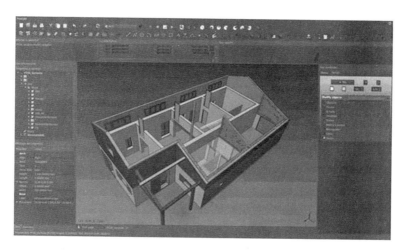

图 5-29　FreeCAD 软件工作界面

安装 FreeCAD 软件如图 5-30 所示。

5.2.2 QCAD 软件简介

QCAD 是开放源代码的 Linux CAD 软件,它使用户能够在 Linux 中快速、稳定、方便地使用 CAD。使用 QCAD 的用户不需要有 CAD 编程的基础知识就能够轻松使用 QCAD。

QCAD 软件工作界面如图 5-31 所示。

1. QCAD 特点

QCAD 是一个用于 2D 和制图的计算机辅助设计(CAD)软件包,可以跨平台运行,可

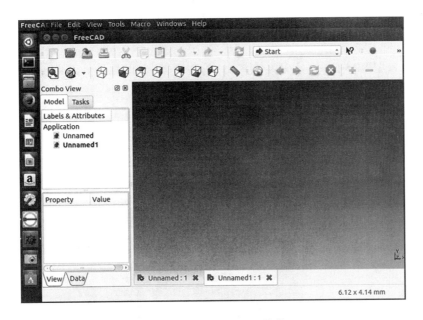

图 5-30　安装 FreeCAD 软件

[Download: Windows, Mac, Linux]

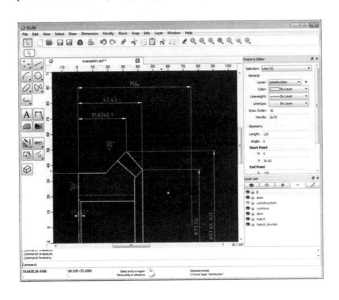

图 5-31　QCAD 软件工作界面

运行于 Linux、Mac OS X、Unix 和 Windows 等操作系统。QCAD 采用 DXF 文件作为其标准的文件格式。QCAD 在内部使用 AutoCAD DXF 文件格式保存和输入文件。

2. QCAD 版本

QCAD 有两种不同版本:QCAD 专业版(版本 2.1.3.2)是商业软件,费用为 24 欧元,为单一用户许可,有一个 10 分钟的演示版本;还有一个社区版是可以自由分发使用的,但这是一个稍微有点旧的版本,并且不包含所有功能。

5.2.3 DraftSight 软件简介

DraftSight 是 3DS 公司(达索系统集团)的一套 2D 制图软件。DraftSight 让专业 CAD 用户、学生和教育工作者能够创建、编辑和查看 DWG 文件。

DraftSight 软件工作界面如图 5-32 所示。

[Download: Windows 32-bit, Windows 64-bit, Mac, Ubuntu, Fedora]

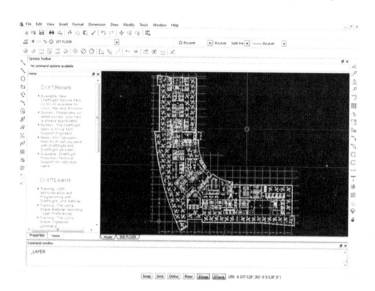

图 5-32　DraftSight 软件工作界面

DraftSight 可跨平台运行,适用于 Windows、Mac 和 Linux 环境,有三个版本:免费版(Free)、专业版(Professional)和企业版(Enterprise)。

第6章　Shell 程序设计

6.1　Shell 环境简介

6.1.1　Shell 基础

Shell 俗称"壳"(用来区别于核),它类似于 DOS 操作系统下的 command 和后来的 cmd. exe 命令。Shell 是系统的用户界面,提供了用户与内核进行交互操作的一种接口,它接收用户输入的命令,调用相应的应用程序,并把它送入内核去执行。

简单地说,Shell 就是一个命令行解释器,它拥有自己内建的 Shell 命令集,Shell 也能被系统中其他应用程序所调用。用户在提示符下输入的命令都由 Shell 解释后传给 Linux核心,它的作用就是遵循一定的语法将输入的命令加以解释并传给系统,它为用户提供了一个向 Linux 发送请求以便运行程序的接口系统级程序,用户可以用 Shell 来启动、挂起、停止甚至是编写一些程序。

Shell 本身是一个用 C 语言编写的程序,它是用户使用 Linux 的桥梁。实质上,Shell既是一种命令语言,又是一种程序设计语言。作为命令语言,它互动式地解释和执行用户输入的命令;作为程序设计语言,它定义了各种变量和参数,并提供了许多在高级语言中才具有的控制结构,包括循环和分支等。Shell 编程语言简单易学,任何在提示符中能键入的命令都能放到一个可执行的 Shell 程序中。虽然它不是 Linux 系统内核的一部分,但它调用了系统内核的大部分功能来执行程序、创建文档并以并行的方式协调各个程序的运行。

Linux 操作系统的 Shell 作为操作系统的外壳,为用户提供使用操作系统的接口,它是命令语言、命令解释程序及程序设计语言的统称。

6.1.2　Shell 分类

Linux 中的 Shell 有多种类型,其中最常用有三种:Bourne Shell(sh)、C Shell(csh)和Korn Shell(ksh),这三种 Shell 各有优缺点。Bourne Shell 是 Unix 最初使用的 Shell,并且在每种 Unix 上都可以使用。Bourne Shell 在 Shell 编程方面相当优秀,但在处理与用户的交互方面做得不如其他几种 Shell,用户在登录到 Linux 系统时由/etc/passwd 文件来决定要使用哪个 Shell。

1. Bourne Shell

首个重要的 Shell 标准 Unix Shell 是 1970 年底在 V7 Unix(AT&T 第 7 版)中引入的,并且以它的创始科技部基础条件平台"国家气象网络计算应用节点建设"项目资助者 Stephen Bourne 的名字命名。Bourne Shell 是一个交换式的命令解释器和命令编程语言,

Bourne Shell 可以运行为 Login Shell 或者 Login Shell 的子 Shell(subshell)，只有 Login 命令可以调用 Bourne Shell。作为一个 Login Shell, Shell 先读取/etc/profile 文件和 $HOME/.profile 文件，/etc/profile 文件为所有的用户定制环境，$HOME/.profile 文件为本用户定制环境，最后，Shell 会等待读取你的输入。

Linux 操作系统缺省的 Shell 是 Bourne Again Shell, 它是 Bourne Shell 的扩展，简称 Bash, 与 Bourne Shell 完全向后兼容，并且在 Bourne Shell 的基础上增加、增强了很多特性。Bash 放在/bin/bash 中，有许多特色，可以提供如命令补全、命令编辑和命令历史表等功能，还包含了很多 C Shell 和 Korn Shell 中的优点，有灵活和强大的编程接口，同时又有很友好的用户界面。

2. C Shell

Bill Joy 于 20 世纪 80 年代早期，在伯克利的加利福尼亚大学开发了 C Shell。它主要是为了让用户更容易地使用交互式功能，并把 ALGOL 风格的语法结构变成了 C 语言风格。它新增了命令历史、别名、文件名替换、作业控制等功能。

C Shell 是一种比 Bourne Shell 更适于编程的 Shell, 它的语法与 C 语言很相似。Linux 为喜欢使用 C Shell 的人提供了 Tcsh。Tcsh 是 C Shell 的一个扩展版本，Tcsh 包括命令行编辑、可编程单词补全、拼写校正、历史命令替换、作业控制和类似 C 语言的语法，它不仅和 Bash Shell 提示符兼容，而且还提供比 Bash Shell 更多的提示符参数。

3. Korn Shell

在很长一段时间内，只有两类 Shell 供人们选择：Bourne Shell 用来编程，C Shell 用来交互。为了改变这种状况，AT&T 的 Bell 实验室 David Korn 开发了 Korn Shell。Korn Shell 结合了所有的 C Shell 的交互式特性，并融入了 Bourne Shell 的语法，因此 Korn Shell 广受用户的欢迎，它还新增了数学计算、进程协作(coprocess)、行内编辑(inline editing)等功能。

Korn Shell 是一个交互式的命令解释器和命令编程语言，它符合 POSIX 国际标准。Korn Shell 集合了 C Shell 和 Bourne Shell 的优点且和 Bourne Shell 完全兼容。Linux 系统提供了 pdksh(ksh 的扩展)，它支持任务控制，可以在命令行上挂起、后台执行、唤醒或终止程序。

6.1.3 Shell 常用命令

虽然在 Shell 脚本中可以使用任意的 Unix 命令，但还是有一些相对更常用的命令，用来进行文件和文字操作，如下所示。

1. 常用命令语法及功能

echo "some text"：将文字内容 some text 打印在屏幕上。

ls：文件列表。

wc-l file：计算文件行数。

wc-w file：计算文件中的单词数。

wc-c file：计算文件中的字符数。

cp sourcefile destfile：文件拷贝。

mv oldname newname：重命名文件或移动文件。

rm file：删除文件。

grep 'pattern' file：在文件内搜索字符串，比如：grep 'searchstring' file. txt。

cut-b colnum file：指定欲显示的文件内容范围，并将它们输出到标准输出设备，比如：输出每行第 5 个到第 9 个字符 cut-b 5-9 file. txt，千万不要和 cat 命令混淆，这是两个完全不同的命令。

cat file. txt：输出文件内容到标准输出设备(屏幕)上。

file somefile：得到文件类型。

read var：提示用户输入，并将输入赋值给变量。

sort file. txt：对 file. txt 文件中的行进行排序。

uniq：删除文本文件中重复出现的行列，比如：sort file. txt | uniq。

expr：进行数学运算，比如：add 2 and 3 expr 2 " + " 3。

find：搜索文件，比如：根据文件名搜索 find-name 'filename' -print。

tee：将数据输出到标准输出设备(屏幕)和文件，比如：somecommand | tee outfile。

basename file：返回不包含路径的文件名，比如：basename /bin/tux 将返回 tux。

dirname file：返回文件所在路径，比如：dirname /bin/tux 将返回 /bin。

head file：打印文本文件开头几行。

tail file：打印文本文件末尾几行。

sed：是一个基本的查找替换程序，可以从标准输入(比如命令管道)读入文本，并将结果输出到标准输出(屏幕)。该命令采用正则表达式进行搜索，不要和 Shell 中的通配符相混淆，比如：将 linuxfocus 替换为 LinuxFocus：cat text. file | sed 's/linuxfocus/LinuxFocus/' > newtext. file。

sed s/a/A/：从标准输入中读取文本，将文本中的 a 替换为 A（默认是将含有 a 的第一列替换为 A）。

awk：用来从文本文件中提取字段。缺省地，字段分隔符是空格，可以使用-F 指定其他分隔符。cat file. txt | awk -F, '{print $ 1 "," $ 3 }'，这里我们使用","作为字段分隔符，同时打印第一个和第三个字段。假若该文件内容如下：Adam Bor,34,IndiaKerry Miller,22,USA，命令输出结果为：Adam Bor,IndiaKerry Miller,USA。

2.关于档案/目录处理的命令

(1)ls——列目录。

这是最基本的档案指令，ls 的意义为"list"，也就是将某一个目录或是某一个档案的内容显示出来，格式：ls-l ACFLRabcdfgilmnopqrstux-W[sv][files]。

例：

#ls (后面不跟任何参数，以简单格式列出当前目录中所有档案)

#ls bin(简单格式列出名为 bin 的文件或目录下的所有档案)

#ls /u/ilasII_GB/lib (全路径列出 lib 目录下的所有档案)

ls 的常用参数如下：

-a：在 Unix 中若一个目录或档案名字的第一个字元为"."，则使用 ls 将不会显示出这个档案的名字,我们称此类档案为隐藏档案,如 . profile、tcshrc 等。如果我们要查看这类档案,则必须在其后加上参数-a。

-l:这个参数代表使用 ls 的长(long)格式,可以显示更多的信息,如档案存取权、档案拥有者(owner)、档案归属组、档案大小、档案最后更新时间,甚至 symbolic link 的档案是 link 哪一个档等,显示结果如下所示:

drwxrwxrwx 30 root bin 1024 May 23 10:38 u

drwxrwxrwx 2 root sys 512 Jul 28 1999 uacn

drwxrwxrwx 5 root sys 512 Jul 27 1999 udk

lrwxrwxrwx 1 root sys 11 Jul 27 1999 unix – > /stand/unix

drwxrwxrwx 35 root auth 1024 Apr 3 13:45 usr

在开始的 10 个字符上系统给出文件的用户权限,该序列分成四个域:第一个字符为类型域,第 2、3、4 个字符为用户主域,第 5、6、7 个字符为同组用户域,第 8、9、10 个字符为其他用户域,域中字符的含义如下。

在类型域中:

d 表示此文件是一个目录。

- 表示此文件是一个普通文件。

b 表示此文件是一个特殊的块设备 I/O 文件。

c 表示此文件是一个特殊的字符设备 I/O 文件。

l 表示此文件是一个连接文件,在其文件名称后紧跟与它连接的文件路径及名称,如:unix – > /stand/unix。

在"用户主""同组用户""其他用户"域中:

r 表示有读权限,含义是可以拷贝或显示该文件或目录中的内容。

w 表示有写权限,含义是可以改变或修改该文件。

x 表示有执行权限,含义是可以执行该文件或用 cd 命令进入该目录,在该目录中建立文件或子目录等。

- 表示无权限。

(2)chmod——变更档案模式(change mode)。

这个指令用来更改档案的存取模式(access mode)。一个 Unix 档案上有可读(r)、可写(w)、可执行(x)三种模式,分别针对该档案的所有者(onwer)、同组者(group member)以及其他人(other)。一个档案如果改成可执行模式,则系统就将其视为一个可执行档案,而一个目录的可执行模式代表使用者有进入该目录的权利,chmod 就是用来变更一些档案的模式。

格式:chmod［-fR］mode filename ...

主要参数的意义如下:

-f(Force):chmod 不会理会失败的动作。

-R(Recurive):会将所有子树下的所有子目录及档案改为你所要改成的模式。

Mode:指改变模式,包括三个方面:

A. 为哪些用户改变:

u——用户本身

g——同组用户

o——其他用户

B. 如何改变：

+——增加权限

-——去掉权限

C. 什么权限：

r——读权限

w——写权限

x——执行权限

例：

#chmod g0 + w file1

修改前 file1 的权限为 -rwxr--r--。

修改后 file1 的权限为 -rwxrw-rw-。

也可以用一个三位八进制数字来表示对某些对象的存取权。

例：

#chmod 666 ∗（所有用户都可读、写）

#chmod 777 ∗（所有用户都可读、写、执行）

（3）cat——串联显示命令。

例：

#cat file1（将文件 file1 的内容在屏幕上不停地显示出来）

cat 命令还可以用来建立文件,如：

#cat > newfile

this is a text

Ctrl + D

即建立 newfile 文件,内容为 this is a text。

#cat file1 file2 >file3（将 file1、file2 两个文件接起来生成文件 file3）

#cat f1 f2 > >f3（将 f1、f2 两个文件接在 f3 文件的末尾）

（4）more——分屏显示文件内容。

more 可以将所观察的档案分屏显示出来,并根据使用者的要求换页或卷行。如果使用者要在某一个档案中搜寻一个特定的字串,则按 /,然后跟着打所要搜寻的单字,即可进行搜寻。如果你在使用中觉得已经看到了所要看的部分,可以按 q 关闭 more 的使用。

在使用中按 v 亦可以使用编辑器来编辑所观看的档案。

格式:more filename

（5）cd——改变当前目录。

格式:cd dirname

例：

#cd(到用户的/home 目录)

#cd /usr(将目前目录转移到/usr 目录,也即进入/usr)

#cd ..（返回上一级目录）

#cd ../..（返回上一级目录的上一级目录）

（6）cp——拷贝。

这个指令的意义是复制 COPY,也就是将一个或多个档案复制成另一个档案或者是将其复制到另一个目录去。

格式:

cp［-fip］source_file target_file（拷贝文件）

cp［-r|-R］［-fip］source_file... target_file（拷贝目录）

常用参数如下:

-i:此参数是当已有档案名为 f2 的档案时,若直接使用 cp 将会把原来 f2 的内容覆盖,因此在要覆盖之前必须先询问使用者,如果使用者的回答是"y"才执行复制的动作。

-r:此参数是用于递归复制,可将一整棵子树都复制到另一个目录中。

cp 的用法例举如下:

#cp f1 f2（将名为 f1 的档案复制一份到名为 f2 的档案）

#cp f1 f2 f3... dir（将档案 f1、f2、f3... 复制一份放到目录 dir 里面）

#cp -r dir1 dir2（将 dir1 的全部内容复制到 dir2 里面）

（7）mv——移动或改名。

mv 的意义为 move,主要是将一档案改名或移至另一个目录。

格式:

mv［-fi］source_file... target_file

主要参数:

-i:其含义与 cp 的相同,均是 interactive 询问之意。

-f:强制(force)执行,所有其他的参数遇到-f 均失效。

例:

#mv f1 f2（将名为 f1 的档案变更成名为 f2 的档案）

#mv dir1 dir2（将名为 dir1 的目录变更成名为 dir2 的目录）

#mv f1 f2 f3... dir（将档案 f1、f2、f3... 都移至目录 dir 里面）

（8）rm——删除。

rm 的意义是 remove,也就是用来删除一个档案。在 Unix 中,一个被删除的档案除非是系统恰好有备份,否则无法像 DOS 一样还能够恢复,所以在做 rm 动作的时候,使用者应该要特别小心。

格式:

rm［-fiRr］file...

主要参数:

-f:将会在删除时,不提出任何警告信息。

-i:在除去档案之前均会询问是否真删除。

-r:递归式的删除。

注意:不要随便使用 rm-rf,使用时一定要谨慎。

例:

rm f1(删除名为 f1 的档案)

rm -r dir1(删除名为 dir1 的目录及其下的所有档案)

rm -i sendmarc1(删除名为 sendmarc1 的文件前先提示如下:remove sendmarc1 ?)

(9)mkdir——创建目录。

mkdir 是一个让使用者建立一个目录的指令,你可以在一个目录下使用 mkdir 建立一个子目录。

格式:

mkdir dirname1 〔dirname2 ...〕

例:

#cd /u/ilasII_GB(将当前路径置换为/u/ilasII_GB)

#mkdir ilasbak(在/u/ilasII_GB 目录下创建一个名为 ilasbak 的子目录)

(10)rmdir——删除目录。

rmdir 用来将一个空的目录删除,如果一个目录下没有任何档案,你就可以用 rmdir 指令将其除去。

格式:

rmdir dirname1 〔dirname2 ....〕

如果一个目录下有其他的档案,rmdir 无法将这个目录删除,除非使用 rm 指令的-r 选项。

例:

rmdir ilasbak(删除名为 ilasbak 的空目录)

(11)pwd——显示当前路径。

例如:

#pwd

3.关于进程处理的命令

(1)ps——显示目前你的 process 或系统 processes 的状况。

格式:

ps 〔-a Adefl〕〔-G groups〕〔-o format〕〔-p pids〕〔-t termlist〕〔-u users〕〔-U users〕〔-g pgrplist〕

常用参数:

-a 列出所有用户的 process 状况。

-u 显示 user -oriented 的 process 状况。

-x 显示包括没有 terminal 控制的 process 状况。

-w 使用较宽的显示模式来显示 process 状况。

例:

#ps-ae（显示所有进程的进程号及状态）

#ps-u ilasntl（显示用户 ilasntl 的进程状态）

PID TTY TIME CMD

1194 ttyp0 00：00：00 sh

#ps-t ttyla（显示设备 ttyla 上的进程）

如上所示，我们可以由 ps 取得目前 processes 的状况，如 PID（进程号）、TTY（设备名）、TIME（时间）、CMD（程序名）等。

（2）kill——杀进程。

kill 指令的用途是送一个信号给某一个进程，因为大部分送的信号都是用来杀掉进程的，因此称为 kill 。

格式：

kill［-SIGNAL］pid . . .

kill -l

SIGNAL：为一个信号的数字，从 0 到 31，其中 9 是 SIGKILL，也就是一般用来杀掉一些无法正常终止进程的信号。

你也可以用 kill -l 来查看可代替 SIGNAL 号码的数字。

6.1.4 Shell 特殊字符

Shell 的特殊字符非常繁杂，常见的可以分为以下几类：特殊变量、替换符、转义字符、字符串符、功能符、运算符等，下面只简要介绍一下常见的几种符号。

（1）特殊变量符，见表 6-1。

表 6-1 Shell 中特殊变量符的作用

符号	作用
$ 0	当前脚本的名称
$#	传递给脚本或函数的参数个数
$ *	传递给脚本或函数的所有参数
$@	传递给脚本或函数的所有参数，被双引号""包含时，与 $ * 稍有不同
$?	上个命令的退出状态，或函数的返回值
$$	当前 Shell 进程 ID，对于 Shell 脚本，就是这些脚本所在的进程 ID
$ n	传递给脚本或函数的参数，n 是一个数字，表示第几个参数，例如，第一个参数是$ 1，第二个参数是$ 2

（2）目录操作符，见表 6-2。

表6-2 **Shell 中目录操作符的作用与示例**

符号	作用	示例
*	作为匹配文件名扩展的一个通配符,能自动匹配给定目录下的每一个文件	
~	波浪号,这个符号和 Shell 环境变量 $ HOME 是一样的,默认表示当前用户的主目录(家目录)	echo ~ ,查看家目录
-	减号,和~一样,表示前一个工作目录	cd-,回到前一个工作目录,不能用 echo- 来查看
--	两个减号,与~相同,表示当前用户的家目录(主目录)	cd--,回到家目录,不能用 echo-- 来打印输出
~ +	当前的工作目录,这个符号和 Shell 环境变量 $ PWD 一样	echo ~ + ,可以查看当前目录
~ -	前一个工作目录,这个符号和内部变量 $ OLDPWD 一致,和减号-一样	echo ~ - ,可以查看前一个工作目录

(3)转义字符,见表6-3。

表6-3 **Shell 中转义字符的作用与示例**

符号	作用	示例
\	反斜杠,用于转义	
\a	警报,响铃	
\b	退格(删除键)	
\f	换页(FF),将当前位置移到下页开头	
\n	换行	
\r	回车	
\t	水平制表符(tab 键)	
\v	垂直制表符	
\c	不产生进一步的输出,也就是说在\c 后,这一行后面的内容都不会输出,直接删掉了	echo-e "this is line1 \c these word will disappear" ,输出 this is line1

（4）引号符，见表6-4。

表6-4　Shell 中引号符的作用与示例

符号	作用	示例
''	两个单引号，单引号括住的内容，被视为常量字符串，引号内的禁止变量扩展，并且单引号字符串中不能出现单引号（对单引号使用转义字符后也不行）	echo '$ PATH';#输出$ PATH
""	两个双引号，双引号包围的内容可以允许变量扩展，可以包含双引号，但需要转义	echo"$ PATH";#输出环境变量 PATH 的内容
``	反引号，Shell 将反引号中的内容解释为系统命令	

（5）功能符，见表6-5。

表6-5　Shell 中功能符的作用与示例

符号	作用	示例
#	井号，注释符号，在 Shell 文件的行首时，#! /bin/bash;作为特殊标记，其他地方作为注释使用	
;	分号，语句的分隔符，在 Shell 文件一行写多条语句时，使用分号分隔	
;;	双分号，在使用 case 选项的时候，作为每个选项的终结符，在 Bash version 4 + 的时候，还可以使用[;;&]，[;&]	
/	斜杠，主要有两种作用:①作为路径的分隔符，路径中仅有一个斜杆表示根目录，以斜杆开头的路径表示从根目录开始的路径;②在作为运算符的时候，表示除法符号	
|	管道，管道是 Linux、Unix 的概念，是非常基础和非常重要的一个概念，它的作用是将管道前（左边）的命令产生的输出（stdout）作为管道后（右边）的命令的输入（stdin）	less file | wc -l，用于统计文件的行数
>|	大于号与竖杠，功能同 >，但即便设置了 noclobber 属性时也会强制覆盖文件。Shell 设置了 noclobber 属性表明已存在的文件不能被重定向输出覆盖	
<	输入重定向	test. sh ＜ file，脚本 test. sh 需要 read 的地方会从文件 file 读取
>	输出重定向	echo lvlv > file，将标准输出重定向到文件 file 中去，如果文件存在则覆盖，不存在则创建

符号	作用	示例
> >	输出重定向追加符	echo lvlv 1 > > file, 将标准输出重定向到文件 file 的最后面, 不会覆盖 file 原有内容
< <	用法格式:cmd < < text。从命令行读取输入,直到一个与 text 相同的行结束,除非使用引号把输入括起来,此模式将对输入内容进行 Shell 变量替换。如果使用 < <- ,则会忽略接下来输入行首的 tab,结束行也可以是一堆 tab 再加上一个与 text 相同的内容	
< < <	三个小于号,作用是将后面的内容作为前面命令的标准输入	grep a < < < " $ VARI-ABLE" , 意思是在 VARI-ABLE 这个变量值里查找字符 a
&	"与"符号,如果命令后面跟上一个 & 符号,这个命令将会在后台运行	使用格式:command&
>&	输出重定向等同符	echo lvlv > file 2 > &1, 标准输出重定向到文件 file 中,标准错误输出与标准输出重定向一致
& >	标准输出和标准错误输出重定向符	echo lvlv & > file,标准输出和标准错误输出都重定向到文件 file 中,与 echo lvlv 1 > file 2 > &1 功能相同
<&-	用法格式:cmd <&-,关闭标准输入(键盘)	
>&-	用法格式:cmd >&-,关闭标准输出	
<&m	指定文件描述符作为标准输入,注意与文件名称的区别,文件描述符是数字	cmd <&m,将文件描述符 m 作为 cmd 的输入
( )	一对小括号,主要有两种用法:①命令组,括号中的命令将会新开一个子 Shell 顺序执行,所以括号中的变量不能被脚本余下的部分使用,括号中多个命令之间用分号隔开,最后一个命令可以没有分号,各命令和括号之间不必有空格;②用于初始化数组,如:array = (a b c d)	
{}	一对大括号,代码块标识符,一般用于函数定义时表明函数体	

6.1.5 Shell 输入输出

1. 标准输入与输出

执行一个 Shell 命令行时通常会自动打开三个标准文件:标准输入文件(stdin)、标准输出文件(stdout)、标准错误输出文件(stderr)。标准输入对应键盘,标准输出和标准错误对应屏幕。进程将从标准输入文件中得到输入数据,将正常输出数据输出到标准输出文件,而将错误信息送到标准错误文件中。

我们以 cat 命令为例进行说明,cat 命令的功能是从命令行给出的文件中读取数据,并将这些数据直接送到标准输出,使用如下命令:

$ cat config

将会把文件 config 的内容依次显示到屏幕上,如果 cat 的命令行中没有参数,它就会从标准输入中读取数据,并将其送到标准输出。例如:

$ cat

Hello world #输入内容

Hello world #输出内容

< ctrl + d >

$

用户输入的每一行都立刻被 cat 命令输出到屏幕上。

2. 输入重定向

输出到终端屏幕上的信息只能看不能动,无法对此输出作更多处理,如将输出作为另一命令的输入进行进一步的处理等。为了解决上述问题,Linux 系统为输入、输出的传送引入了另外两种机制,即输入/输出重定向和管道。

输入重定向是指把命令(或可执行程序)的标准输入重定向到指定的文件中,也就是说,输入可以不来自键盘,而来自一个指定的文件。因此,输入重定向主要用于改变一个命令的输入源,特别是改变那些需要大量输入的输入源。

例如,命令 wc 统计指定文件包含的行数、单词数和字符数,给出一个文件名作为 wc 命令的参数,如下所示:

$ wc /etc/passwd

20 23 726 /etc/passwd

$

另一种把/etc/passwd 文件内容传给 wc 命令的方法是重定向 wc 的输入。

输入重定向的一般形式为:

命令 < 文件名。

可以用下面的命令把 wc 命令的输入重定向为/etc/passwd 文件:

$ wc < /etc/passwd

20 23 726

$

另一种输入重定向称为 here 文档,它告诉 Shell 当前命令的标准输入来自命令行,

here 文档的重定向操作符使用 < <,它将一对分隔符之间的正文重定向输入给命令。

3. 输出重定向

输出重定向是指把命令(或可执行程序)的标准输出或标准错误输出重新定向到指定文件中,把输出结果写入到指定文件中。

输出重定向比输入重定向更常用,很多情况下都可以使用这种功能。例如,如果某个命令的输出很多,在屏幕上不能完全显示,那么将输出重定向到一个文件中,然后用文本编辑器打开这个文件,就可以查看输出信息。如果想保存一个命令的输出,也可以使用这种方法。另外,输出重定向可以用于把一个命令的输出当作另一个命令的输入(还有一种更简单的方法,就是使用管道,将在下面介绍)。

输出重定向的一般形式为:

命令 > 文件名。例如:

$ ls > directory. out

$ cat directory. out

ch1. doc ch2. doc ch3. doc chimp config mail/ test/

$

执行后,将 ls 命令的输出保存为一个名为 directory. out 的文件。

注意:如果 > 符号后边的文件已存在,那么这个文件将被重写。

如果要将一条命令的输出结果追加到指定文件的后面,可以使用追加重定向操作符 > >,形式为:命令 > > 文件名。例如:

$ ls ∗. doc > >directory. out

$ cat directory. out

ch1. doc ch2. doc ch3. doc chimp config mail/ test/

ch1. doc ch2. doc ch3. doc

$

还可以使用另一个输出重定向操作符(& >)将标准输出和错误输出同时送到同一文件中,例如:

$ ls /usr/tmp & > output. file

利用重定向将命令组合在一起,可实现系统单个命令不能提供的新功能,例如使用下面的命令序列:

$ ls /usr/bin > /tmp/dir

$ wc-w < /tmp/dir

459

统计了/usr/bin 目录下的文件个数。

4. 重定向操作符

重定向操作符如表6-6 所示。

表 6-6　重定向操作符

操作符	描述
>	将命令输出写入到文件或设备(如打印机),而不是命令提示符窗口或句柄
<	从文件而不是从键盘或句柄读入命令输入
>>	将命令输出添加到文件末尾而不删除文件中已有的信息
>&	将一个句柄的输出写入到另一个句柄的输入中
<&	从一个句柄读取输入并将其写入到另一个句柄输出中
|	从一个命令中读取输出并将其写入另一个命令的输入中,也称作管道

6.1.6　Shell 管道

1. 管道

管道可以把一系列命令连接起来,这意味着第一个命令的输出会作为第二个命令的输入通过管道传给第二个命令,第二个命令的输出又会作为第三个命令的输入,以此类推。显示在屏幕上的是管道行中最后一个命令的输出(如果命令行中未使用输出重定向)。

通过使用管道符"|"来建立一个管道行,例如:

$ ls /usr/bin|wc-w

1789

再如:

$ cat sample. txt|grep "High"|wc-l

管道将 cat 命令(列出一个文件的内容)的输出送给 grep 命令,grep 命令在输入里查找单词 High,grep 命令的输出则是所有包含单词 High 的行,这个输出又被送给 wc 命令,wc 命令统计出输入中的行数。

2. 命令替换

命令替换和重定向有些相似,但区别在于命令替换是将一个命令的输出作为另一个命令的参数,常用命令格式为:

command1 `command2`

其中,command2 的输出将作为 command1 的参数,需要注意的是这里的`符号,被它括起来的内容将作为命令执行,执行后的结果作为 command1 的参数,例如:

$ cd `pwd`

该命令将 pwd 命令列出的目录作为 cd 命令的参数,结果仍然是停留在当前目录下。

6.2　Shell 程序设计

6.2.1　入门基础

1. 什么是 Shell 程序

Shell 程序就是一个包含若干行 Shell/Linux 命令的文件,使用任意一种文字编辑器,比如 gedit、kedit、emacs、vi 等来编写 Shell 脚本,并依据 Shell 的语法规则,输入一些 Shell/Linux 命令行,形成一个完整的程序文件。

2. Shell 程序用途

Shell 程序将 Shell 命令按照控制结构组织到一个文本文件中,批量地交给 Shell 去执行,不同的 Shell 解释器使用不同的 Shell 命令语法。Shell 程序解释执行,不生成可以执行的二进制文件,可以帮助用户完成特定的任务,提高使用、维护系统的效率,了解 Shell 程序可以更好地配置和使用 Linux。

3. Shell 程序注释

在进行 Shell 编程时,以#开头的句子表示注释,直到这一行的结束,如果你使用了注释,那么即使相当长的时间内没有使用该脚本,你也能在很短的时间内明白该行脚本的作用及工作原理,既方便了自己,也方便了别人。

4. 简单 Shell 程序示例

新建一个文件 test. sh,扩展名为 sh(sh 代表 Shell),扩展名不影响脚本执行。

#! /bin/bash

echo "Hello World !"

"#!" 是一个约定的标记,它告诉系统这个脚本需要什么解释器来执行,使用哪一种 Shell 来执行,echo 命令用于向窗口输出文本。

编辑结束并保存后,如果要直接执行该脚本,必须先使其具有可执行属性:

chmod + x test. sh

然后在该脚本所在目录下,输入 . /test. sh,回车,即可执行该脚本。

6.2.2 变量声明

1. 一般规则

Shell 变量是弱类型的,可以存储不同类型的内容,声明变量不用声明类型,使用时再明确变量的类型。变量的命名规则需遵循如下规则:

(1)首个字符必须为字母:a ~ z,A ~ Z;

(2)中间不能有空格,可以使用下划线_;

(3)不能使用标点符号;

(4)不能使用 Shell 里的关键字(在命令行中使用 help 命令可以查看保留关键字);

(5)区分大小写。

2. Shell 中的变量

(1)常用系统变量。

$ #:保存程序命令行参数的数目;

$?:保存前一个命令的返回码;

$ 0:保存程序名;

$ *:以("$ 1 $ 2...")的形式保存所有输入的命令行参数;

$ @ :以("$ 1""$ 2"...)的形式保存所有输入的命令行参数。

(2)定义变量。

Shell 语言是非类型的解释型语言,不像 C + +/Java 语言编程时需要事先声明变量,给一个变量赋值后,相当于定义了变量。

在 Linux 支持的所有 Shell 中,都可以用赋值符号" = "为变量赋值,如:

abc =9　(bash/pdksh 不能在等号两侧留下空格)

set abc ＝ 9 (tcsh/csh)

由于 Shell 程序的变量是无类型的,所以用户可以使用同一个变量时而存放字符时而存放整数,如:

name = abc (bash/pdksh)

set name = abc (tcsh)

在变量赋值之后,需要引用时,只需在变量前面加一个$即可,如:

echo $ name

(3)位置变量。

当运行一个支持多个命令行参数的 Shell 程序时,这些变量的值将分别存放在位置变量里,其中第一个参数存放在位置变量 1,第二个参数存放在位置变量 2,依次类推。Shell 保留这些变量,不允许用户以命令外的方式定义它们,同别的变量一样,使用$符号引用它们。

3. Shell 保留变量

BASH 中有一些保留变量,下面列出一些常用的变量:

$ IFS:这个变量中保存了用于分隔输入参数的分隔字符,默认是空格。

$ HOME:这个变量中存储了当前用户的根目录路径。

$ PATH:这个变量中存储了当前 Shell 的默认路径字符串。

$ PS1:表示第一个系统提示符。

$ PS2:表示第二个系统提示符。

$ PWD:表示当前工作路径。

$ EDITOR:表示系统的默认编辑器名称。

$ BASH:表示当前 Shell 的路径字符串。

$0,$1,$2,...:表示系统传给脚本程序或脚本程序传给函数的第 0 个、第 1 个、第 2 个等参数。

$! 表示最近一个在后台运行的进程的进程号。

4. Shell 特殊变量。

Shell 特殊变量如表 6-7 所示。

表 6-7　Shell 特殊变量

变量	含义
$ 0	当前脚本的文件名
$ n	传递给脚本或函数的参数,n 是一个数字,表示第几个参数。例如,第一个参数是$ 1,第二个参数是$ 2
$#	传递给脚本或函数的参数个数

变量	含义
$ *	传递给脚本或函数的所有参数
$@	传递给脚本或函数的所有参数。被双引号("")包含时,与$*稍有不同
$?	上个命令的退出状态,或函数的返回值
$$	当前 Shell 进程 ID。对于 Shell 脚本,就是这些脚本所在的进程 ID

6.2.3 运算符与表达式

1. 运算符

Bash 支持很多运算符,包括算术运算符、关系运算符、布尔(逻辑)运算符、字符串运算符和文件测试运算符。

(1)算术运算符,见表 6-8。

表 6-8 算术运算符

运算符	说明	示例(a=10;b=20)
+	加法	expr $ a + $ b,结果为 30
-	减法	expr $ a - $ b,结果为 - 10
*	乘法	expr $ a * $ b,结果为 200
/	除法	expr $ b / $ a,结果为 2
%	取余	expr $ b % $ a,结果为 0
=	赋值	a = $ b 将把变量 b 的值赋给 a
(())	双小括号算术运算符,用于 expr 命令的替代,即支持算法表达式,而无需 expr 命令	比如 for((i=0;i<10; + +i))或者((out=$ a * $ b)),无需添加空格,更加符合 C 的编程语法
* *	双星号,算术运算中用来求幂运算	

(2)关系运算符,见表 6-9。

表 6-9 关系运算符

符号	作用	示例
[ ]	一对方括号,用于判断条件是否成立	[$ a = = $ b]
[[ ]]	两对方括号,是对[ ]的扩展,可使用 <、>、&&、‖等运算符	[[$ a > $ b]],还是需要空格
= =	检测两个数是否相等,作用同-eq	[$ a = = $ b],返回 true
! =	作用同-ne	

符号	作用	示例
-eq	检测两个数是否相等,相等返回 true	[$ a -eq $ b],返回 true
-ne	检测两个数是否相等,不相等返回 true	[$ a -ne $ b],返回 true
-gt	检测左边的数是否大于右边的,如果是,返回 true	[$ a -gt $ b],返回 false
-lt	检测左边的数是否小于右边的,如果是,返回 true	[$ a -lt $ b],返回 true
-ge	检测左边的数是否大等于右边的,如果是,返回 true	[$ a -ge $ b] 返回 false
-le	检测左边的数是否小于等于右边的,如果是,返回 true	[$ a -le $ b] 返回 true

(3)布尔运算符,见表 6-10。

表 6-10　布尔运算符

符号	作用	示例
-a	与运算,两个表达式都为 true 才返回 true	[$ a -lt 20 -a $ b -gt 100],返回 false
-o	或运算,有一个表达式为 true 则返回 true	[$ a -lt 20 -o $ b -gt 100],返回 true
!	非运算,表达式为 true 则返回 false,否则返回 true	[! false],返回 true
||	或运算符,与 && 作用相反,也有两种用法:①用于条件判断,需与[[ ]]配合使用,两个表达式有一个为 true 就返回 true;②命令连接,command1 || command2,左边的命令返回 false(返回非0,执行失败),||右边的命令才能够被执行	[[$ a < 20 || $ b > 100]],返回 true
&&	与运算符,有两种用法:①用于条件判断,需与[[ ]]配合使用,两个表达式都为 true 才返回 true;②命令连接,command1 && command2,左边的命令返回 true(返回 0,成功被执行),&& 右边的命令才能够被执行	[[$ a < 20 && $ b > 100]],返回 false

(4)字符串运算符,见表 6-11。

表 6-11　字符串运算符

符号	作用	示例
=	检测两个字符串是否相等,相等返回 true	[$ a = $ b],返回 false
! =	检测两个字符串是否相等,不相等返回 true	[$ a ! = $ b],返回 true
-z	检测字符串长度是否为 0,为 0 返回 true	[-z $ a],返回 false
-n	检测字符串长度是否为 0,不为 0 返回 true	[-n $ a],返回 true
str	检测字符串是否为空,不为空返回 true	[str a],返回 true

符号	作用	示例
= ~	正则表达式匹配运算符,用于匹配正则表达式的,配合[[ ]]使用	if [[[! $ file = ~ check]],用于判断 file 是否是以 check 结尾

（5）文件测试运算符,见表 6-12。

表 6-12　文件测试运算符

符号	作用	示例
-b	检测文件是否是块设备文件,如果是,返回 true	[-b $ file],返回 false
-c	检测文件是否是字符设备文件,如果是,返回 true	[-c $ file],返回 false
-d	检测文件是否是目录,如果是,返回 true	[-d $ file],返回 false
-f	检测文件是否是普通文件（既不是目录,也不是设备文件）,如果是,返回 true	[-f $ file],返回 true
-g	检测文件是否设置了 SGID 位,如果是,返回 true	[-g $ file],返回 false
-k	检测文件是否设置了粘着位,如果是,返回 true	[-k $ file],返回 false
-p	检测文件是否是具名管道,如果是,返回 true	[-p $ file],返回 false
-u	检测文件是否设置了 SUID 位,如果是,返回 true	[-u $ file],返回 false
-r	检测文件是否可读,如果是,返回 true	[-r $ file],返回 true
-w	检测文件是否可写,如果是,返回 true	[-w $ file],返回 true
-x	检测文件是否可执行,如果是,返回 true	[-x $ file],返回 true
-s	检测文件是否为空（文件大小是否大于 0）,不为空则返回 true	[-s $ file],返回 true
-e	检测文件（包括目录）是否存在,如果是,返回 true	[-e $ file],返回 true

2. 表达式

（1）expr 命令计算一个表达式的值。

格式:expr arg

例:计算(2 +3) ×4 的值。

①分步计算,即先计算 2 +3,再对其和乘以 4。

s =`expr 2  + 3`

expr $ s \ * 4

②一步完成计算:

expr `expr 2 + 3` \ * 4

说明:运算符号和参数之间要有空格分开,通配符号(*)在作为乘法运算符时要用引号(单引号、双引号)或者反斜杠(\)符号修饰。

（2）let 命令。

格式：let arg1 ［arg2……］

例：计算$(2+3)\times4$的值。

let s = (2 + 3) ∗ 4

说明：与 expr 命令相比，let 命令更简洁直观；当运算符中有 <、>、&、| 等符号时，同样需要用引号（单引号、双引号）或者反斜杠来修饰运算符。

6.2.4　条件判断

常见的条件如下：变量属性、文件属性、命令执行结果、多种条件的逻辑组合；判断结果的一般定义：真（0），假（1）。

格式：test condition

（1）测试文件属性：常用的文件属性条件判断，见表 6-13。

表 6-13　测试文件属性

-f fn	如果 fn 存在且 fn 为普通文件则返回真，否则返回假
-b fn	如果 fn 存在且 fn 为块设备则返回真，否则返回假
-e fn	如果 fn 存在则返回真，否则返回假
-d fn	如果 fn 存在且 fn 为目录则返回真，否则返回假
-r fn	如果 fn 存在且 fn 可读则返回真，否则返回假
-w fn	如果 fn 存在且 fn 可写则返回真，否则返回假
-x fn	如果 fn 存在且 fn 可执行则返回真，否则返回假
-O fn	如果 fn 存在且被当前用户拥有则返回真，否则返回假
-L fn	如果 fn 存在且 fn 为符号链接则返回真，否则返回假

（2）判断字符串属性：常用字符串属性条件判断，见表 6-14。

表 6-14　判断字符串属性

string_1 = string_2	如果 string_1 和 string_2 两个字符串相等则返回真，否则返回假
string_1！= string_2	如果 string_1 和 string_2 两个字符串不相等则返回真，否则返回假
-z string	如果字符串 string 的长度为 0 则返回真，否则返回假
-n string	如果字符串 string 长度不为 0 则返回真，否则返回假
string（同-n string）	如果字符串 string 长度不为 0 则返回真，否则返回假

（3）判断整数间关系:常用的整数关系条件判断,见表6-15。

表6-15　判断整数间关系

mum_1 -eq num_2	如果 num_1 和 num_2 相等则返回真,否则返回假
mum_1 -ne num_2	如果 num_1 不等于 num_2 则返回真,否则返回假
mum_1 -gt num_2	如果 num_1 大于 num_2 则返回真,否则返回假
mum_1 -lt num_2	如果 num_1 小于 num_2 则返回真,否则返回假
mum_1 -le num_2	如果 num_1 小于或等于 num_2 则返回真,否则返回假
mum_1 -ge num_2	如果 num_1 大于或等于 num_2 则返回真,否则返回假

（4）在比较操作上,整数变量和字符串变量各不相同,详见表6-16。

表6-16　整数变量和字符串变量

序号	对应的操作	整数操作	字符串操作
1	相同	-eq	=
2	不同	-ne	! =
3	大于	-gt	>
4	小于	-lt	<
5	大于或等于	-ge	
6	小于或等于	-le	
7	为空		-z
8	不为空		-n

6.2.5　控制语句

控制语句的作用:根据某个条件的判断结果,来改变程序执行的路径。可以简单地将控制结构分为分支和循环两种。

常见分支结构:if;case。

常见循环结构:for;while;until。

1.if 分支

if 条件1

then

命令

［elif 条件2

　　　then

命令］

［else

命令］

fi

说明:中括号中的部分可省略,当条件为真(0)时执行 then 后面的语句,否则执行 else 后面的语句,以 fi 作为 if 分支结构的结束符。

if-else 语句示例:

```
#! /bin/bash
#if... fi 语句;
if ［$ a ! = $ b ］
then
    echo "a ! = b"
fi
#if... else... fi 语句;
if ［$ a = = $ b ］
then
    echo "a is equal to b"
else
    echo "a is not equal to b"
fi
```

2. case 分支

```
case 条件 in
模式1)
        命令1
        ;;
模式2)
        命令2
        ;;
...
模式n)
        命令n
        ;;]
esac
```

说明:"条件"可以是变量、表达式、Shell 命令等;"模式"为条件的值,并且一个"模式"可以匹配多种值,不同值之间用竖线(|)连接;一个模式要用双分号(;;)作为结束;以逆序的 case 命令(esac)表示 case 分支结构的结束符。

case-esac 语句示例:

```
#! /bin/bash
read -p "Please input a number" aNum
```

```
case $ aNum in
    1 )    echo 'You select 1'
           ;;
    2 )    echo 'You select 2'
           ;;
    3 )    echo 'You select 3'
           ;;
    4 )    echo 'You select 4'
           ;;
    * )    echo 'You do not select a number
           between 1 to 4'
           ;;
esac
```

3. for 循环

for 变量 [in 列表]

do

命令(通常用到循环变量)

done

说明:"列表"为存储了一系列值的列表,随着循环的进行,变量从列表中的第一个值依次取到最后一个值;do 和 done 之间的命令通常为根据变量进行处理的一系列命令,这些命令每次循环都执行一次;如果中括号中的部分省略掉,Bash 则认为是"in $@",即执行该程序时通过命令行传给程序的所有参数的列表。

for 循环示例:

```
#! /bin/bash
for loop in 1 2 3 4 5 kk
do
    echo "The value is: $ loop"
done
```

4. while 循环与 until 循环

while/until 条件

do

命令

done

说明:while 循环中,只要条件为真,就执行 do 和 done 之间的循环命令;until 循环中,只要条件不为真,就执行 do 和 done 之间的循环命令,或者说,在 until 循环中,一直执行 do 和 done 之间的循环命令,直到条件为真;避免生成死循环。

while 循环示例:

```
#! /bin/bash
```

```
COUNTER = 0
while ［$ COUNTER -lt 3 ］
do
        COUNTER = `expr $ COUNTER  +  1`
done
```

until 循环示例:

```
#! /bin/bash
```

#until 循环执行一系列命令直至条件为真时停止。until 循环与 while 循环在处理方式上刚好相反。一般 while 循环优于 until 循环,但在某些时候,也只是极少数情况下,until 循环更加有用。

```
a = 0
until ［! $ a -lt 5 ］
do
    echo $ a    #-- > 0 1 2 3 4 5
    a = `expr $ a  +  1`
done
```

5. break/continue

熟悉 C 语言编程的人都很熟悉 break 语句和 continue 语句。Bash 中同样有这两条语句,而且作用和用法也和 C 语言中相同,break 语句可以让程序流程从当前循环体中完全跳出,而 continue 语句可以让程序流程跳过当次循环的剩余部分并直接进入下一次循环。

6.2.6　函数调用

1. 函数定义

在 Shell 中可以定义函数。函数实际上也是由若干条 Shell 命令组成的,因此它与 Shell 程序形式上是相似的,不同的是它不是一个单独的进程,而是 Shell 程序的一部分。

定义:

```
［function］函数名( )
{
    命令


}
```

引用:

```
函数名［参数 1 参数 2...参数 n ］
```

说明:中括号中的部分可以省略,如果在函数内部需要使用传递给函数的参数,一般用$0、$1、…、$n,以及$#、$ * 、$@这些特殊变量,含义如下所示:

$0 为执行脚本的文件名;

$1 是传递给函数的第 1 个参数;

$#为传递给函数的参数个数;

$*$ 和$@ 为传递给函数的所有参数。

2. 调用示例

示例 1:用函数来计算整数平方。

```
#! /bin/bash
square( )
{
    let "res = $ 1 * $ 1"
    return $ res


}
square $ 1
result = $?
echo $ result
exit 0
```

示例 2:利用 shift 访问参数变量。

```
function demo_fun( )                        #函数开始
{
    ......
    while [ -n "$ 1" ]                      #访问变量$ 1,即第一个变量
    do
        echo "Parameters( \$$ count) is:$ 1"   #输出第一个变量
        let count = $ count + 1             #变量计数加 1
        shift                               #变量左移,$ 1 变为原来$ 1 的右侧的
                                            变量
    done                                    #即变为下一个变量
}
```

6.2.7 调试、编译和运行

1. 调试

Shell 程序最简单的调试方法是使用 echo 命令,你可以在任何怀疑的地方用 echo 打印变量值,这也是大部分 Shell 程序员花费 80% 的时间用于调试的原因。Shell 脚本的好处在于无需重新编译,而插入一个 echo 命令也不需要多少时间。

Shell 也有一个真正的调试模式,如果脚本"strangescript"出错,可以使用如下命令进行调试:

sh -x strangescript

上述命令会执行该脚本,同时显示所有变量的值。

Shell 还有一个不执行脚本只检查语法的模式,命令如下:

sh -n your_script

这个命令会返回所有语法错误。

2. 编译和运行

步骤如下:编辑文件,保存文件,将文件赋予可以执行的权限,运行及排错。

常用到的命令如下:

vi,编辑、保存文件;

ls -l,查看文件权限;

chmod,改变程序执行权限;

直接键入文件名,运行文件。

第 7 章　VI/VIM 编辑器

7.1　VI 编辑器

VI 编辑器是 Ubuntu 中最基本的文本编辑器,也是一款功能强大的编辑器。想学习 Linux 编程,学会使用 VI 是最基本的技能,而且不管是 Unix 系统还是 Linux 系统,VI 编辑器基本是相同的,学会使用它,就可以在 Linux 的世界里畅行无阻。

7.1.1　VI 入门基础

初次使用 VI 编辑器,都要摸索一段时间,作者也不例外,边看资料,边琢磨,经过半天时间,才弄通了基本思路,现做出总结,仅供参考,方法如下:

(1)打开终端,输入命令 vi,回车,如图 7-1 所示。

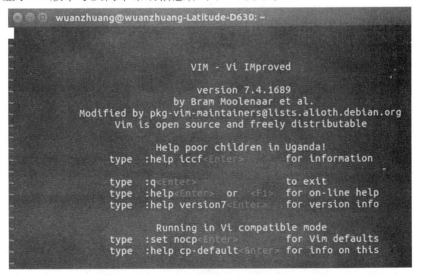

图 7-1　启用 VI 编辑器

(2)显示 VI 版本号及简单帮助信息,如图 7-2 所示。

图 7-2　显示 VI 编辑器版本信息

(3)此时,光标在左上角不停地闪烁,按任何键都不管用,只有按字母 i 后,才开始进入编辑模式,接着输入 123456,回车,光标移动到下一行,如图 7-3 所示。

图 7-3　输入简单文字

（4）按 Esc 键,退出编辑模式,再接着输入冒号:(同时按下 Shift + :键),进入命令行模式,左下角出现一个冒号,如图 7-4 所示。

图 7-4　切换到命令行

（5）输入字母 q 和!,回车,意思为不保存文件并强制退出,主要是为了测试使用方法,如图 7-5 所示。

图 7-5　退出 VI 编辑器

（6）回车后,就可以看出,已退出编辑状态,回到终端模式,如图 7-6 所示。

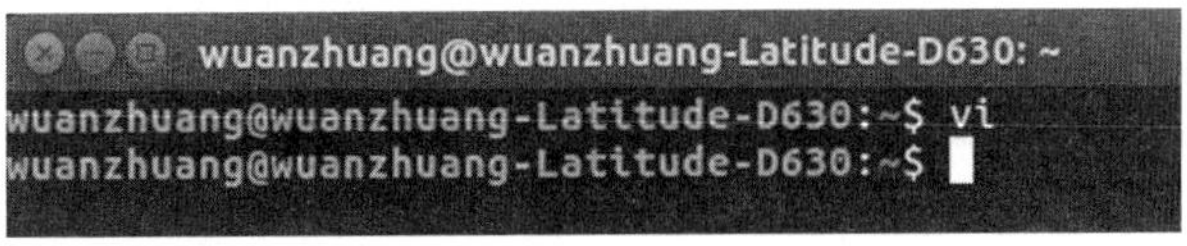

图 7-6   回到终端模式

7.1.2 VI 使用方法

在使用 VI 之前,我们需要先对 VI 做简单的了解,在 VI 编辑器中存在 3 种编辑状态,如下所示。

1.第一种:命令模式(command mode)

也就是说,在这个界面,我们可以执行命令来完成我们所需要完成的操作,比如我们直接在终端输入命令 vi,回车,这里我们可以看到系统进入了 VI 的系统界面,显示了 VI 版本及一些简单的帮助功能(前面已介绍)。

当我们输入"vi 文件名"时则进入了文件编辑状态,如果该文件已存在,则自动打开,如果不存在,则新建一个文件,比如说我们建立一个 hello. c 文件,打开终端在命令行输入 vi hello. c,如图 7-7 所示。

图 7-7   编辑简单 C 文件

回车后,自动新建一个文件,光标显示的地方为命令编辑处,这里我们可以对文件进行命令操作,比如说对文件内容进行移动,进行字符的删除,或者保存、退出等操作,而左下角则显示新建的文件名称,如图 7-8 所示。

"hello.c" [New File]

图 7-8   开始输入内容

2. 第二种:插入模式(insert mode)

在 VI 中,只有进入插入模式才能对文件内容进行编辑,在命令模式下输入字母"i"即进入插入模式(按一下字母 i 即可),示例代码如下:

```
public class HelloWorld {
    public static void main(String[] args){
        System. out. println("Hello World!");
    }
}
```

输入完之后按 Esc 键即可退出插入模式(insert mode),如图 7-9 所示。

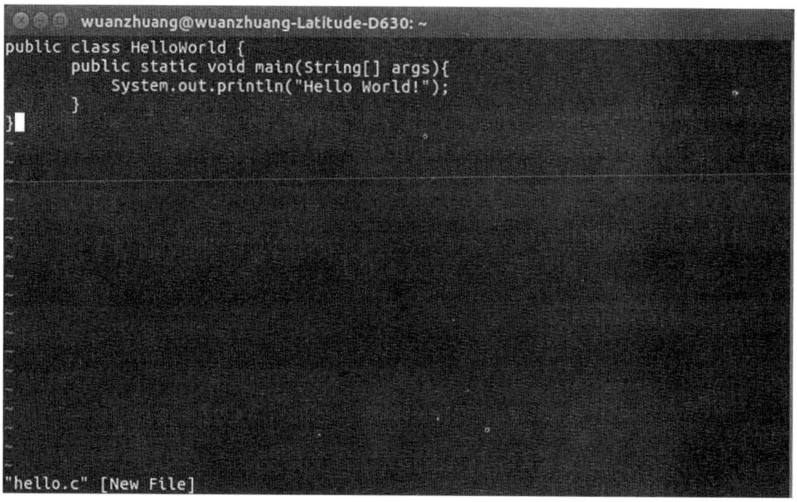

图 7-9　退出插入模式

3. 第三种:底行模式(last line mode)

就是在 VI 文本最后编辑处的操作,即左下角文件名显示的上一格,通常是用来对文件进行保存或退出 VI 编辑的。

方法是在命令模式(command mode)下,按一下冒号键":"即可进入底行模式(last line mode)。在左下角我们可以看到有个":"出现,说明已经进入底行模式(last line mode),如图 7-10 所示。

保存文件操作如下(如图 7-11 所示):

: w xxx(这里的"xxx"是将文件以指定的文件名"xxx"进行保存)

: wq(输入"wq",则进行存盘并退出 VI)

: q! (输入"q!",则不存盘并强制退出 VI)

输入完成,使用 wq 命令保存当前文件后,在终端输入命令 ls 并回车,就可以看到刚创建的 hello. c 文件,如果你希望看详细信息则输入命令 ls -l 即可,如图 7-12 所示。

这样我们就完成了整个文件在 VI 编辑器中的操作过程了。需要注意,在插入模式(insert mode)中,如果你想删除输错的字符用 Backspace(退格键)是无效的,光标只会往前移动,并不会删除字符,要按 Del 键,才能删除光标所在位置的那个字符。

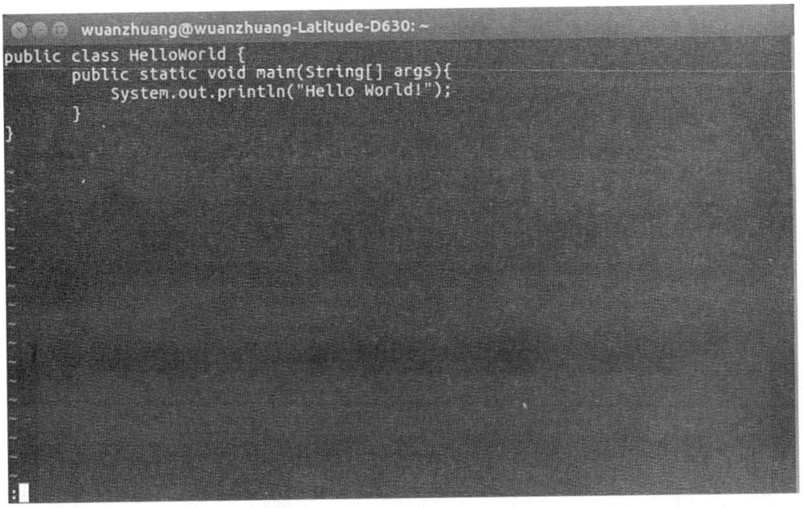

图 7-10 进入底行模式

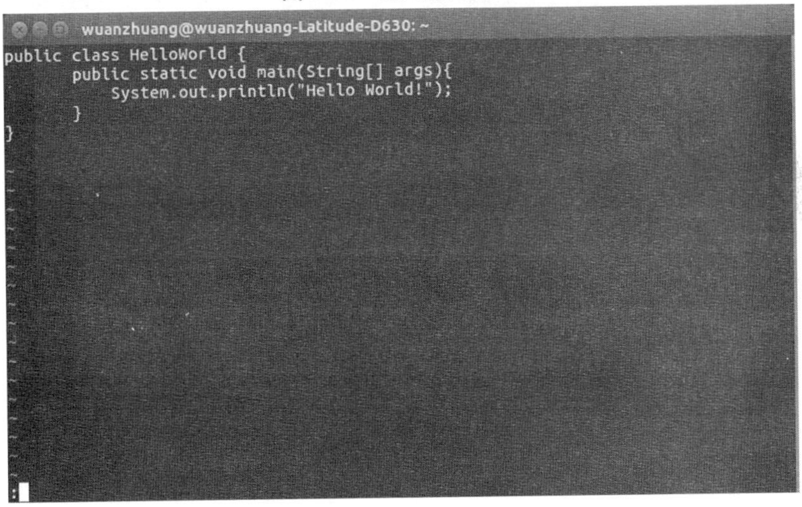

图 7-11 保存并退出

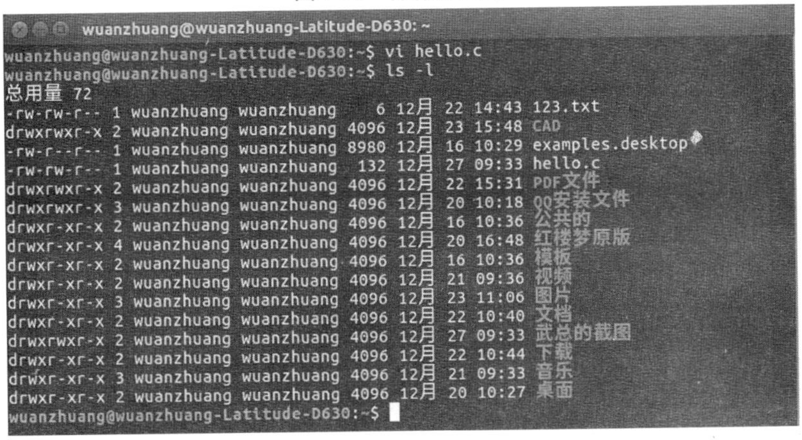

图 7-12 显示 C 文件

7.2 VIM 编辑器

VIM 是一个著名的功能强大、高度可定制的类似于 VI 的文本编辑器,从 VI 发展而来,在 VI 的基础上改进和增加了很多新特性,VIM 是纯粹的自由软件。VIM 在代码补全、编译及错误跳转等方便编程方面的功能特别丰富,在程序员中被广泛使用,和 Emacs 并列成为类 Unix 系统用户最喜欢的文本编辑器。VIM 强大的编辑能力中很大部分是来自于其普通模式命令。

7.2.1 VIM 设计理念

(1)命令的组合:例如,普通模式命令"dd"代表删除当前行,"dj"代表删除到下一行,原理是第一个"d"含义是删除,"j"键代表移动到下一行,组合后"dj"删除当前行和下一行。另外,还可以指定命令重复次数,如"2dd"(重复"dd"两次)和"dj"的效果是一样的。"d^","^"代表行首,故组合后含义是删除从光标开始到行首间的内容(不包含光标);"d $","$"代表行尾,故组合后含义是删除到行尾的内容(包含光标)。读者学习了各种各样的文本间移动/跳转的命令和其他的普通模式的编辑命令后,并且能够灵活组合使用的话,就能够比那些没有模式的编辑器更加高效地进行文本编辑。

(2)模式间的组合:在普通模式中,有很多方法可以进入插入模式。比较普通的方式是按"a"(append/追加)键或者"i"(insert/插入)键。

7.2.2 VIM 发展历史

在 20 世纪 80 年代末,Bram Moolenaar 购入他的 Amiga 计算机时,Amiga 上没有他最常用的 VI 编辑器。Bram 从一个开源的 VI 复制 STevie(STvi,VI 的变种)开始,开发了 Vim 1.0 版本。最初的目标只是完全复制 VI 的功能,那个时候的 Vim 是 Vi IMitation(模拟)的简称。

1991 年的 Vim1.14 版被 "Fred Fish Disk #591" 这个 Amiga 用的免费软体集收录了。

1992 年的 Vim1.22 版被移植到了 Unix 和 MS-DOS 上。从那个时候开始,Vim 的全名就变成了 Vi IMproved(改良)。

1994 年的 Vim3.0 版加入了不计其数的新功能,如多视窗编辑模式(分割视窗)。从那之后,同一屏幕可以显示的 Vim 编辑文件数可以不止一个,这是第一个里程碑。

1996 年的 Vim4.0 版,第一个利用图形接口(GUI)。

1998 年的 Vim5.0 版加入了 highlight(语法高亮)功能。

2001 年的 Vim6.0 版加入了代码折叠、插件、多国语言支持、垂直分割视窗等功能。

2006 年 5 月发布的 Vim7.0 版加入了拼字检查、上下文相关补完、标签页编辑等新功能。

2008 年 8 月发布的 Vim7.2 版,合并了 Vim7.1 版以来的所有修正补丁,并且加入了脚本的浮点数支持。

2010 年 8 月 15 日,发布了 Vim7.3 版,这个版本修复了前面版本的一些 Bug,以及添加了一些新的特征,这个版本比前面几个版本更加优秀。

2016 年 9 月 12 日发布了一个新的版本 Vim8.0。

7.2.3 VIM 主要功能

(1)根据设定可以和原始 VI 完全兼容;

(2)多缓冲编辑;

(3)任意个数的分割窗口(横,竖);

(4)具备列表和字典功能的脚本语言;

(5)可以在脚本中调用 Perl、Ruby、Python、Tcl、MzScheme、C/C++;

(6)单词缩写功能;

(7)动态单词补完;

(8)多次撤销和重做;

(9)对应 400 种以上文本文件的语法高亮;

(10)Lisp、C/C++、Perl、Java、Ruby、Python 等 40 种以上语言的自动缩排;

(11)利用 ctags 的标签中跳转;

(12)崩溃后文件恢复;

(13)光标位置和打开的缓冲状态的保存复原(session 功能);

(14)可以对两个文件进行差分,同步功能的 diff 模式;

(15)远程文件编辑。

7.2.4 VIM 高效移动

1. 在插入模式之外

一般来说,应该尽可能少地待在插入模式里面,因为在插入模式里面 VIM 就像一个"哑巴"编辑器一样。很多新手都会一直待在插入模式里面,因为这样易于使用,但 VIM 的强大之处在于它的命令模式!你会发现,在你越来越了解 VIM 之后,你就会花越来越少的时间使用插入模式。

2. 使用 h、j、k、l

使用 VIM 高效率编辑的第一步,就是放弃使用上、下、左、右箭头键。使用 VIM,你就不用频繁地在箭头键和字母键之间移来移去,这会节省你很多时间。当在命令模式时,你可以用 h、j、k、l 来分别实现左、下、上、右箭头的功能,一开始可能需要适应一下,但一旦习惯这种方式,你就会发现这样操作的高效之处。

在编辑电子邮件或者其他有段落的文本时,你可能会发现使用方向键和你预期的效果不一样,有时候可能会一次跳过了很多行,这是因为你的段落对 VIM 来说是一个大的长长的行,这时你可以在按 h、j、k 或者 l 之前按一个 g,这样 VIM 就会按屏幕上面的行如你所愿地移动了。

3. 在当前行里面有效移动光标

很多编辑器只提供了简单的命令来控制光标的移动(比如左、上、右、下、到行首/尾等)。VIM 则提供了很多强大的命令来满足你控制光标的欲望,当光标从一点移动到另外一点时,在这两点之间的文本(包括这两个点)称作被"跨过",这里的命令也被称作是 motion(简单说明一下,后面会用到这个重要的概念)。

4. 常用到的一些命令(motion)

fx:移动光标到当前行的下一个 x 处。很明显,x 可以是任意一个字母,而且你可以使用;来重复你的上一个 f 命令。

tx:和上面的命令类似,但是它是移动到 x 的左边一个位置。

Fx:和 fx 类似,不过是往回找。使用","来重复上一个 F 命令。

Tx:和 tx 类似,不过是往回移动到 x 的右边一个位置。

b:光标往前移动一个词。

w:光标往后移动一个词。

0:移动光标到当前行首。

^:移动光标到当前行的第一个字母位置。

$:移动光标到行尾。

):移动光标到下一个句子。

(:移动光标到上一个句子。

5. 在整个文件里面有效移动光标

VIM 有很多命令,可以用来到达文件里面你想到达的地方,下面是一些在文件里面移动的命令:

＜Ctrl-f＞:向下移动一屏。

＜Ctrl-d＞:向下移动半屏。

＜Ctrl-b＞:向上移动一屏。

＜Ctrl-u＞:向上移动半屏。

G:到文件尾。

numG:移动光标到指定的行(num),比如 10G 就是到第 10 行。

gg:到文件首。

H:移动光标到屏幕上面。

M:移动光标到屏幕中间。

L:移动光标到屏幕下面。

＊:读取光标处的字符串,并且移动光标到它再次出现的地方。

#:和上面的命令类似,但是它是往反方向寻找。

/text:从当前光标处开始搜索字符串 text,并且到达 text 出现的地方。必须使用回车来开始这个搜索命令。如果想重复上次的搜索的话,按 n 移动到下个 text 处,按 N 移动到上一个 text 处 。

? text:和上面类似,但是它是反方向搜索。

m{a-z}:在当前光标的位置标记一个书签,名字为 a～z 的单个字母,书签名只能是小写字母,你看不见书签的存在,但它确实已经在那里了。

`a:到书签 a 处。注意这个不是单引号,是反引号,一般位于键盘左上角。

`.:到你上次编辑文件的地方。这个命令很有用,而且你不用自己去标记它。

190

%:在成对的括号等符号间移动,比如成对的〔〕、｜｝、( )之间。将光标放到任意符号上,然后通过 % 来移动到和这个符号匹配的符号上,% 还可以正确地识别括号的嵌套层数,总是移动到真正匹配的位置上。因此,这个命令在编辑程序代码的时候非常有用,可以让你方便地在一段代码的头尾间移动。

7.2.5　VIM 高效输入

1.使用关键词自动完成

VIM 有一个非常漂亮的关键词自动完成系统。这表示,你可以输入一个长词的一部分,然后按一下某个键,VIM 就替你完成这个长词的输入。例如,你有一个变量名为iAmALongAndAwkwardVarName,在你写的代码的某个地方。也许你不想每回都自己一个一个字母地去输入它。使用关键词自动完成功能,你只需要输入开始几个字母(比如iAmAL),然后按 < C-N >(按住 Ctrl,再按 N)或者 < C-P >。如果 VIM 没有给出你想要的词,继续按,直到你满意为止,VIM 会一直循环给出它找到的匹配的字符串。

2.聪明地进入插入模式

很多新手进入插入模式都只是用 i,这样当然可以进入插入模式,但通常不是那么合适,因为 VIM 提供了很多进入插入模式的命令。

下面是一些最常用的:

i:在当前字符的左边插入。

I:在当前行首插入。

a:在当前字符的右边插入。

A:在当前行尾插入。

o:在当前行下面插入一个新行。

O:在当前行上面插入一个新行。

c｛motion｝:删除 motion 命令跨过的字符,并且进入插入模式。比如:c $,这将会删除从光标位置到行尾的字符并进入插入模式。ct!,这会删除从光标位置到下一个叹号(但不包括)的字符,然后进入插入模式。被删除的字符被存在了剪贴板里面,并且可以再粘贴出来。

d｛motion｝:和上面的命令差不多,但是不进入插入模式。

3.有效地移动大段文本

使用可视选择(visual selections)和合适的选择模式。不像最初的 VI,VIM 允许你高亮(选择)一些文本,并且进行操作。

这里有三种可视选择模式:

v:按字符选择。这是经常使用的模式,所以大家要亲自尝试一下。

V:按行选择。这在你想拷贝或者移动很多行的文本的时候特别有用。

< C-V >:按块选择。功能非常强大,只在很少的编辑器中才有这样的功能。你可以选择一个矩形块,并且在这个矩形里面的文本会被高亮。

在选择模式的时候使用上面所述的方向键和命令(motion)。例如,vwww 会高亮光标前面的三个词;Vjj 将会高亮当前行以及下面两行。

4.在可视选择模式下剪切和拷贝

一旦你高亮了选区,你或许想进行一些操作:

d:剪切选择的内容到剪贴板。

y:拷贝选择的内容到剪贴板。

c:剪切选择的内容到剪贴板并且进入插入模式。

5.在非可视选择模式下剪切和拷贝

如果你很清楚地知道你想拷贝或者剪切什么,那你根本就不需要进入可视选择模式,这样也会节省时间:

d{motion}:剪切 motion 命令跨过的字符到剪贴板。比如,dw 会剪切一个词,而 dfS 会将从当前光标到下一个 S 之间的字符剪切至剪贴板。

y{motion}:和上面的命令类似,不过是拷贝。

c{motion}:和 d{motion} 类似,不过最后进入插入模式。

dd:剪切当前行。

yy:拷贝当前行。

cc:剪切当前行并且进入插入模式。

D:剪切从光标位置到行尾到剪贴板。

Y:拷贝当前行。

C:和 D 类似,最后进入插入模式。

x:剪切当前字符到剪贴板。

s:和 x 类似,不过最后进入插入模式。

6.粘贴

粘贴很简单,按 p。

7.使用多重剪贴板

很多编辑器都只提供了一个剪贴板,VIM 有很多剪贴板。剪贴板在 VIM 里面被称为寄存器(Registers)。你可以列出当前定义的所有寄存器名和它们的内容,命令为":reg"。最好使用小写字母来作为寄存器的名称,因为大写字母有些被 VIM 占用了。

使用寄存器的命令为双引号"。

比如:要拷贝当前行到寄存器 k。你应该按"kyy。你也可以使用 V"ky。为什么这样也可以呢? 现在当前行应该已经存在寄存器 k 里面了,直到你又拷贝了一些东西进入寄存器 k。你可以使用命令"kp 来粘贴寄存器 k 里面的内容到你想要的位置。

8.避免重复

可以使用.(小数点符号)命令。

在 VI 里面,输入 . 后,将会重复你输入的上一个命令。比如,你上一个命令为"dw"(删除一个词),VI 将会接着再删除一个词。

9.使用数字

使用数字也是 VIM 强大且很节省时间的重要特性之一。在很多 VIM 的命令之前都可以使用一个数字,这个数字将会告诉 VIM 这个命令需要执行几次。例如:

3j:把光标向下移动三行。

10dd:将会删除十行。

y3t″:将会拷贝从当前光标到第三个出现的引号之间的内容到剪贴板。

数字是扩展 motion 命令作用域非常有效的方法。

7.3 VIM 操作指南

7.3.1 VIM 安装方法

(1)如何查看你的计算机是否安装了 VIM 编辑器？方法是:打开终端,输入 vim,回车,如图 7-13 所示。

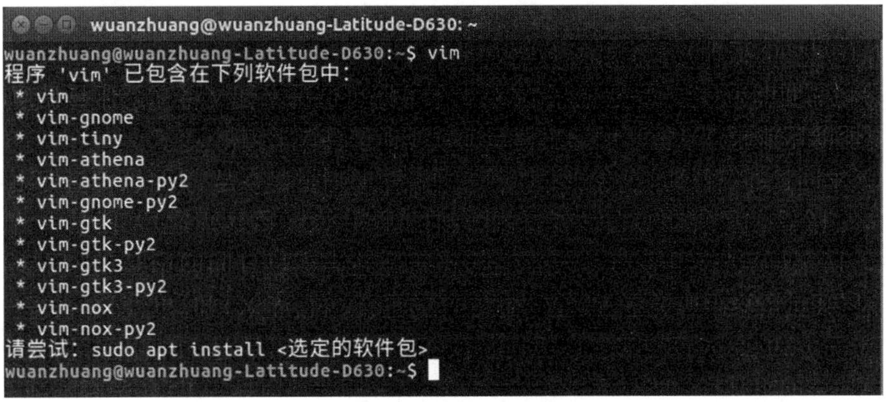

图 7-13 查看 VIM 编辑器

(2)从以上显示内容可以看出,该计算机没有安装 VIM 软件,连接好网络,执行如下命令:sudo apt install vim-gtk(或者也可以选择别的命令),回车,如图 7-14 所示。

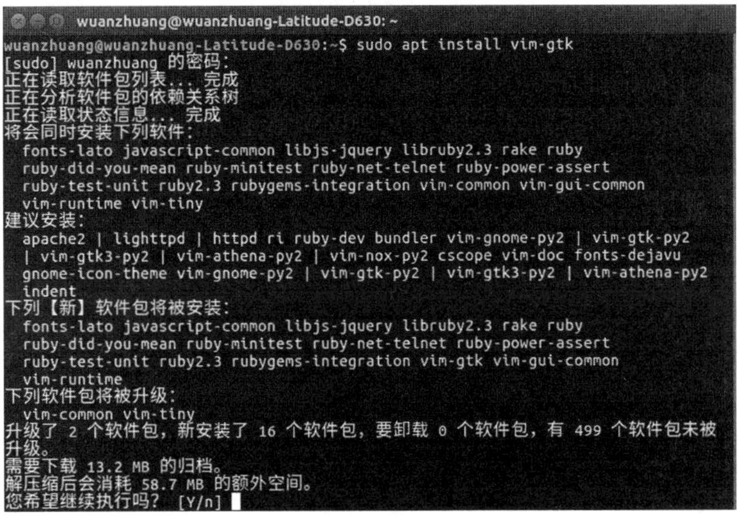

图 7-14 安装 VIM 编辑器

(3)输入管理员密码,系统开始安装,在显示"您希望继续执行吗?〔Y/n〕"后,输入y,然后按回车键继续执行,安装完毕,在终端输入 vim,回车,显示相关信息,表示已安装成功,如图7-15所示。

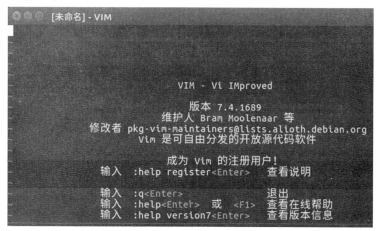

图 7-15　显示 VIM 编辑器信息

7.3.2　VIM 配置方法

(1)VI 是 Linux 下最老牌的编辑工具,而 VIM 则是 VI 的升级版本,是 Linux 系统必备软件。上面安装的 VIM,可能界面并不是十分友好,这就需要我们去更改 VIM 的配置文件,按照我们的需求去修改它。

在终端输入命令:sudo vim /etc/vim/vimrc,回车,打开文件,如图7-16所示。

图 7-16　更改 VIM 配置文件

(2)打开配置文件,在文件中间,有这么一句:"syntax on",意思是语法高亮,如图7-17所示。

(3)下面修改 VIM 配置,在 VIM 的最后一行添加以下内容,可以让你的 VIM 变得更漂亮、舒服。方法是先按字母"i",再把光标移动到 endif 下面一行,进入编辑状态,输入如下命令:

set nu //设置行号

set tabstop = 4 //设置 tab 长度为4个空格

set nobackup //覆盖文件时不备份

set cursorline //突出显示当前行

set ruler //在右下角显示光标位置的状态行

set autoindent //自动缩进

如图7-18所示。

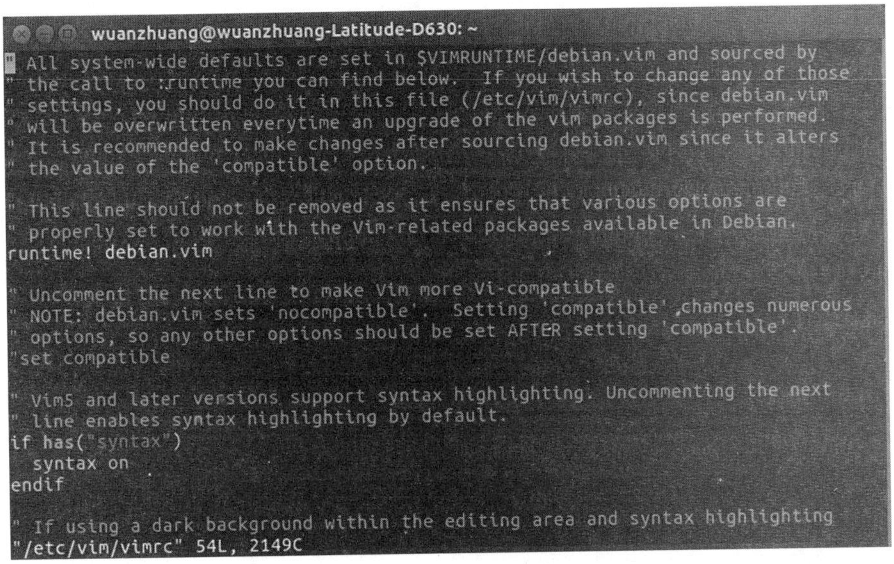

图 7-17　添加配置项目

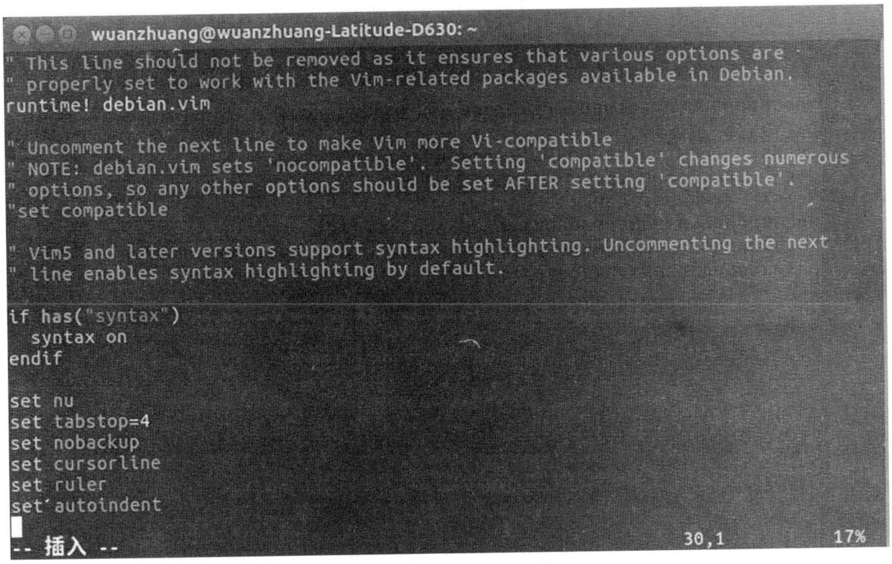

图 7-18　显示配置信息

（4）到此为止,配置完毕,按 Esc 键,再按冒号,返回到命令状态,输入 wq,回车,保存并退出,如图 7-19 所示。

（5）下面进行测试,在终端输入 vim wuaz. c,回车,如图 7-20 所示。

（6）输入如图 7-21 所示的代码,可以看出,界面已变得非常漂亮。

（7）按 Esc 键退出插入状态,按冒号进入命令状态,输入 wq,回车,保存并退出,如图 7-22所示。

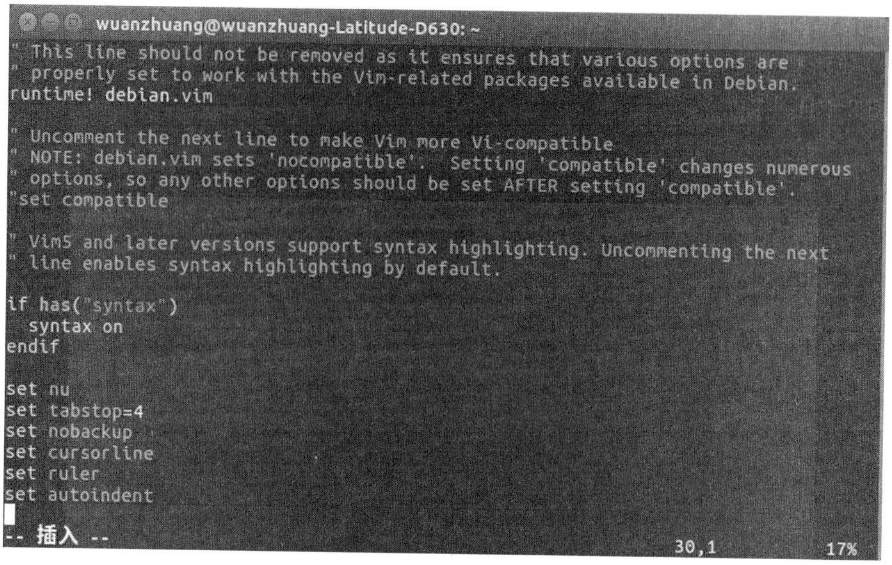

图 7-19　保存并退出

图 7-20　测试配置效果

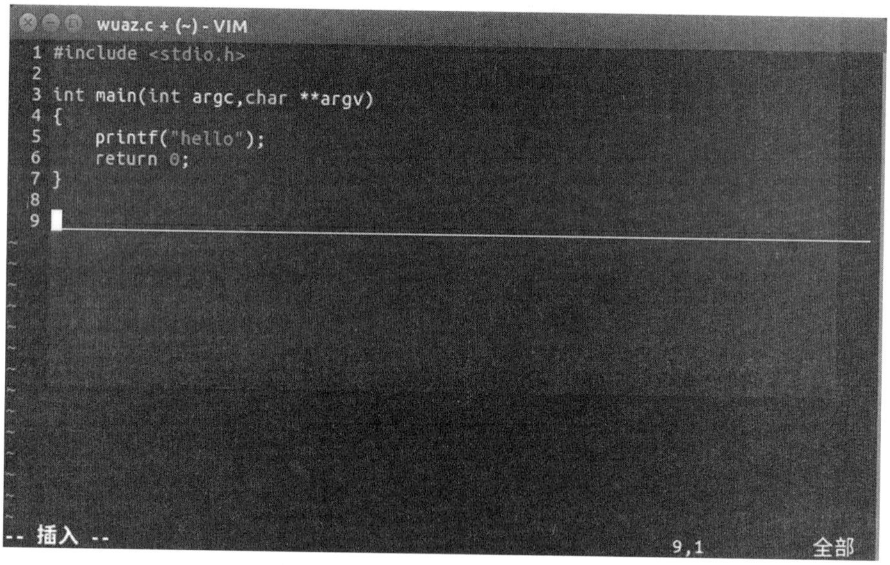

图 7-21　显示配置效果

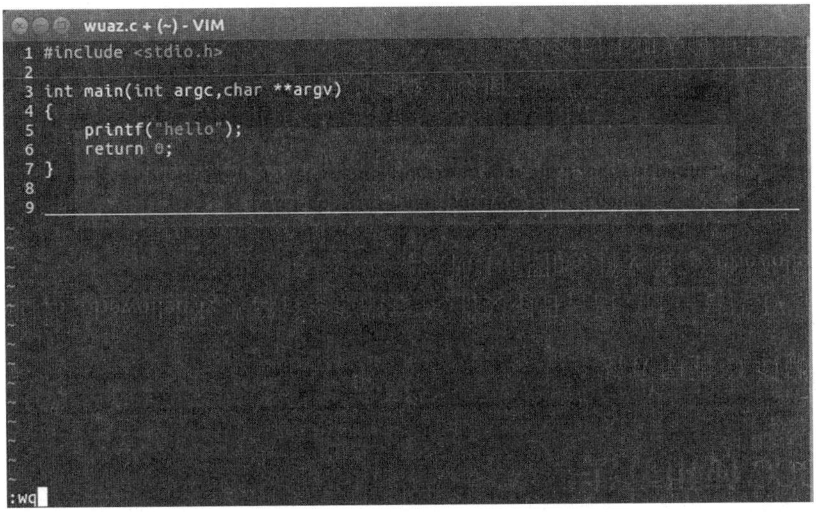

图 7-22　保存文件并退出 VIM

第 8 章　GCC 编译工具

8.1　GCC 基础知识

8.1.1　GCC 简介

GNU 编译器套件(GNU Compiler Collection,简称 GCC)是为 GNU 操作系统专门编写的一款编译器,包括 C、C++、Objective-C、Fortran、Java、Ada 和 Go 语言的前端,也包括这些语言的库(如 libstd C++、libgcj 等)。

GCC 原名为 GNU C 语言编译器(GNU C Compiler),因为它原本只能处理 C 语言。GCC 很快地扩展,变得可处理 C++,后来又扩展能够支持更多编程语言,如 Fortran、Pascal、Objective-C、Java、Ada、Go 以及各类处理器架构上的汇编语言等,所以改名 GNU 编译器套件(GNU Compiler Collection)。

GCC 是以 GPL 许可证所发行的自由软件,也是 GNU 计划的关键部分。GCC 是自由软件发展过程中的著名例子,由自由软件基金会以 GPL 协议发布。GCC 原本作为 GNU 操作系统的官方编译器,现已被大多数类 Unix 操作系统(如 Linux、BSD、Mac OS X 等)采纳为标准的编译器,GCC 同样适用于微软的 Windows 操作系统。

8.1.2　GCC 支持语言

(1)Ada〈GNAT〉;

(2)C〈GCC〉;

(3)C++(G++);

(4)Fortran〈Fortran 77:G77, Fortran 90:GFORTRAN〉;

(5)Java〈编译器:GCJ;解释器:GIJ〉;

(6)Objective-C〈GOBJC〉;

(7)Objective-C++。

8.1.3　GCC 发布版本

GCC 首个公开发布版本是在 1987 年由 Richard Stallman 发布的。

2012 年 3 月 23 日,GCC 4.7.0 发布,这是一个全新的重要版本。

2012 年 6 月 14 日,GCC 4.7.1 发布,这是一个 Bug 修复版本,主要是 4.7.0 版本中的一些回归测试发现的问题修复。

2013 年 4 月 11 日,GCC 4.7.3 发布。

2013 年 3 月 22 日,GCC 4.8.0 发布,进一步加强了对于 C++11 的支持。

2013 年 10 月 16 日,GCC 4.8.2 发布,提供了对于 OpenMP 4.0 的支持。

2014 年 4 月 22 日,GCC 4.9.0 发布,提供了对 C11 标准的 Generic Selection 语法特性的支持以及对多线程方面特性的支持。

8.1.4　GCC 文件规则

(1)以 .c 为后缀的文件,是 C 语言源代码文件;

(2)以 .a 为后缀的文件,是由目标文件构成的档案库文件;

(3)以 .C、.cc 或 .cxx 为后缀的文件,是 C++源代码文件且必须经过预处理;

(4)以 .h 为后缀的文件,是程序所包含的头文件;

(5)以 .i 为后缀的文件,是 C 源代码文件且不应该对其执行预处理;

(6)以 .ii 为后缀的文件,是 C++源代码文件且不应该对其执行预处理;

(7)以 .m 为后缀的文件,是 Objective-C 源代码文件;

(8)以 .mm 为后缀的文件,是 Objective-C++源代码文件;

(9)以 .o 为后缀的文件,是编译后的目标文件;

(10)以 .s 为后缀的文件,是汇编语言源代码文件;

(11)以 .S 为后缀的文件,是经过预编译的汇编语言源代码文件。

8.1.5　GCC 基本用法

1. 基本用法

在使用 GCC 编译器的时候,必须给出一系列必要的调用参数和文件名称。GCC 编译器的调用参数有 100 多个,这里只介绍其中最基本、最常用的参数。

GCC 最基本的用法是:

gcc［options］［filenames］

其中 options 就是编译器所需要的参数,filenames 给出相关的文件名称。

-c,只编译,不链接成为可执行文件,编译器只是由输入的 .c 等源代码文件生成以.o 为后缀的目标文件,通常用于编译不包含主程序的子程序文件。

-o output_filename,确定输出文件的名称为 output_filename,同时这个名称不能和源文件同名,如果不给出这个选项,gcc 就给出默认的可执行文件 a.out。

-g,产生符号调试工具(GNU 的 gdb)所必要的符号信息,要想对源代码进行调试,就必须加入这个选项。

-O,对程序进行优化编译、链接,采用这个选项,整个源代码会在编译、链接过程中进行优化处理,这样产生的可执行文件的执行效率可以提高,但是,编译、链接的速度就相应地要慢一些。

-O2,比-O 更好地优化编译、链接,当然整个编译、链接过程会更慢。

-Idirname,将 dirname 所指出的目录加入到程序头文件目录列表中,是在预编译过程中使用的参数。

C 程序中的头文件包含两种情况:

A. #include ＜myinc.h＞

B. #include "myinc. h"

其中,A 类使用尖括号(< >),B 类使用双引号(" ")。对于 A 类,预处理程序 cpp 在系统预设包含文件目录(如/usr/include)中搜寻相应的文件,而对于 B 类,预处理程序在目标文件的文件夹内搜索相应文件。

-v,显示 GCC 执行的详细过程、GCC 及其相关程序的版本号。

2. 编译过程

GCC 编译过程如下:预处理(也称预编译,Preprocessing)、编译(Compilation)、汇编(Assembly)和链接(Linking)。

(1)GCC 首先调用 cpp 进行预处理,在预处理过程中,对源代码文件中的文件包含(include)、预编译语句(如宏定义 define 等)进行分析。

(2)调用 cc1 进行编译,这个阶段根据输入文件生成以".i"为后缀的目标文件。

(3)汇编过程是针对汇编语言的步骤,调用 as 进行工作,一般来讲,后缀为". S"的汇编语言源代码文件、后缀为". s"的汇编语言文件经过预编译和汇编之后都生成以". o"为后缀的目标文件。

(4)当所有的目标文件都生成之后,GCC 就调用 ld 来完成最后的关键性工作,这个阶段就是连接。在连接阶段,所有的目标文件被安排在可执行程序中恰当的位置,同时,该程序所调用到的库函数也从各自所在的档案库中连到合适的地方。

8.2 GCC 使用方法

8.2.1 编译 C 程序方法

(1)用 VI 编写一个 C 语言程序文件,在终端命令行输入 vi helloworld. c,回车,建立一个名叫"helloworld. c"的文件,如图 8-1 所示。

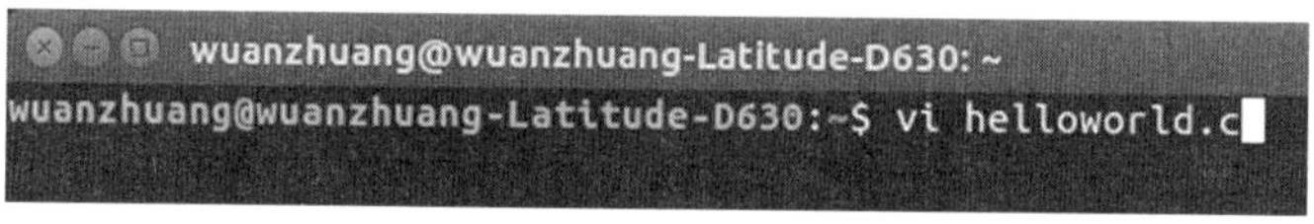

图 8-1 编辑 C 程序

(2)在文件中输入以下内容:

```
#include < stdio. h >
int main( )
{
    printf("武总教您学编程! \n");
    return 0;
}
```

如图 8-2 所示。

(3)在命令模式下输入 wq,保存并退出,如图 8-3 所示。

(4)在终端输入 gcc helloworld. c,回车,编译生成默认文件名称为"a. out"的可执行文

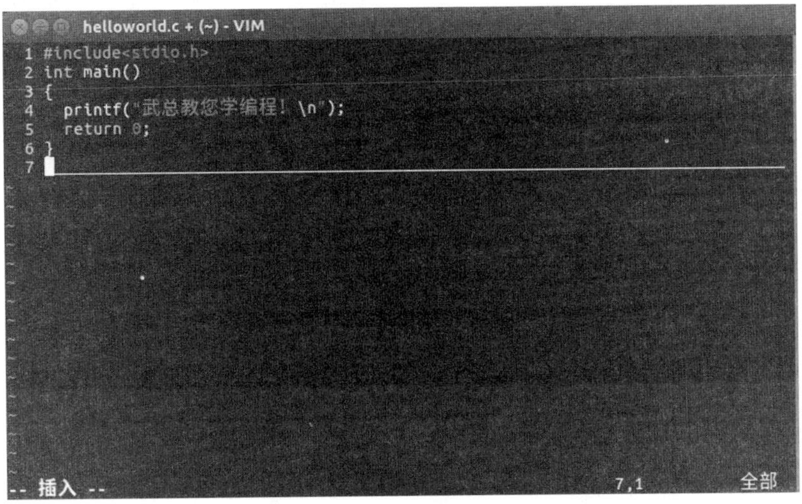

图 8-2　输入源代码

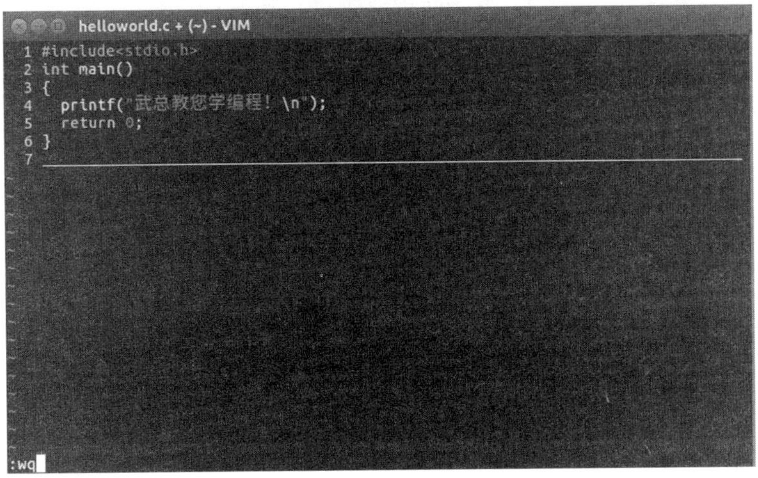

图 8-3　保存文件

件,如图 8-4 所示。

(5)在终端输入 ./a. out,回车,执行当前目录下的 a. out 文件,"./"的意思是当前目录,就可以看到结果了,如图 8-5 所示。

8.2.2　编译 C + +程序方法

(1)用 VI 编写一个 C + +语言程序文件,在终端命令行输入 vi helloworld. cpp,回车,建立一个名叫"helloworld. cpp"的文件,如图 8-6 所示。

(2)在文件中输入以下内容:

#include ＜iostream＞

int main(int argc,char ＊argv[ ])

{

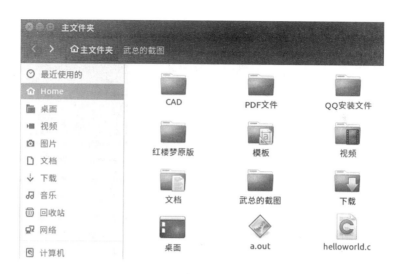

图 8-4　GCC 编译输出可执行文件

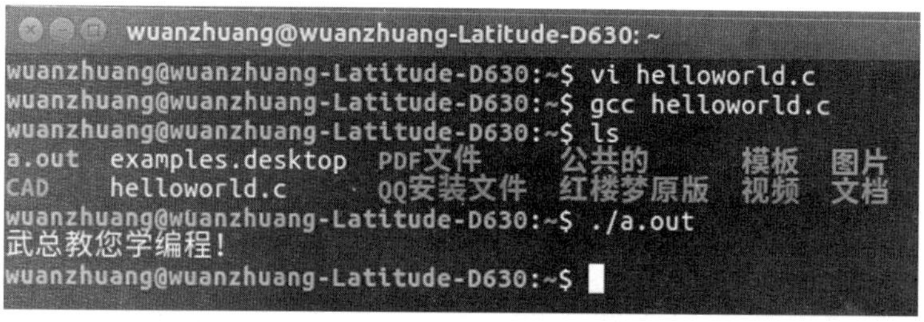

图 8-5　测试编译文件

图 8-6　编辑 C＋＋文件

std∷cout＜＜"武总教您学编程！\n"＜＜std∷endl；

return 0；

}

如图 8-7 所示。

（3）在命令模式下输入 wq，保存并退出，如图 8-8 所示。

（4）在终端输入 g＋＋ helloworld. cpp － o myhelloworld，回车，编译没通过，显示出错的地方，如："'cut' is not a member of 'std'"，含义表示 cut 不是 std 的成员，如图 8-9 所示。

（5）用 vi helloworld. cpp 重新打开 C＋＋源程序，修改 cut 为 cout，如图 8-10 所示。

（6）重新编译，这次顺利通过，生成文件名称为"myhelloworld"的可执行文件，如图 8-11所示。

（7）在终端输入 . /myhelloworld，回车，执行当前目录下的 myhelloworld 文件，". /"的意思是当前目录，就可以看到结果了，如图 8-12 所示。

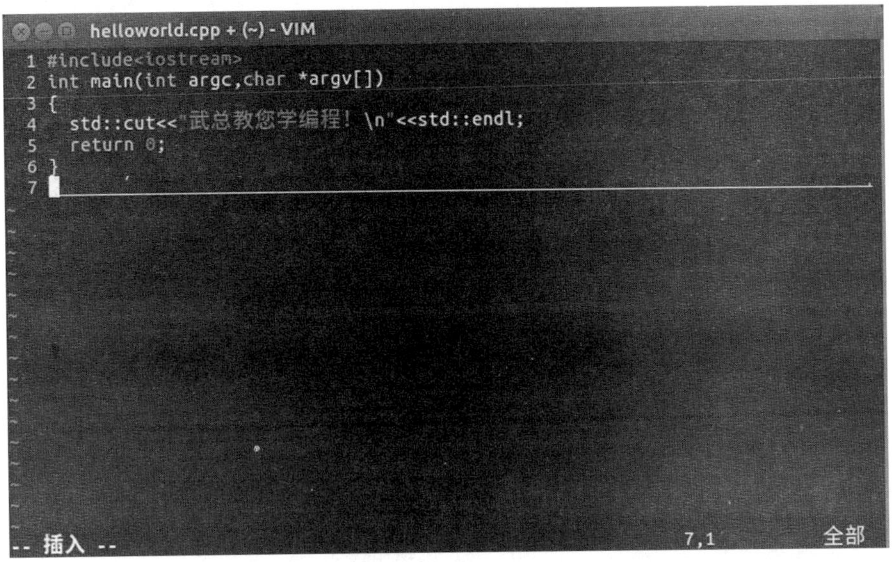

图 8-7 输入源代码

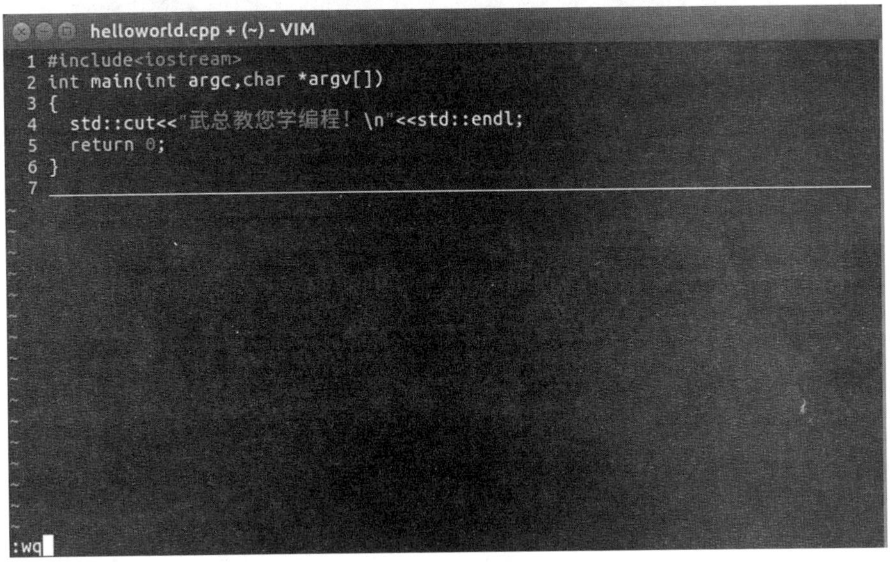

图 8-8 保存文件并退出

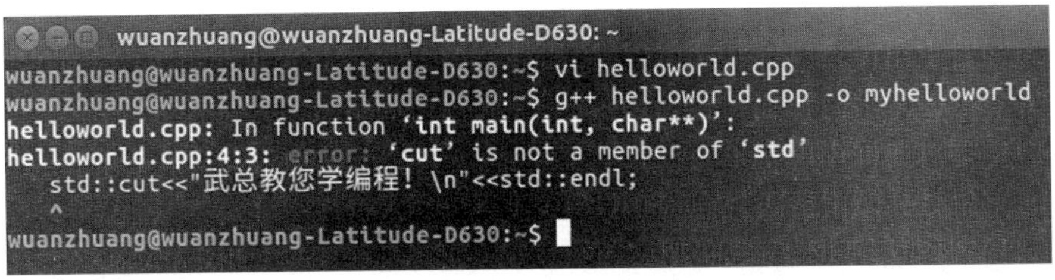

图 8-9 显示编译出错信息

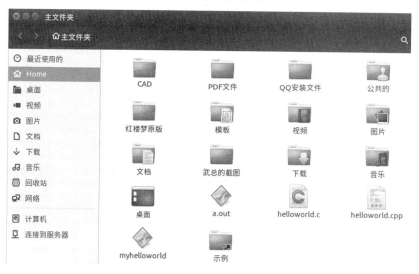

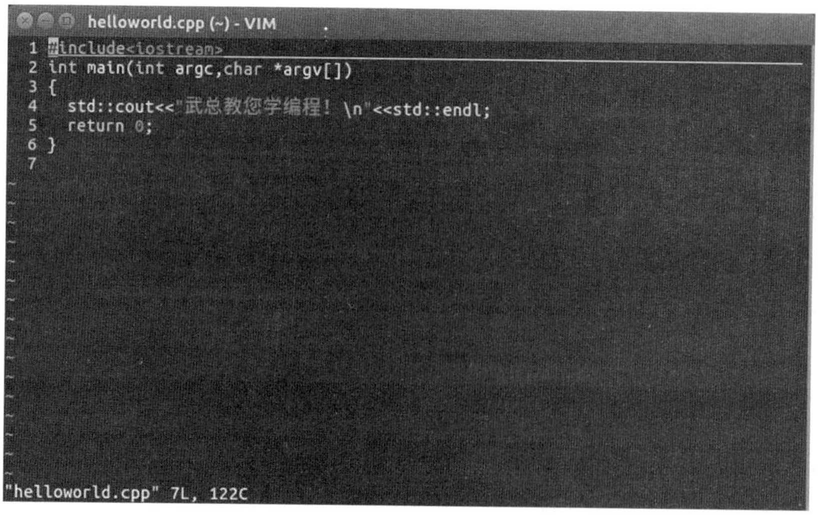
helloworld.cpp (~) - VIM
1 #include<iostream>
2 int main(int argc,char *argv[])
3 {
4   std::cout<<"武总教您学编程！ \n"<<std::endl;
5   return 0;
6 }
7
"helloworld.cpp" 7L, 122C

图 8-10　修改出错源代码

主文件夹
主文件夹
最近使用的
Home
桌面
视频
图片
文档
下载
音乐
回收站
网络
计算机
连接到服务器
CAD
PDF文件
QQ安装文件
公共的
红楼梦原版
模板
视频
图片
文档
武总的截图
下载
音乐
桌面
a.out
helloworld.c
helloworld.cpp
myhelloworld
示例

图 8-11　编译成功输出可执行文件

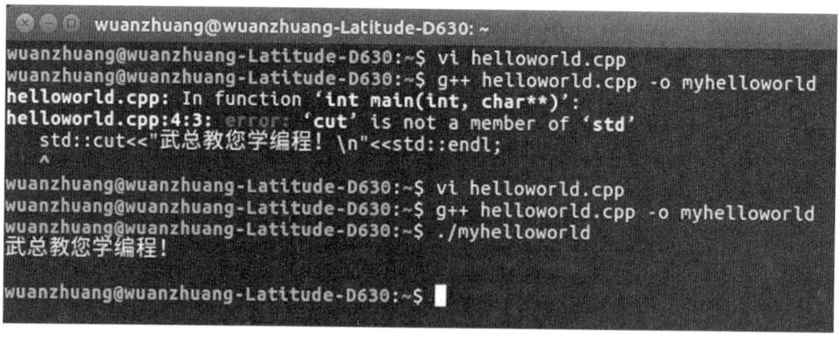
wuanzhuang@wuanzhuang-Latitude-D630: ~
wuanzhuang@wuanzhuang-Latitude-D630:~$ vi helloworld.cpp
wuanzhuang@wuanzhuang-Latitude-D630:~$ g++ helloworld.cpp -o myhelloworld
helloworld.cpp: In function 'int main(int, char**)':
helloworld.cpp:4:3: error: 'cut' is not a member of 'std'
std::cut<<"武总教您学编程！ \n"<<std::endl;
^
wuanzhuang@wuanzhuang-Latitude-D630:~$ vi helloworld.cpp
wuanzhuang@wuanzhuang-Latitude-D630:~$ g++ helloworld.cpp -o myhelloworld
wuanzhuang@wuanzhuang-Latitude-D630:~$ ./myhelloworld
武总教您学编程！
wuanzhuang@wuanzhuang-Latitude-D630:~$

图 8-12　测试文件结果

第9章 GTK + 图形界面

9.1 GTK + 基础知识

9.1.1 GTK + 简介

GTK(GIMP Tool Kit)是一套跨平台的图形工具包,按 LGPL 许可协议发布,虽然最初是为 GIMP 所写的,但早已发展成为一个功能强大、设计灵活的通用图形库,特别是被 GNOME 选中,使得 GTK + 广为流传,成为 Linux 系统下开发图形界面应用程序的主流开发工具之一。

虽然有了 GTK + ,但是要用 GTK + 来撰写程式并不是一件轻松的事,因为要完成一个 GUI-based 的应用程序,得靠自己用熟悉的文书编辑器,一行一行把 C 程式代码敲出来。目前 GTK + 已经有了成功的 Windows 版本。

9.1.2 GTK + 支持语言

GTK + 虽然是用 C 语言写的,但是你可以使用你熟悉的语言来使用 GTK + ,因为 GTK + 已经被绑定到几乎所有流行的语言上,如 C + + 、Guile、Perl、Python、TOM、Ada95、Objective C、Free Pascal、Eiffel 等。

9.1.3 GTK + 发行版本

GTK + 发行版本见表9-1。

表9-1 GTK + 发行版本

主要版本	发布日期(年-月-日)	主要增强	最后次要版本
1.0	1998-04-14	第一个稳定版本	1.0.6
1.2	1999-02-27	新增部件(GtkFontSelector、GtkPacker、GtkItemFactory、GtkCTree、Gtk-Invisible、GtkCalendar、GtkLayout、GtkPlug、GtkSocket)	1.2.10
2.0	2002-03-11	GObject, Unicode(UTF-8)支持	2.0.9
2.2	2002-12-22	Multihead support	2.2.4
2.4	2004-03-16	新增部件(GtkFileChooser、GtkComboBox、GtkComboBoxEntry、GtkExpander、GtkFontButton、GtkColorButton)	2.4.14

主要版本	发布日期（年-月-日）	主要增强	最后次要版本
2.6	2004-12-16	New widgets（GtkIconView，GtkAboutDialog，GtkCellView），最后一个支持 Windows 98/Me 的版本	2.6.10
2.8	2005-08-13	Cairo integration	2.8.20
2.10	2006-07-03	新增部件（GtkStatusIcon、GtkAssistant、GtkLinkButton、GtkRecent-Chooser）以及列印支持（GtkPrintOperation）	2.10.14
2.12	2007-09-14	GtkBuilder	2.12.12
2.14	2008-09-04	Jpeg2000 load support	2.14.7
2.16	2009-03-13	New GtkOrientable，Caps Lock warning in password Entry．Improvement on GtkScale，GtkStatusIcon，GtkFileChooser	2.16.6
2.18	2009-09-23	New GtkInfoBar．Improvement on file chooser，printing．GDK has been rewritten to use 'client-side windows'	2.18.9
2.20	2010-03-23	New GtkSpinner and GtkToolPalette，GtkOffscreenWindow．Improvement on file chooser，keyboard handling，GDK．Introspection data is now included in GTK +	2.20.1
2.22	2010-09-23	gdk-pixbuf moved to separate module，most GDK drawing are based on Cairo，many internal data are now private and can be sealed in preparation to GTK + 3	2.22.1
2.24	2011-01-30	New simple combo box widget（GtkComboBoxText）added，the cups print backend can send print jobs as PDF，GtkBuilder has gained support for text tags and menu toolbuttons and many introspection annotation fixes were added	2.24.0
3.0	2011-02-10	Cairo，more X11 agnostic，XInput2，CSS-based theme API	3.0.0

9.1.4　GTK + 安装方法

1. 安装软件方法

（1）安装 gcc/g + +/gdb/make 等基本编程工具：

sudo apt-get install build-essential

（2）安装 libgtk2.0-dev libglib2.0-dev 等开发相关的库文件：

sudo apt-get install gnome-core-devel

（3）用于在编译 GTK 程序时自动找出头文件及库文件位置：

sudo apt-get install pkg-config

（4）安装 devhelp GTK 文档查看程序：

sudo apt-get install devhelp

（5）安装 gtk/glib 的 API 参考手册及其他帮助文档：

sudo apt-get install libglib2. 0-doc libgtk2. 0-doc

（6）安装基于 GTK 的界面（GTK 是开发 Gnome 窗口的 C/C + +语言图形库）：

sudo apt-get install glade libglade2-dev

或者

sudo apt-get install glade-gnome glade-common glade-doc

（7）安装 gtk2. 0 或者将 gtk +2. 0：

sudo apt-get install libgtk2. 0-dev

或者

sudo apt-get install libgtk2. 0 ∗

2. 查看 GTK +库版本方法

（1）查看 1. 2. x 版本：

pkg-config --modversion gtk +

（2）查看 2. x 版本：

pkg-config --modversion gtk + -2. 0

（3）查看 3. x 版本：

pkg-config --modversion gtk + -3. 0

（4）查看 pkg-config 的版本：

pkg-config – version

（5）查看是否安装了 gtk：

pkg-config --list-all grep gtk

经过测试表明,Ubuntu 16. 04 LTS 在安装系统时已经默认安装了 GTK +3. 0,不需要重新安装。

9. 2　Glade 基础知识

9. 2. 1　Glade 简介

Glade 是 GTK +图形用户界面产生器（Graphical User Interface Builder for GTK +）,也就是说,Glade 是一个 Visual Programming Tool,和 Microsoft Windows 平台的 Visual Tools（VB、Delphi）类似,只要用鼠标拉一拉,它就会自动帮你产生 C source code。用 Glade 设计好画面,再用编辑器把程式代码稍为修改一下就行了。

Glade 是一个相当不错的图形界面设计工具,使用 Glade 可以使基于 GTK + Tool kit 及 GNOME 桌面环境的 UI 开发变得更加快速和便捷。

用 Glade 设计的用户界面（User Interface）是以 XML 格式保存文件的,它们可以通过 GTK +对象 GtkBuilder 被应用程序动态地载入。

通过 GtkBuilder,Glade XML 文件可以被许多编程语言使用,包括 C、C + +、C#、Vala、

Java、Perl、Python 等，而且，Glade 是在 GNU GPL 许可证（GNU GPL License）下的免费软件。

9.2.2　Glade 安装

（1）连接好网络，打开新立得包管理器进行安装，如图 9-1 所示。

图 9-1　安装 Glade 工具

（2）点击上面的"搜索"图标，显示对话框，输入搜索内容，如"glade"，然后点击右下角的【搜索】按钮，显示搜索结果，如图 9-2 所示。

图 9-2　显示搜索结果

（3）选中"glade"，点击鼠标右键，选择【标记以便安装】，如果该程序有依赖，会显示如图 9-3 所示的对话框，要求附加标记相关的软件包，点击右下角的【标记】按钮，如图 9-3 所示。

（4）标记完毕，点击上面的"应用"图标，开始下载安装包，如图 9-4 所示。

（5）显示摘要，让用户再次确认，点击右下角的【Apply】按钮，如图 9-5 所示。

图 9-3　标记附加依赖软件

图 9-4　准备安装软件

图 9-5　显示摘要信息

（6）开始下载安装包，点击下面的"Show individual files"字样，显示下载进度，如图9-6所示。

图9-6　下载安装包

（7）下载完成，开始安装软件，如图9-7所示。

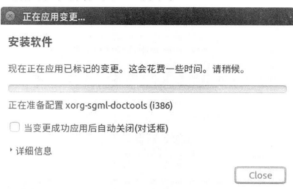

图9-7　开始安装软件

（8）软件安装完毕，显示如图9-8所示的对话框，关闭即可。

图9-8　软件安装完成

（9）打开启动栏上的主按钮，输入glade，显示应用程序图标，如图9-9所示。

（10）点击打开应用程序，界面如图9-10所示。

（11）勾选对话框中的"Do not show this dialog again"选项（含义为不再显示该对话框），点击右下角的【是】按钮，显示"Glade注册和用户调查"信息，如图9-11所示。

（12）暂且不用填写，直接按【取消】按钮，显示Glade软件界面，如图9-12所示。

图 9-9　显示 glade 图标

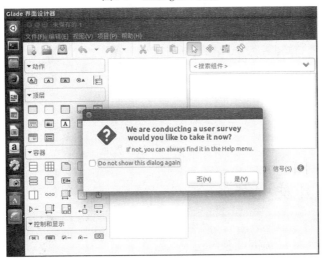

图 9-10　Glade 界面设计器

图 9-11　用户信息调查

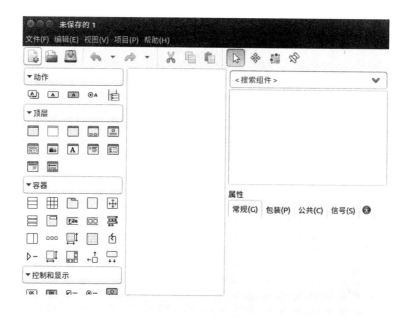

图 9-12　Glade 软件界面

9.3　GTK + 开发示例

9.3.1　GTK + 开发 C 界面程序

1. 编写源程序

首先用 Gedit 编辑源代码,然后保存到你的主文件夹下,如下所示:

```
//Helloworld. c 文件名
#include  < gtk/gtk. h >
int main(int argc,char  * argv[ ])
{
        GtkWidget  * window;
        GtkWidget  * label;
        gtk_init(&argc,&argv);
        / *  create the main, top level, window  * /
        window  =  gtk_window_new(GTK_WINDOW_TOPLEVEL);
        / *  give it the title  * /
        gtk_window_set_title(GTK_WINDOW(window)," Hello World");
        / *  connect the destroy signal of the window to gtk_main_quit
            *  when the window is about to be destroyed we get a notification and
            *  stop the main GTK +  loop
            * /
```

g_signal_connect(window,"destroy",G_CALLBACK(gtk_main_quit) ,NULL) ;

/ * create the "Hello, World" label * /

label = gtk_label_new("Hello, World") ;

/ * and insert it into the main window * /

gtk_container_add(GTK_CONTAINER(window) ,label) ;

/ * make sure that everything, window and label, are visible * /

gtk_widget_show_all(window) ;

/ * start the main loop, and let it rest until the application is closed * /

gtk_main( ) ;

return 0;

}

如图 9-13 所示。

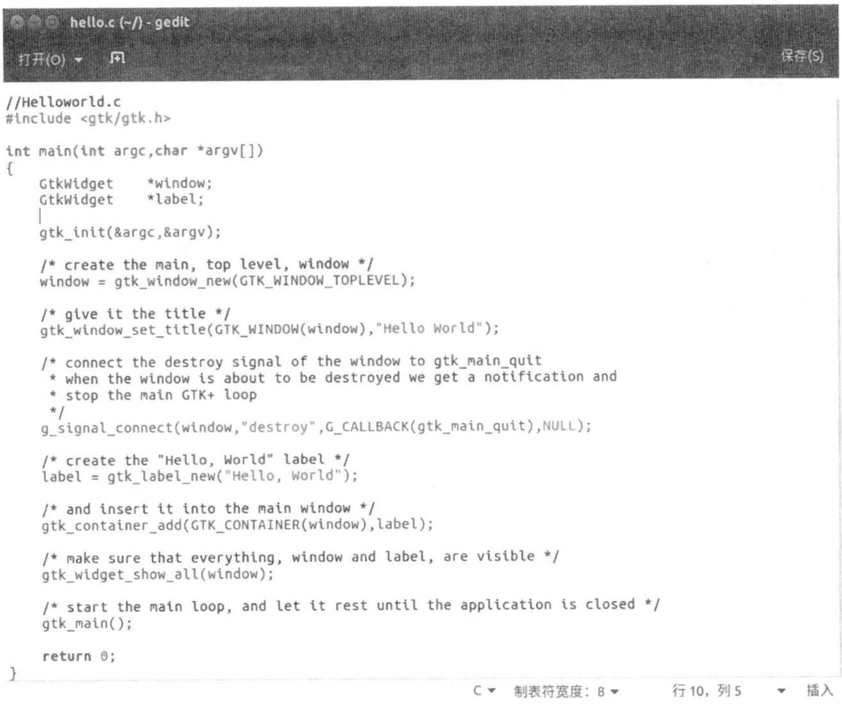

图 9-13　编辑源代码

2. 编译运行

(1) 编译:

gcc -o hello hello. c `pkg-config --cflags --libs gtk + -3. 0`

(2) 运行:

. /hello

(3) 显示结果,如图 9-14 所示。

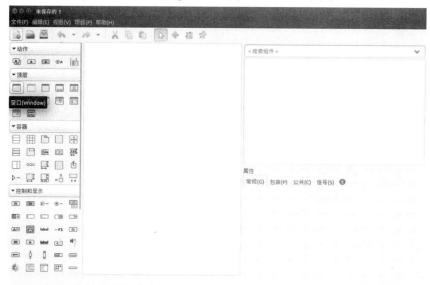

图 9-14　GTK + 运行结果

3. 注意事项

（1）在 Ubuntu16.04 LTS 系统安装时,大部分 GTK + 相关软件都已自动安装,不必再重新安装一遍,直接用 Gedit 编辑源程序,然后直接编译,如果提示编译失败,对照出错信息,再安装相关软件包即可。

（2）编译程序时,终端执行命令前面带的"｀"符号为键盘左上角的波浪号下面的符号(反引号),不是单引号"'",如果用错符号,编译肯定通不过。

9.3.2　GTK + 和 Glade 开发 C 界面程序

（1）在终端输入 glade 命令,打开 glade 程序,如图 9-15 所示。

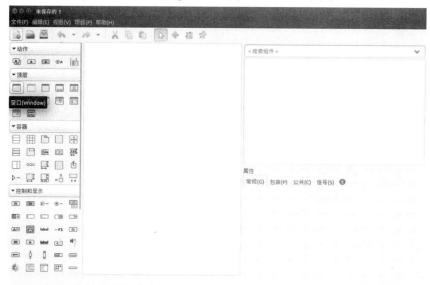

图 9-15　打开 Glade 软件

（2）用鼠标选中左边的框(顶层标签)中第一个窗口控件,拖动中间空白处,如图 9-16 所示。

（3）打开菜单:【文件】→【另存为】,显示对话框,输入文件名称,如"window",如图 9-17 所示。

（4）点击右下角的【保存】按钮,自动生成后缀为".glade"的界面文件,然后用 Gedit

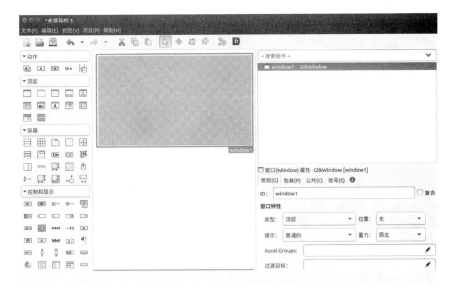

图 9-16　添加窗口控件

图 9-17　保存界面文件

编写调用 Glade 生成窗口界面的 C 语言程序,如下所示:

```
#include < gtk/gtk. h >
int main ( int argc, char * argv[ ] )
{
    GtkBuilder * builder;
    GtkWidget * window;
    gtk_init ( &argc, &argv );
    builder = gtk_builder_new ( );
    gtk_builder_add_from_file ( builder, " window. glade" , NULL);
    window = GTK_WIDGET ( gtk_builder_get_object ( builder, " window1" ) );
```

```
gtk_builder_connect_signals（builder，NULL）；
g_object_unref（G_OBJECT（builder））；
gtk_widget_show_all(window)；
gtk_main（）；
return 0；
}
```

（5）编写完成后，把文件保存到你的主文件夹下，如图 9-18 所示。

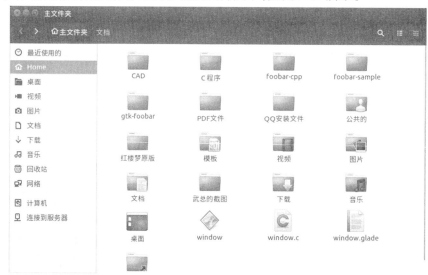

图 9-18　保存测试源文件

（6）打开终端，输入 gcc -o window window. c `pkg-config --cflags --libs gtk + -3. 0`，回车，
开始编译，如图 9-19 所示。

```
wuanzhuang@wuanzhuang-Latitude-D630: ~
wuanzhuang@wuanzhuang-Latitude-D630:~$ gcc -o window window.c `pkg-config --cfla
gs --libs gtk+-3.0`
window.c: In function 'main':
window.c:16:18: warning: passing argument 1 of 'gtk_widget_show' from incompatib
le pointer type [-Wincompatible-pointer-types]
 gtk_widget_show ((GtkWindow*)window);//显示窗体
                  ^
In file included from /usr/include/gtk-3.0/gtk/gtkapplication.h:27:0,
                 from /usr/include/gtk-3.0/gtk/gtkwindow.h:33,
                 from /usr/include/gtk-3.0/gtk/gtkdialog.h:33,
                 from /usr/include/gtk-3.0/gtk/gtkaboutdialog.h:30,
                 from /usr/include/gtk-3.0/gtk/gtk.h:31,
                 from window.c:1:
/usr/include/gtk-3.0/gtk/gtkwidget.h:626:12: note: expected 'GtkWidget * {aka st
ruct _GtkWidget *}' but argument is of type 'GtkWindow * {aka struct _GtkWindow
*}'
 void       gtk_widget_show                 (GtkWidget          *widget);

wuanzhuang@wuanzhuang-Latitude-D630:~$ ./window
```

图 9-19　编译 C 源文件

(7)编译完成后,在终端输入以下命令:./window,回车,显示如图 9-20 所示。

图 9-20　显示运行结果

(8)到此为止,完成测试,关于在面板上如何添加按钮或其他控件,可参考其他资料。

第 10 章　Anjuta 开发环境

10.1　Anjuta 基础知识

10.1.1　Anjuta 简介

Anjuta 是一个建立在 GNU/Linux 基础上为 C/C＋＋提供编译的集成开发环境,自身具有很好的编程属性,包含了许多先进的编程功能,为 Linux 和 Unix 系统提供一个命令行编程工具集合的可视化的界面,通常利用文本控制台来运行,并且使用起来很友好,如图 10-1 所示。

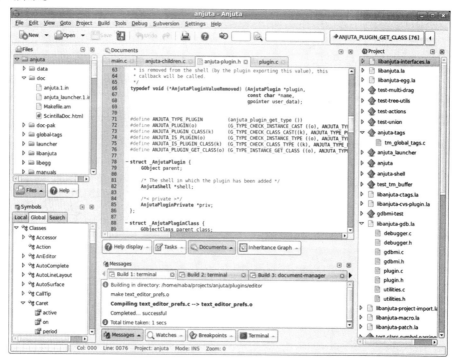

图 10-1　Anjuta 集成开发环境

Anjuta 是一个集命令行工具和 GNOME 图形用户界面于一体的作品,它最初旨在为 GTK/GNOME 设计,Anjuta 成为 GNOME 环境下最理想的开发工具,其主要功能和 KDE 下的 Kdevelop 相似,目前最新的版本是 3.2.0,运行环境为 GNOME,包括项目管理、应用开发、交互调试以及强大的代码编辑和语法增彩等功能。

10.1.2　Anjuta 运行

Anjuta 利用 Glade 生成优美用户界面的能力,加之自己强大的源程序编辑能力,正成为一个极好的快速开发应用程序的集成环境(IDE)。在此之前,程序员使用 Glade 做界面,用 EMACS 或 VI 等编辑程序,再用某种终端模拟器编辑开发项目。使用 Anjuta 之后,所有这些繁杂零散的任务都可以在一个统一的、集成的、自然而然的环境下完成。

在创建项目的过程中,Anjuta 会自动建立应用程序项目的目录结构,运行参数配置脚本并建立应用项目本身,整个创建过程的进行情况显示在 Anjuta 开发环境的下部。创建过程结束后,屏幕的左边显示出应用项目树结构,这个树结构中包含你的源程序文件、说明文件和图形文件。

10.1.3　Anjuta 特点

(1)完全可定制集成编辑器:

- 自动亮显语法;
- 自动代码格式;
- 代码折叠/隐藏;
- 行号/标记显示;
- 文本变焦;
- 代码自动完成;
- Calltips 作为 Linux/GNOME 的函数原型;
- 自动缩进和缩进指导。

(2)打开任何一个文件都可以进入页面模式或者窗口模式。

(3)高度交互的源代码级别的调试器(在 gdb 上编译):

- 交互执行;
- 断点/观察/信号/堆栈操作。

(4)内建应用程序向导来创建终端/GTK/GNOME 应用程序。

(5)动态标记浏览:

- 函数定义、结构、类等,可以通过鼠标点击两次来打开;
- 项目的完全标记管理。

(6)完整项目和编译文件管理。

(7)书签管理。

(8)基本窗口可连接或断开。

(9)支持其他语言:

- Java、Perl、Pascal 等(只有文件模式,没有项目管理)。

(10)交互消息系统。

(11)界面美观。

10.1.4 Anjuta 安装

（1）连接好网络，打开新立得包管理器进行安装，如图 10-2 所示。

图 10-2 安装 Anjuta 软件

（2）点击上面的"搜索"图标，显示对话框，输入搜索内容，如"anjuta"，然后点击右下角的【搜索】按钮，显示搜索结果，如图 10-3 所示。

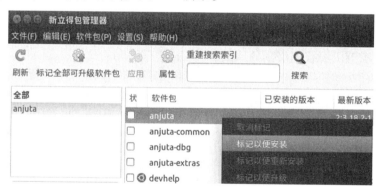

图 10-3 显示搜索结果

（3）选中"anjuta"，点击鼠标右键，选择【标记以便安装】，如果该程序有依赖，会显示如图 10-4 所示的对话框，要求附加标记相关的软件包，点击右下角的【标记】按钮。

（4）标记完毕，点击上面的"应用"图标，开始下载安装包，如图 10-5 所示。

（5）显示摘要，让用户再次确认，点击右下角的【Apply】按钮，如图 10-6 所示。

（6）开始下载安装包，点击下面的"Show individual files"字样，显示下载进度，如图 10-7 所示。

（7）下载完成，开始安装软件，如图 10-8 所示。

图 10-4　标记附加的全部变更

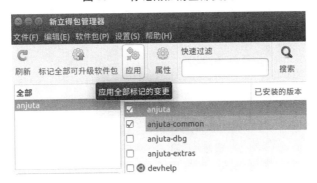

图 10-5　准备安装软件

图 10-6　显示摘要信息

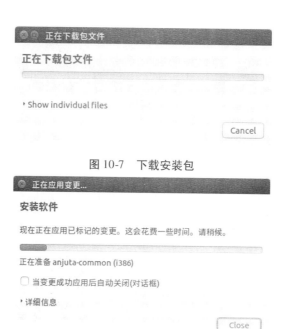

图 10-7　下载安装包

图 10-8　开始安装软件

（8）软件安装完毕，显示如图 10-9 所示的对话框，关闭即可。

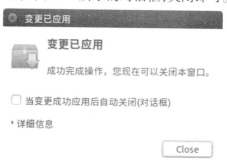

图 10-9　软件安装完成

（9）打开启动栏上的主按钮，输入 anjuta，显示 Anjuta 图标，如图 10-10 所示。

图 10-10　显示 Anjuta 图标

（10）Anjuta 软件界面如图 10-11 所示。

图 10-11　Anjuta 软件界面

10.2　Anjuta 开发示例

10.2.1　开发 C 程序

（1）下面用 Anjuta 写第一个 C 程序，打开菜单：【文件】→【New】→【项目】，如图 10-12所示。

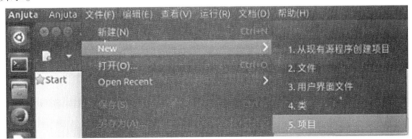

图 10-12　新建 C 项目

（2）选择第一个标签页 C 中的"通用"图标，如图 10-13 所示。

（3）点击右下角的【前进】按钮，显示基本信息，如图 10-14 所示。

（4）采用系统默认项目名称，点击右下角的【前进】按钮，显示项目选项，如图 10-15 所示。

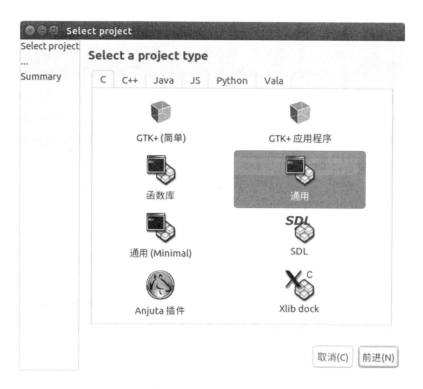

图 10-13　选择项目类型

基本信息

项目名称：　　　foobar-sample

作者：　　　　　wuanzhuang

电子邮件地址：　wuanzhuang@wuanzhuang-Latitude-D630

版本：　　　　　0.1

取消(C)　后退(B)　前进(N)

图 10-14　输入项目名称

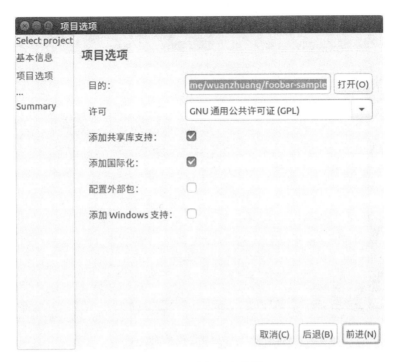

图 10-15　选择保存位置

(5)选择文件夹存放目录,本例采用默认,点击右下角的【前进】按钮,显示摘要信息,如图 10-16 所示。

图 10-16　显示摘要信息

(6)点击右下角的【应用】按钮,系统自动创建框架,如图 10-17 所示。

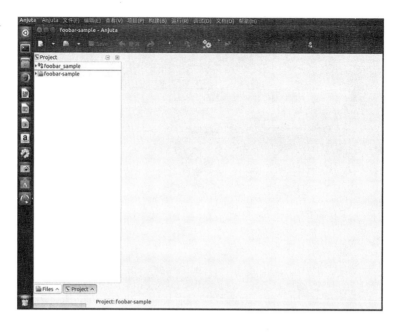

图 10-17 成功创建系统框架

(7)选择左下角的 Files 标签,点击上面的 src 文件夹,可以看到系统自动创建的 main. c 文件,如图 10-18 所示。

图 10-18 打开 main. c 文件

(8)选中 main. c 文件,点击鼠标右键,选择【打开】,即可看到文件内容,如图 10-19 所示。

(9)选择菜单:【构建】→【Build(src)】,进行编译,如图 10-20 所示。

(10)显示对话框,选择默认,点击右下角的【执行】按钮,如图 10-21 所示。

(11)因缺少文件,编译失败,如图 10-22 所示。

(12)从上述警告信息可以看出,系统缺少"libtool"工具,下面连接好网络,打开终端开始安装,如图 10-23 所示。

(13)系统安装完毕,显示安装成功,如图 10-24 所示。

(14)再次重新编译程序,左下角显示"Completed successfully"字样,表示顺利编译成功,如图 10-25 所示。

图 10-19　显示 main. c 文件内容

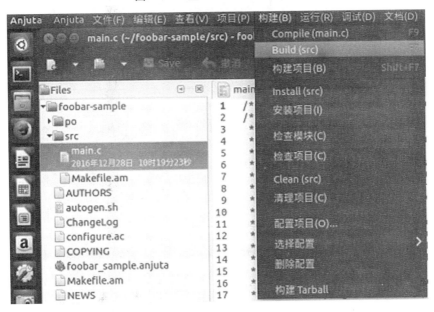

图 10-20　编译 main. c 文件

（15）打开该项目的文件夹，选择【复制】，将可执行文件复制到主文件夹下，如
图 10-26所示。

图 10-21　选择调试

≡Messages　😕 Build 7: Debug ×

Building in directory: /home/wuanzhuang/foobar-sample/Debug
/home/wuanzhuang/foobar-sample/autogen.sh --enable-maintainer-mode CFLAGS:

Error: You must have `libtool' installed.
You can get it from: ftp://ftp.gnu.org/pub/gnu/
Completed unsuccessfully
Total time taken: 1 secs

图 10-22　显示编译失败信息

```
wuanzhuang@wuanzhuang-Latitude-D630: ~
wuanzhuang@wuanzhuang-Latitude-D630:~$ libtool
程序"libtool"尚未安装。 您可以使用以下命令安装:
sudo apt install libtool-bin
wuanzhuang@wuanzhuang-Latitude-D630:~$ sudo apt install libtool-bin
[sudo] wuanzhuang 的密码: █
```

图 10-23　安装必需的文件

```
wuanzhuang@wuanzhuang-Latitude-D630: ~
wuanzhuang@wuanzhuang-Latitude-D630:~$ sudo apt install libtool-bin
[sudo] wuanzhuang 的密码:
正在读取软件包列表... 完成
正在分析软件包的依赖关系树
正在读取状态信息... 完成
下列软件包是自动安装的并且现在不需要了:
  libpango1.0-0 libpangox-1.0-0 ubuntu-core-launcher
使用'sudo apt autoremove'来卸载它(它们)。
下列【新】软件包将被安装:
  libtool-bin
升级了 0 个软件包,新安装了 1 个软件包,要卸载 0 个软件包,有 0 个软件包未被升级
需要下载 79.2 kB 的归档。
解压缩后会消耗 395 kB 的额外空间。
获取:1 http://mirrors.ustc.edu.cn/ubuntu xenial/main i386 libtool-bin i386 2.4.6
-0.1 [79.2 kB]
已下载 79.2 kB, 耗时 5秒 (14.4 kB/s)
正在选中未选择的软件包 libtool-bin。
(正在读取数据库 ... 系统当前共安装有 235136 个文件和目录。)
正准备解包 .../libtool-bin_2.4.6-0.1_i386.deb ...
正在解包 libtool-bin (2.4.6-0.1) ...
正在处理用于 man-db (2.7.5-1) 的触发器 ...
正在设置 libtool-bin (2.4.6-0.1) ...
wuanzhuang@wuanzhuang-Latitude-D630:~$ █
```

图 10-24　安装完成界面

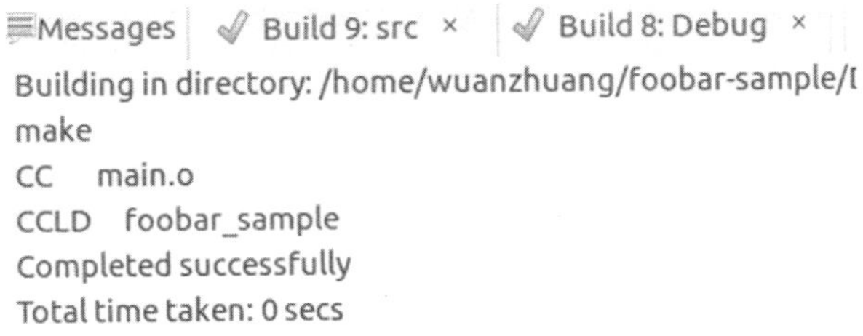

Messages
Build 9: src
Build 8: Debug
Building in directory: /home/wuanzhuang/foobar-sample/I
make
CC main.o
CCLD foobar_sample
Completed successfully
Total time taken: 0 secs

图 10-25　重新编译成功

src
主文件夹
foobar-sample
Debug
src
最近使用的
Home
桌面
视频
图片
文档
下载
foobar_sample
main.o
运行
使用其他程序打开(A)...
剪切(T)
复制(C)

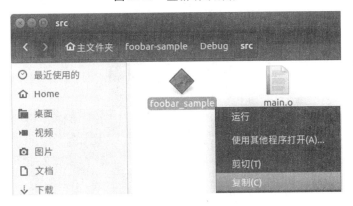

图 10-26　复制可执行文件

(16)复制成功后,就可以在终端执行,如图 10-27 所示。

主文件夹
主文件夹
foobar-sample
Debug
src
最近使用的
Home
桌面
视频
图片
文档
下载
音乐
回收站
网络
计算机
CAD
C 程序
foobar-sample
PDF文件
QQ安装文件
公共的
红楼梦原版
模板
视频
图片
文档
武总的截图
下载
音乐
桌面
foobar_sample

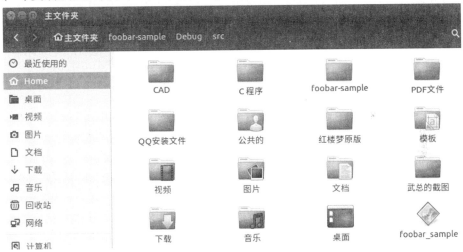

图 10-27　复制到主文件夹下

(17)打开终端,输入 ./foobar_sample,可以看到执行结果,显示"Hello world"字样,如图 10-28 所示。

10.2.2　开发 C + +程序

(1)下面用 Anjuta 写第一个 C + +程序,打开菜单:【文件】→【New】→【项目】,如

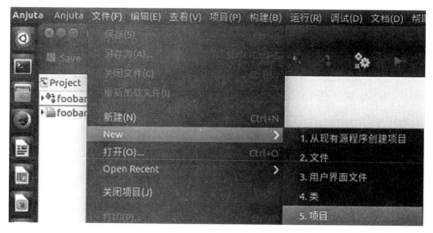

图 10-28　在终端运行结果

图 10-29 所示。

图 10-29　新建 C++项目

（2）选择第二个标签页 C++中的"通用 C++"图标，如图 10-30 所示。

图 10-30　选择项目类型

（3）点击右下角的【前进】按钮，显示基本信息，如图 10-31 所示。

（4）采用系统默认项目名称，点击右下角的【前进】按钮，显示项目选项，如图 10-32

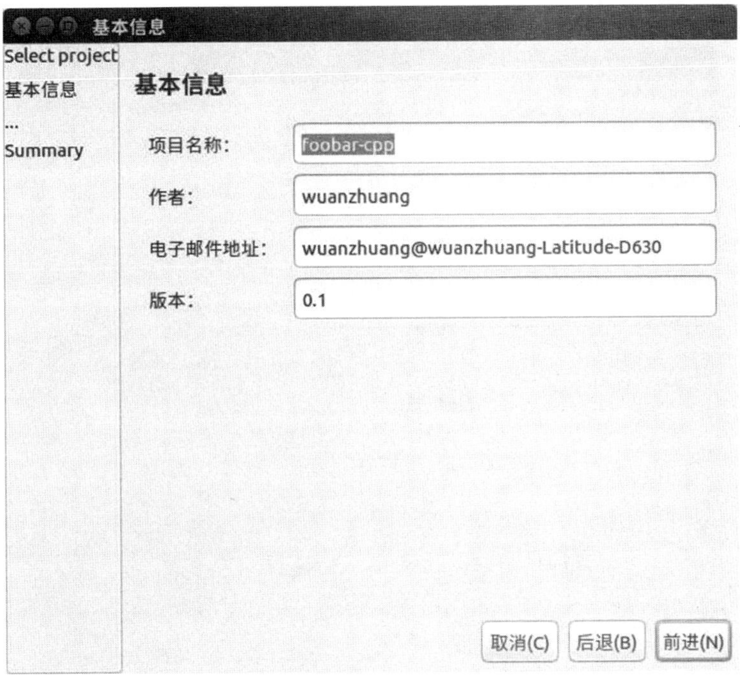

图 10-31 输入项目名称

所示。

项目选项

目的:	/home/wuanzhuang/foobar-cpp 打开(O)
许可:	GNU 通用公共许可证 (GPL) ▼
添加共享库支持:	☑
添加国际化:	☑
配置外部包:	☐
添加 Windows 支持:	☐

图 10-32　选择项目位置

（5）选择文件夹存放目录，本例采用默认，点击右下角的【前进】按钮，显示摘要信息，如图 10-33 所示。

图 10-33　显示摘要信息

（6）点击右下角的【应用】按钮，系统自动创建框架，如图 10-34 所示。

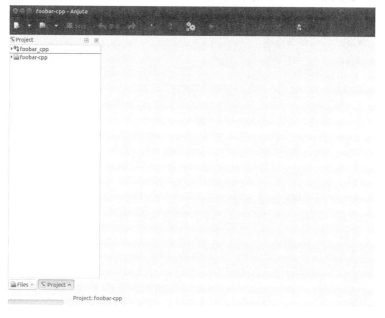

图 10-34　成功创建系统框架

（7）选择左下角的 Files 标签，点击上面的 src 文件夹，可以看到系统自动创建的 main.cc 文件，选中 main.cc 文件，点击鼠标右键，选择【打开】，如图 10-35 所示。

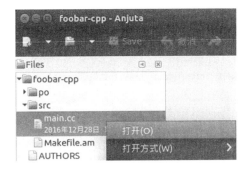

图 10-35　打开 main. cc 文件

(8)在右边窗口中即可看到文件内容,如图 10-36 所示。

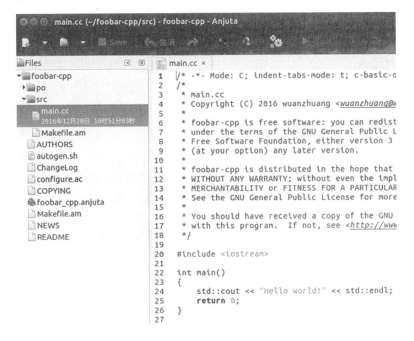

图 10-36　显示 main. cc 文件内容

(9)选择菜单:【构建】→【Build(src) 】,进行编译,如图 10-37 所示。

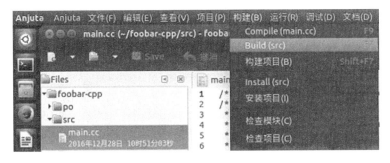

图 10-37　编译程序

（10）系统开始编译程序,左下角显示"Completed successfully"字样,表示顺利编译成功,如图 10-38 所示。

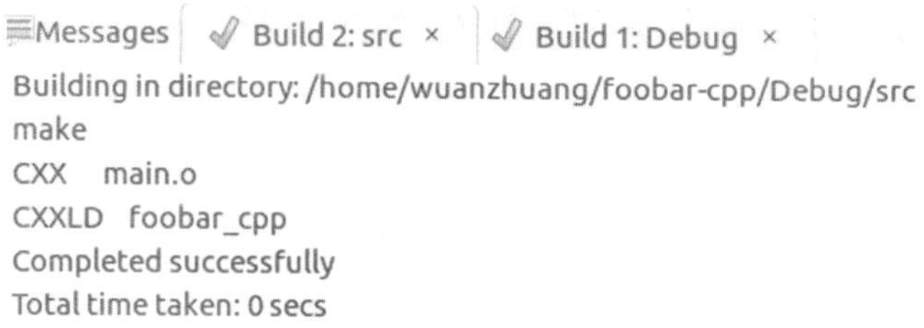

图 10-38　显示编译成功

（11）选择菜单:【运行】→【执行】,如图 10-39 所示。

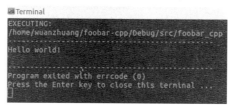

图 10-39　运行程序

（12）在窗口中可以看到执行结果,如图 10-40 所示。

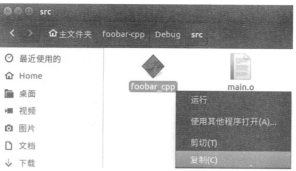

图 10-40　显示运行结果

（13）打开该项目的文件夹,选择【复制】,将可执行文件复制到主文件夹下,如图 10-41所示。

图 10-41　复制该文件

（14）复制成功后，就可以在终端执行，如图 10-42 所示。

图 10-42 复制到主文件夹

（15）打开终端，输入 ./foobar_cpp，可以看到执行结果，显示"Hello world！"字样，如图 10-43 所示。

图 10-43 运行程序结果

10.2.3 开发 GTK + 项目 C 界面程序

（1）打开终端，输入 anjuta，回车，打开 Anjuta 界面开发工具，点击桌面上的【Creat a new project】，如图 10-44 所示。

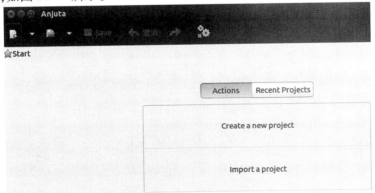

图 10-44 新建 GTK + 项目

（2）选择第一个标签页 C 中的第一个"GTK +（简单）"图标，如图 10-45 所示。

图 10-45　选择项目类型

（3）点击右下角的【前进】按钮，显示基本信息，如图 10-46 所示。

图 10-46　输入项目名称

（4）采用系统默认项目名称，点击右下角的【前进】按钮，显示项目选项，如图 10-47

所示。

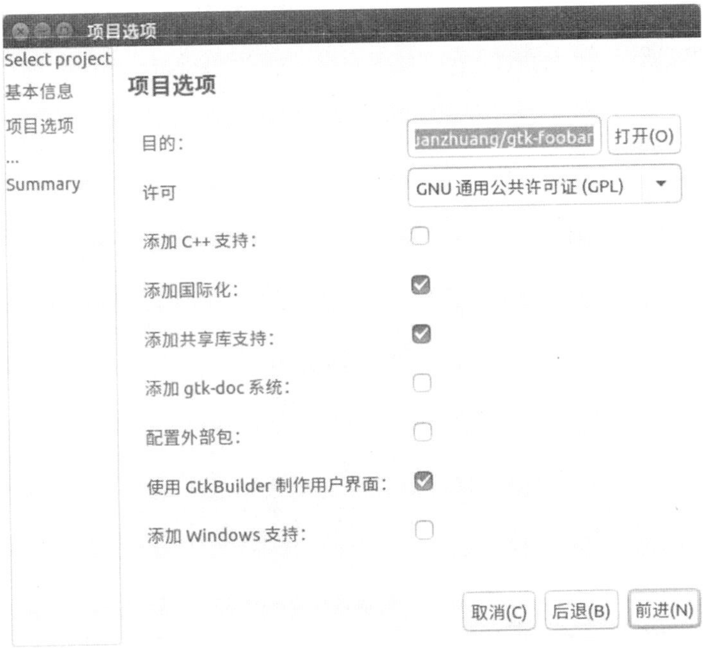
项目选项
Select project
基本信息
项目选项
...
Summary
项目选项
目的：
uanzhuang/gtk-foobar
打开(O)
许可
GNU 通用公共许可证 (GPL)
添加 C++ 支持：
添加国际化：
添加共享库支持：
添加 gtk-doc 系统：
配置外部包：
使用 GtkBuilder 制作用户界面：
添加 Windows 支持：
取消(C)
后退(B)
前进(N)

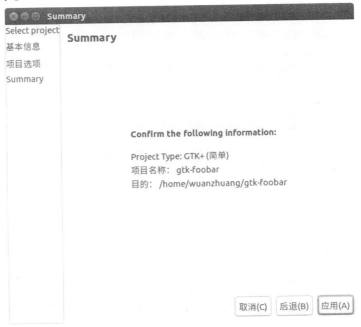

图 10-47　选择项目位置

(5)选择文件夹存放目录，本例采用默认，点击右下角的【前进】按钮，显示摘要信息，如图 10-48 所示。

Summary
Select project
基本信息
项目选项
Summary
Summary
Confirm the following information:
Project Type: GTK+ (简单)
项目名称： gtk-foobar
目的： /home/wuanzhuang/gtk-foobar
取消(C)
后退(B)
应用(A)

图 10-48　显示摘要信息

(6)点击右下角的【应用】按钮，系统自动创建框架，如图 10-49 所示。

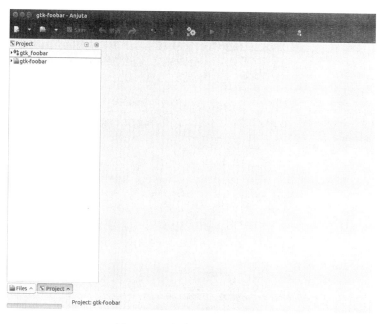

图 10-49　成功创建系统框架

(7)选择左下角的 Files 标签,点击上面的 src 文件夹,可以看到系统自动创建的 main.c 文件,如图 10-50 所示。

图 10-50　打开 main.c 文件

(8)选中 main.c 文件,点击鼠标右键,选择【打开】,即可看到文件内容,如图 10-51 所示。

(9)选择菜单:【构建】→【Build(src)】,进行编译,如图 10-52 所示。

(10)显示对话框,选择默认,点击右下角的【执行】按钮,如图 10-53 所示。

(11)系统开始编译程序,左下角显示"Completed successfully"字样,表示顺利编译成功,如图 10-54 所示。

(12)选择菜单:【运行】→【执行】,如图 10-55 所示。

(13)在窗口中可以看到执行结果,右下角为图形界面窗口,如图 10-56 所示。

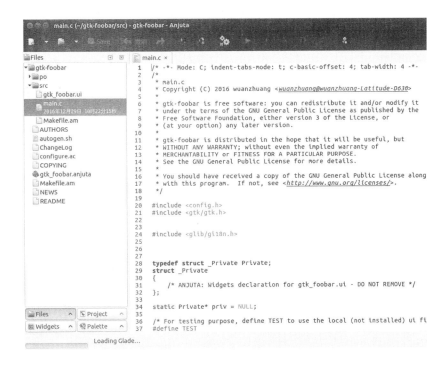

图 10-51　显示 main. c 文件内容

图 10-52　编译程序

图 10-53　配置项目

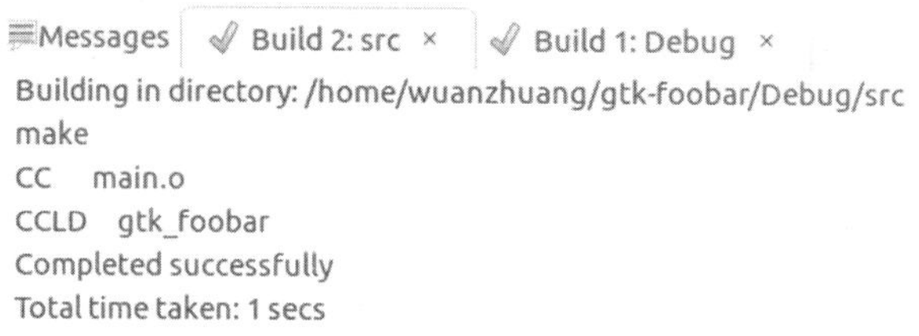

≣Messages ✅ Build 2: src ×   ✅ Build 1: Debug ×

Building in directory: /home/wuanzhuang/gtk-foobar/Debug/src
make
CC   main.o
CCLD gtk_foobar
Completed successfully
Total time taken: 1 secs

图 10-54　编译成功

图 10-55　执行程序

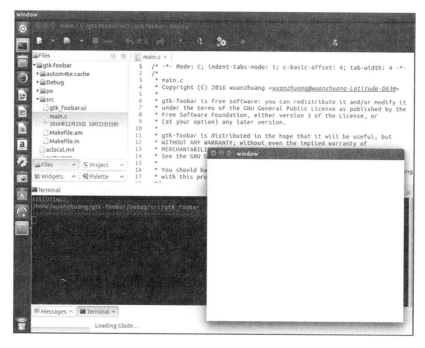

图 10-56　显示运行结果

第 11 章　Eclipse 开发环境

11.1　Eclipse 基础知识

11.1.1　Eclipse 工具简介

Eclipse 是一个开放源代码、跨平台的自由集成开发环境(IDE),是基于 Java 的可扩展开发平台,最初主要用于 Java 语言开发,通过安装不同的插件,Eclipse 可以支持不同的计算机语言,比如 C++ 和 Python 等开发工具,如图 11-1 所示。

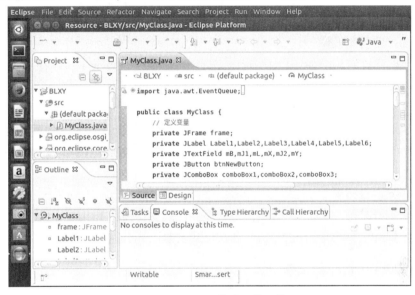

图 11-1　Eclipse 集成开发环境

Eclipse 就其本身而言,它只是一个框架和一组服务,用于通过插件构建开发环境,幸运的是,Eclipse 附带了一个标准的插件集,包括 Java 开发工具(Java Development Kit, JDK)。

11.1.2　Eclipse 发展历史

Eclipse 项目最早起始于 1999 年 4 月,由 OTI 和 IBM 两家公司的 IDE 产品开发组创建。Eclipse 项目由 IBM 发起,IBM 提供了最初的 Eclipse 代码基础,包括 Platform、JDT 和 PDE,围绕着 Eclipse 项目已经发展成为了一个庞大的 Eclipse 联盟,有 150 多家软件公司参与到 Eclipse 项目开发中,其中包括 Borland、Rational Software、RedHat 及 Sybase 等。

Eclipse 是一个开放源码项目,它其实是 Visual Age for Java 的替代品,其界面与以前的 Visual Age for Java 差不多,但由于其开放源码,任何人都可以免费得到,并可以在此基础上开发各自的插件,因此越来越受到人们关注,随后还有包括 Oracle 在内的许多大公司也纷纷加入了该项目。Eclipse 的目标是成为可进行任何语言开发的 IDE 集成者,使用者只需下载各种语言的插件即可。

11.1.3 Eclipse 主要特性

1. Eclipse 主要组成

Eclipse 是一个开放源代码的软件开发项目,专注于为高度集成的工具开发提供一个全功能的、具有商业品质的工业平台。它主要由 Eclipse 项目、Eclipse 工具项目和 Eclipse 技术项目三个项目组成,具体由四个部分组成——Eclipse Platform、JDT、CDT 和 PDE。

JDT 支持 Java 开发,CDT 支持 C 开发,PDE 支持插件开发,Eclipse Platform 则是一个开放的可扩展 IDE,提供了一个通用的开发平台。它提供建造块和构造并运行集成软件开发工具的基础。

2. Eclipse 字符集设置

点击导航栏里的 window→Preferences,选择 General→Content Types,在右侧红框里选择你要修改编码的文件类型(一般会用到 CSS、Java Source File、Java Propertis File 等),在绿框里修改编码,一般用"utf-8",修改完点击"OK"。

前三步是针对文件的,我们还需要对工作空间设置字符集编码。我们可以点击 General→Workspace,然后在中间的红框里选择需要的字符集,最后点击右下角的 Apply 执行操作。

3. Eclipse 语言拓展

Eclipse 本身只是一个框架平台,但是众多插件的支持使得 Eclipse 拥有其他功能相对固定的 IDE 软件很难具有的灵活性,许多软件开发商以 Eclipse 为框架开发自己的 IDE。

11.1.4 Eclipse 软件开发包

Eclipse SDK(软件开发包)是 Eclipse Platform、JDT 和 PDE 所生产的组件合并,由 Eclipse项目生产的工具和来自其他开放源代码的第三方软件组合而成,它们可以一次下载,这些部分在一起提供了一个具有丰富特性的开发环境,允许开发者有效地建造可以无缝集成到 Eclipse Platform 中的工具。Eclipse 项目生产的软件以 GPL 发布,第三方组件有各自自身的许可协议。

11.1.5 Eclipse 发行版本

从 2006 年起,Eclipse 基金会每年都会安排同步发布(simultaneous release),至今,同步发布主要在 6 月进行,并且会在接下来的 9 月及次年 2 月给出 SR1 及 SR2 版本,见表 11-1。

表 11-1　Eclipse 发行版本

版本代号	平台版本	主要版本发行日期 （年-月-日）	SR1 发行日期 （年-月-日）	SR2 发行日期 （年-月-日）
Callisto	3.2	2006-06-26		
Europa	3.3	2007-06-27	2007-09-28	2008-02-29
Ganymede	3.4	2008-06-25	2008-09-24	2009-02-25
Galileo	3.5	2009-06-24	2009-09-25	2010-02-26
Helios	3.6	2010-06-23	2010-09-24	2011-02-25
Indigo	3.7	2011-06-22	2011-09-23	2012-02-24
Juno	3.8 及 4.2	2012-06-27	2012-09-28	2013-03-01
Kepler	4.3	2013-06-26	2013-09-27	2014-02-28
Luna	4.4	2014-06-25	2014-09-25	2015-02-27
Mars	4.5	2015-06-25		

11.2　Eclipse 开发示例

11.2.1　安装 Eclipse 软件

（1）连接好网络，打开新立得包管理器进行安装，如图 11-2 所示。

图 11-2　安装 Eclipse 软件

（2）点击上面的"搜索"图标，显示对话框，输入搜索内容，如"eclipse"，然后点击右下角的【搜索】按钮，显示搜索结果，如图 11-3 所示。

（3）选中 eclipse，点击鼠标右键，选择【标记以便安装】，如果该程序有依赖，会显示如

图 11-3　显示搜索结果

图 11-4 所示的对话框,要求附加标记相关的软件包,点击右下角的【标记】按钮,如图 11-4 所示。

图 11-4　标记附加依赖软件

(4)标记完毕,点击上面的"应用"图标,开始下载安装包,如图 11-5 所示。

图 11-5　准备安装软件

(5)显示摘要,让用户再次确认,点击右下角的【Apply】按钮,显示摘要信息,如图 11-6 所示。

图 11-6　显示摘要信息

（6）开始下载安装包，点击下面的"Show individual files"字样，显示下载进度，如图 11-7 所示。

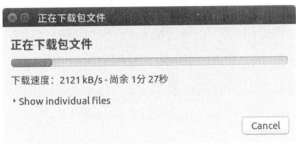

图 11-7　下载安装包

（7）下载完成，开始安装软件，如图 11-8 所示。

图 11-8　开始安装软件

（8）软件安装完毕，显示如图 11-9 所示的对话框，关闭即可。

（9）打开启动栏上的主按钮，输入 eclipse，显示 Eclipse 图标，如图 11-10 所示。

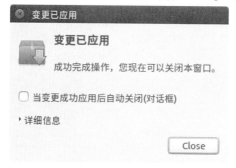

图 11-9　软件安装完成　　　　　　　　　　图 11-10　显示 Eclipse 图标

（10）点击 Eclipse 图标，显示如图 11-11 所示的画面，其中"3.8"为版本号。

图 11-11　启动 Eclipse 软件

（11）由于是第一次使用，应先选择工作区路径，然后点击右下角的【OK】按钮，如图 11-12所示。

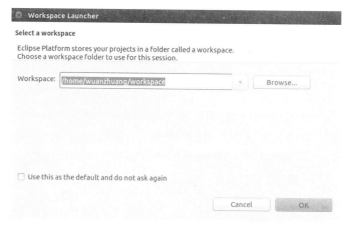

图 11-12　设置工作区目录

（12）显示欢迎画面,点击上面的叉号,关闭对话框,如图 11-13 所示。

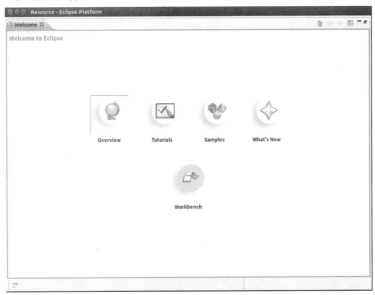

图 11-13　显示欢迎界面

（13）显示 Eclipse 环境开发工具,界面如图 11-14 所示。

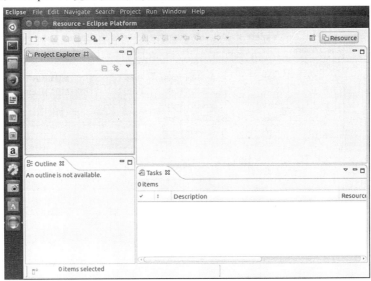

图 11-14　显示 Eclipse 界面

11.2.2　安装 SWT 插件

（1）开发 Java 界面程序,必须先安装 SWT 插件,而且插件的版本号必须和 Eclipse 相一致,否则可能会出现问题。打开 Eclipse 的帮助菜单,查看 Eclipse 版本号,如图 11-15 所示。

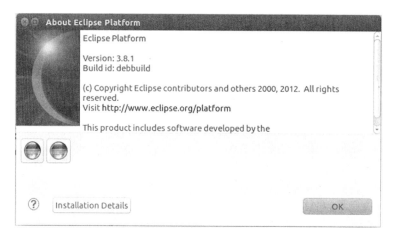

图 11-15　查看 Eclipse 版本号

（2）连接好网络，输入网址"http://www. eclipse. org/windowbuilder/download. php"，打开对应版本号的 SWT，如图 11-16 中鼠标所指的位置，点击"link"。

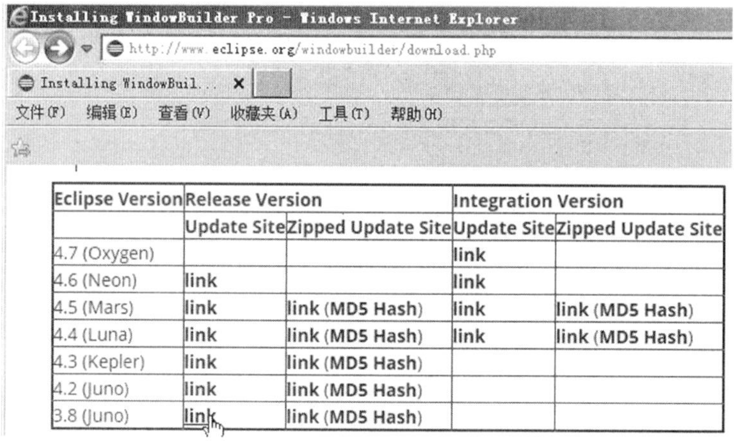

Eclipse Version	Release Version		Integration Version	
	Update Site	Zipped Update Site	Update Site	Zipped Update Site
4.7 (Oxygen)			link	
4.6 (Neon)	link		link	
4.5 (Mars)	link	link (MD5 Hash)	link	link (MD5 Hash)
4.4 (Luna)	link	link (MD5 Hash)	link	link (MD5 Hash)
4.3 (Kepler)	link	link (MD5 Hash)		
4.2 (Juno)	link	link (MD5 Hash)		
3.8 (Juno)	link	link (MD5 Hash)		

图 11-16　下载 SWT 插件

（3）在网址栏内显示 SWT 的 URL，复制该链接到文本文件中备用，如图 11-17 所示。

图 11-17　复制 SWT 地址

（4）打开 Eclipse 开发工具，点击菜单：【Help】→【Install New Software...】，如图 11-18 所示。

（5）显示如图 11-19 所示的对话框。

（6）点击上边右面的【Add】按钮，显示如图 11-20 所示的对话框。

（7）在上面的框内输入自定义插件名称，如 swt，在下面的框内粘贴刚复制的链接，注

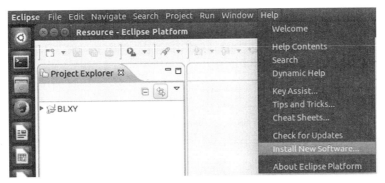

图 11-18　开始安装插件

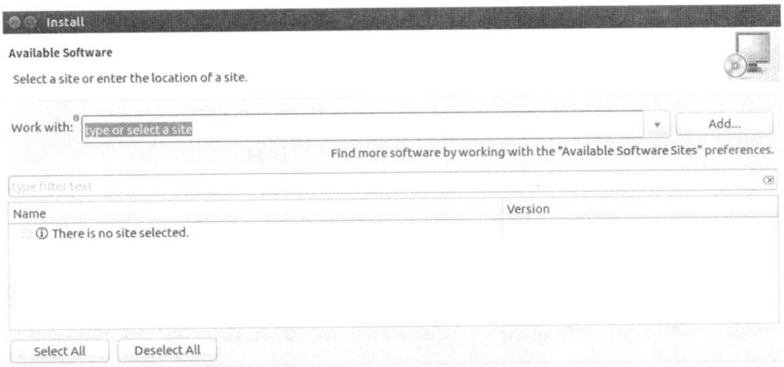

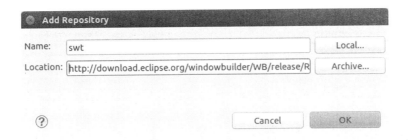

图 11-19　显示安装对话框

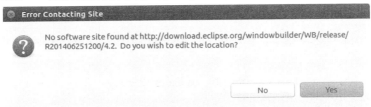

图 11-20　粘贴 SWT 地址

意去掉最后面的"/",然后点击右下角的【OK】按钮,显示安装信息,如图 11-21 所示。

图 11-21　显示安装信息

(8)点击【Yes】按钮,出现如图 11-22 所示的界面。

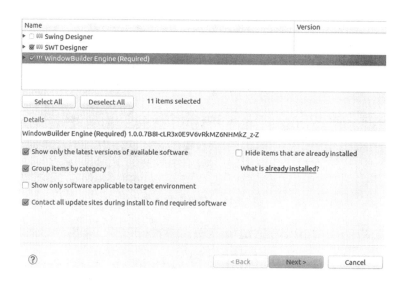

图 11-22　勾选要安装的插件

（9）只需要勾选中间框内的"SWT Designer"和"WindowBuilder Engine（Reguired）"两项即可，然后点击右下角的【Next】按钮，如图 11-23 所示。

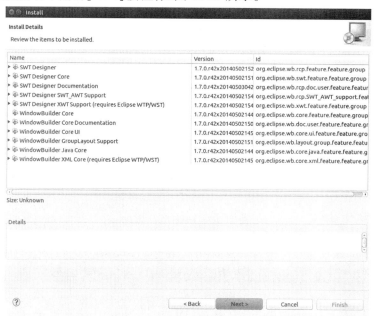

图 11-23　显示插件信息

（10）显示要安装的插件，点击右下角的【Next】按钮，如图 11-24 所示。

（11）选择上面的"I accept the terms of the license agreement"，然后，点击右下角的【Finish】按钮，如图 11-25 所示。

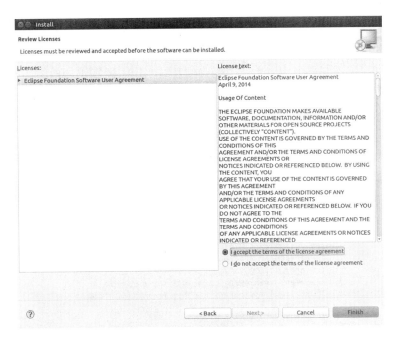

图 11-24　接受安装许可

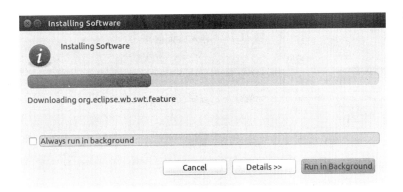

图 11-25　开始安装 SWT 插件

（12）系统开始下载安装 SWT 插件,最上面显示安装进度条,等待安装完成,导入验证信息,如图 11-26 所示。

（13）勾选上面框内的内容,点右下角的【OK】按钮,如图 11-27 所示。

（14）到此为止,安装完毕,点击右下角的【Yes】按钮,现在重新启动 Eclipse 即可使用。

11.2.3　开发 Java 界面程序

（1）打开 Eclipse 软件,点击菜单:【File】→【New】→【Project】,如图 11-28 所示。

（2）选择【WindowBuilder】→【SWT Designer】→【SWT/JFace Java Project】,点击最下面中间的【Next】按钮,如图 11-29 所示。

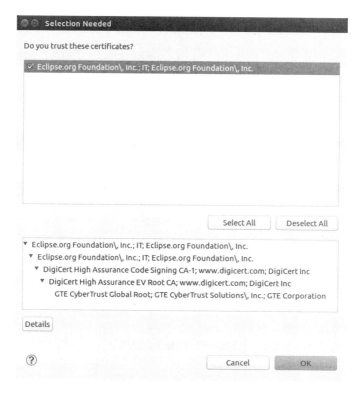

图 11-26　导入验证信息

图 11-27　安装 SWT 插件完成

图 11-28　新建 Java 界面程序

（3）输入新建工程名称，如"BLXY"，点击右下角的【Finish】按钮，如图 11-30 所示。

（4）工程创建完毕，显示界面，如图 11-31 所示。

（5）用鼠标左键选中该工程名称，然后点击鼠标右键，选择【New】→【Other】，如图 11-32 所示。

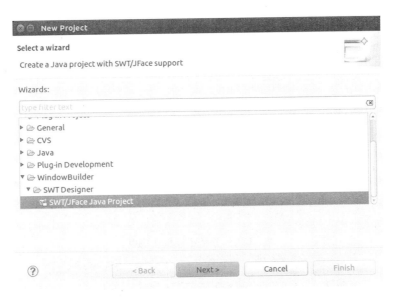

图 11-29　选择文件类型

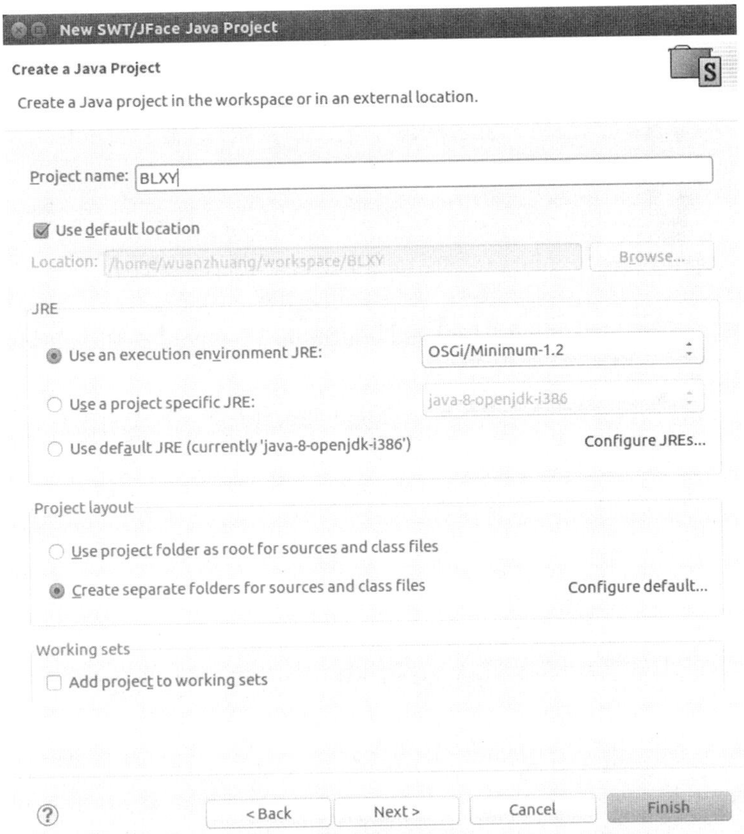

图 11-30　输入项目名称

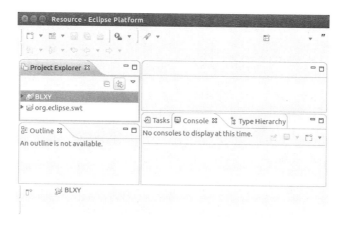

图 11-31　系统框架创建完成

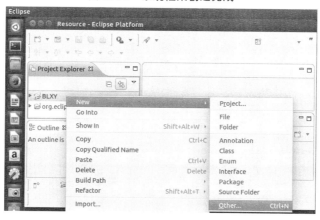

图 11-32　添加新类方法

（6）显示对话框，选择【WindowBuilder】→【Swing Designer】→【Application Window】，点击最下边的【Next】按钮，如图 11-33 所示。

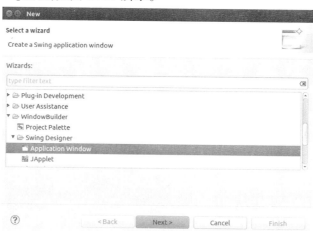

图 11-33　选择应用程序类型

(7)显示对话框,输入类的名称,如 MyClass,点击右下角的【Finish】按钮,如图 11-34 所示。

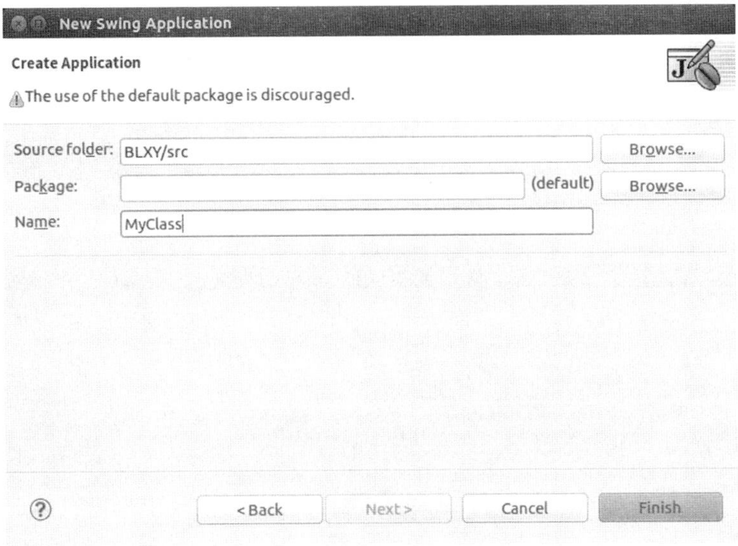

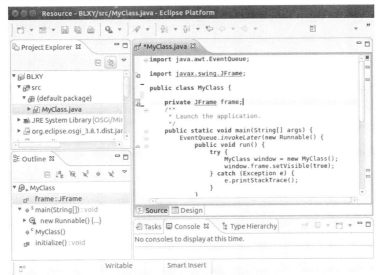

图 11-34　输入新类名称

(8)系统自动创建新类的框架,并添加简单的源代码,如图 11-35 所示。

图 11-35　自动添加简单代码

(9)由于在创建时没有选择合适的 JRE,导致源代码 import 前面有小叉号,提示有错误,解决方法如下:打开菜单【Project】→【Properties】,如图 11-36 所示。

(10)选择左边框内的"Java Build Path"项目,右边选择"Libraries"标签页,点击最下面的 JRE 选项,点击右边的【Remove】按钮,删除默认的 JRE,如图 11-37 所示。

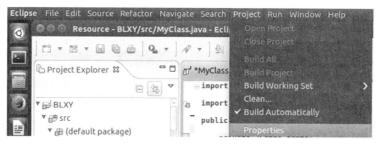

图 11-36　设置软件属性

图 11-37　删除默认的 JRE

（11）点击右边的【Add Library...】按钮，如图 11-38 所示。

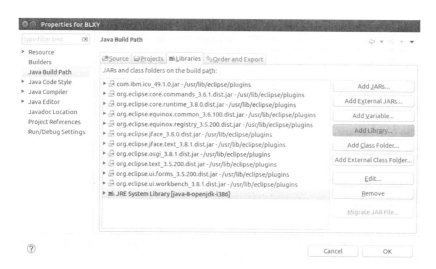

图 11-38　增加新的 Library 文件

（12）显示对话框，选中第一行 JRE System Library，点击下边的【Next】按钮，如图 11-39 所示。

图 11-39　选择新的 JRE System Library

（13）显示 System Library，选择最下面的选项，然后点击右下角的【Finish】按钮，如图 11-40所示。

图 11-40　更换缺省的 JRE 文件

（14）添加完毕，点击右下角的【OK】按钮，如图 11-41 所示。

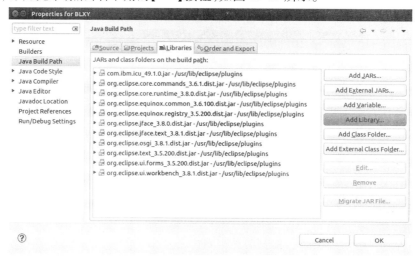

图 11-41　新 JRE 文件安装完成

（15）到此为止，源代码 import 前面的小叉号消失，点击中间的 Design 标签，可以看到软件设计界面，如图 11-42 所示。

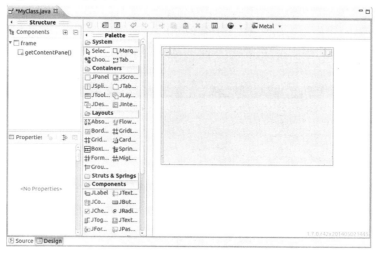

图 11-42　软件设计界面

（16）下面开始添加控件，先设置如何摆放控件，在右面的空白区内，点击鼠标右键，显示弹出菜单，选择【SetLayout】→【Absolute Layout】，意为绝对位置，可随意拉动控件，如图 11-43 所示。

（17）在屏幕中间下面的 Components 框内有标签、文本框、按钮等控件，如图 11-44 所示。

（18）选中要添加的控件，在右面的空白区内选好停放位置，松开鼠标即可，如图 11-45 所示，添加了三个控件。

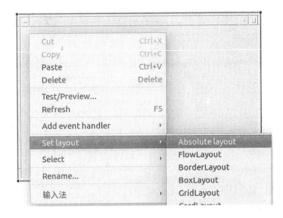

图 11-43　设置控件摆放方法

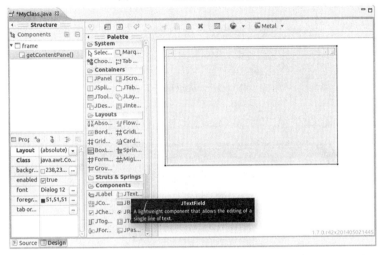

图 11-44　显示系统控件信息

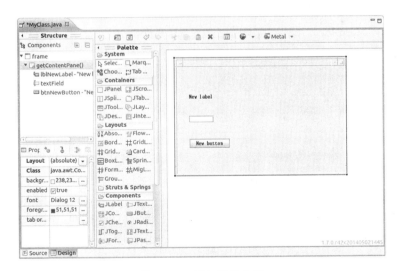

图 11-45　添加控件完毕

（19）在左边框内用鼠标左键选择工程名称，点击鼠标右键，选择【Run As】→【2. Java Application】，如图 11-46 所示。

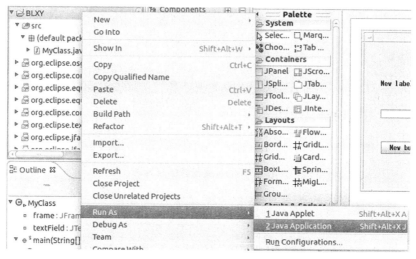

图 11-46　开始运行程序

（20）显示对话框，选中第二项 MyClass，点击右下角的【OK】按钮，如图 11-47 所示。

图 11-47　选择 Java 程序

（21）由于添加了控件，系统提示保存，点击右下角的【OK】按钮，如图 11-48 所示。

（22）保存完毕，开始运行 Java 界面程序，运行结果如图 11-49 所示。

图 11-48　保存并运行

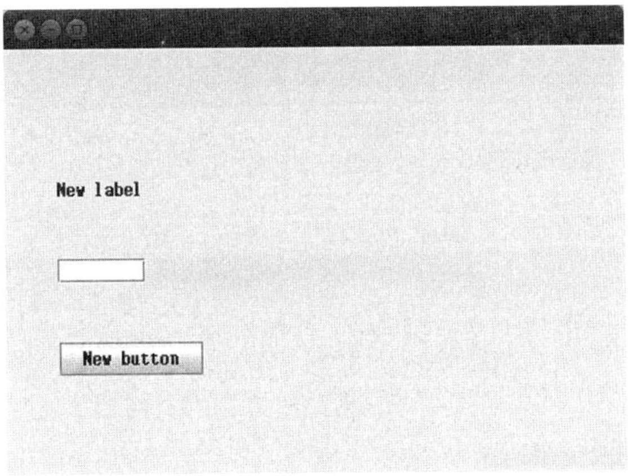

图 11-49　显示运行结果

第 12 章　QT 图形界面

12.1　QT 基础知识

12.1.1　QT 简介

QT 是一个跨平台的 C＋＋图形用户界面库,由挪威 TrollTech(奇趣科技)公司于 1995 年底出品。TrollTech 公司在 1994 年成立,但是早在 1992 年,成立 TrollTech 公司的那批程序员就已经开始设计 QT 了,QT 的第一个商业版本于 1995 年推出。QT 软件界面如图 12-1 所示。

图 12-1　QT 软件界面

QT 既可以开发 GUI 程序,也可用于开发非 GUI 程序,比如控制台工具和服务器,它提供给应用程序开发者建立艺术级的图形用户界面所需的所有功能。QT 是面向对象的框架,使用特殊的代码生成扩展(称为元对象编译器(Meta Object Compiler,MOC))以及一些宏,易于扩展,允许组件编程,其实,QT 同 X Window 上的 Motif、Openwin、GTK 等图形界面库和 Windows 平台上的 MFC、OWL、VCL、ATL 是同类型的东西。

12.1.2　QT 功能特点

(1)优良的跨平台特性。

QT 支持下列操作系统: Microsoft Windows 95/98, Microsoft Windows NT, Linux,

Solaris、SunOS、HP-UX、Digital UNIX（OSF/1、Tru64）、Irix、FreeBSD、BSD/OS、SCO、AIX、OS390、QNX 等。

（2）面向对象。

QT 的良好封装机制使得 QT 的模块化程度非常高，可重用性较好，对于用户开发来说是非常方便的。QT 提供了一种 signals/slots 的安全类型来替代 callback，这使各个元件之间的协同工作变得十分简单。

（3）丰富的 API。

QT 包括多达 250 个以上的 C++类，还提供基于模板的 collections、serialization、file、I/O device、directory management、date/time 类，甚至还包括正则表达式的处理功能。

（4）支持 2D/3D 图形渲染，支持 OpenGL。

（5）大量的开发文档。

（6）XML 支持。

12.1.3 QT 发展历史

2008 年 1 月 31 日，Nokia（诺基亚）公司宣布通过公开竞购的方式收购 TrollTech（奇趣科技）公司，QT 也因此成为诺基亚旗下的编程语言开发工具。

2009 年 12 月 1 日，诺基亚发布了 QT 4.6，首次包含了对 Symbian 平台的支持，并在其所支持的平台中新增了 Windows 7、Apple Mac OS 10.6（雪豹）和 Maemo 6。此外，还为实时操作系统 QNX 和 VxWorks 提供了网络社区支持。

2011 年 Digia 从 Nokia 收购了 QT 的商业版权，从此 Nokia 负责 QT on Mobile，QT Commercial 由 Digia 负责，2011 年 2 月 22 日，QT for Android（Alpha）发布。

2012 年 8 月 9 日，作为非核心资产剥离计划的一部分，诺基亚宣布将 QT 软件业务出售给芬兰 IT 服务公司 Digia，QT 被 Digia 收购。

2013 年 7 月 3 日，QT 5.1 正式版发布，这是 QT 5.0 发布后经过 6 个月的开发而测试的新版本。该版本主要是修复 5.0 中的 Bug，但还包含了很多新特性和一些小改进。QT 5.1 绑定了 QT Creator 2.7.2，可通过一个新的在线安装器来安装，可自动进行无缝更新，同时也提供了一个新版本的 Visual Studio 插件。

2014 年 4 月，跨平台集成开发环境 QT Creator 3.1.0 正式发布，实现了对于 iOS 的完全支持，新增 WinRT、Beautifier 等插件，废弃了无 Python 接口的 GDB 调试支持，集成了基于 Clang 的 C/C++代码模块，并对 Android 支持做出了调整，至此实现了全面支持 iOS、Android、WP。

2014 年 5 月 20 日，Digia 公司 QT 开发团队宣布 QT 5.3 正式版发布。

12.1.4 QT 发行版本

QT 商业版：提供给商业软件开发，它们提供传统商业软件发行版并且提供在协议有效期内的免费升级和技术支持服务，QT 专业版和企业版是 QT 的商业版本。

QT 开源版：提供了和商业版本同样的功能，但它是免费的，使用开源版需要了解其采用的各种开源协议，例如 QT 开源版的 LGPL 开源协议。

12.1.5 QT Creator 介绍

QT Creator 是一个用于 QT 开发的轻量级跨平台集成开发环境,在发布 QT 4.6 的同时,作为 QT 开发跨平台 IDE 的 QT Creator 也发布了更新版本,QT Creator 提供了首个专为支持跨平台开发而设计的集成开发环境(IDE),并确保首次接触 QT 框架的开发人员能迅速上手和操作,即使不开发 QT 应用程序,QT Creator 也是一个简单易用且功能强大的IDE。

QT Creator 包含了一套用于创建和测试基于 QT 应用程序的高效工具,包括一个高级的 C++代码编辑器、上下文感知帮助系统、可视化调试器、源代码管理、项目和构建管理工具。QT Creator 1.3 和 QT 4.6 共同构成的 QT SDK,包含了开发跨平台应用程序所需的全部功能。

QT Linguist:QT Linguist 被称为 QT 语言家。它的主要任务是读取翻译文件、为翻译人员提供友好的翻译界面,它是用于界面国际化的重要工具。Linguist 工具从 4.5 开始可以支持 Gettext 的 PO 文件格式。

12.2 QT 开发示例

12.2.1 安装 QT 开发环境

(1)下载 QT 软件开发工具,链接如下:http://download.qt.io/development_releases/qt/5.5/5.5.0 – beta/,如图 12-2 所示。

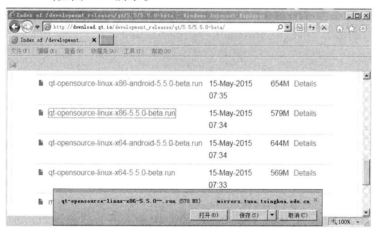

图 12-2 下载 QT 软件工具

(2)在用户的主文件夹中新建一个临时目录/temp,下载完毕,把下载的文件复制到/temp目录下,点击鼠标右键,选择【在终端打开】,不要解压,如图 12-3 所示。

(3)改变文件操作权限,命令为 chmod +x 文件名,如图 12-4 所示。

(4)运行刚下载的文件,命令为 ./文件名,开始安装,显示如图 12-5 所示的界面。

(5)点击【下一步】,如图 12-6 所示。

temp
主文件夹 temp
最近使用的
Home
桌面
视频
图片
文档
下载
qt-opensource-linux-x86-5.5.0-beta.run
qt-opensource-linux-x86-android-5.5.0-beta.run
新建文件夹(F)
新建文档(D)
在终端打开(T)

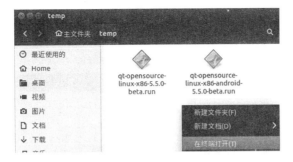

图 12-3 复制到临时文件夹

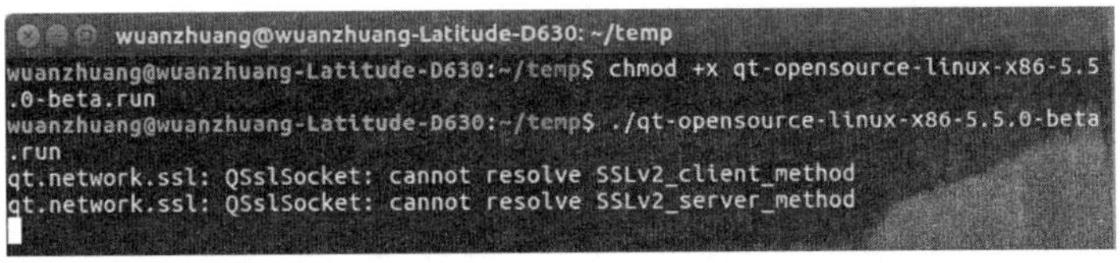

wuanzhuang@wuanzhuang-Latitude-D630: ~/temp
wuanzhuang@wuanzhuang-Latitude-D630:~/temp$ chmod +x qt-opensource-linux-x86-5.5.0-beta.run
wuanzhuang@wuanzhuang-Latitude-D630:~/temp$ ./qt-opensource-linux-x86-5.5.0-beta.run
qt.network.ssl: QSslSocket: cannot resolve SSLv2_client_method
qt.network.ssl: QSslSocket: cannot resolve SSLv2_server_method

图 12-4 改变安装权限

Qt 5.5.0 设置
设置 - Qt 5.5.0
欢迎使用 Qt 5.5.0 设置向导。
Qt
Create Once.
Deploy Everywhere.
下一步(N) >
退出

图 12-5 开始安装 QT

Qt 5.5.0 设置
安装文件夹
Qt
请指定将在其中安装 Qt 5.5.0 的文件夹。
/home/wuanzhuang/Qt5.5
浏览(R)...
< 上一步(B)
下一步(N) >
取消

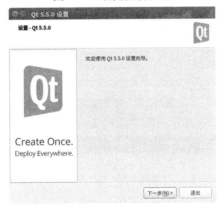

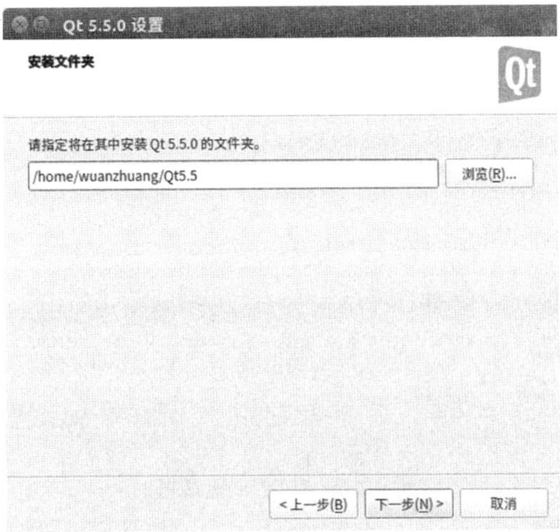

图 12-6 设置安装目录

（6）选择安装文件夹,如果要改变安装路径,点击右边的【浏览】按钮,如果选择默认,则注意要去掉最后面的".0"符号(因为后面还要继续安装能支持安卓开发的版本,以示区别),默认为"Qt5.5.0",点击【下一步】,如图 12-7 所示。

图 12-7　勾选安装项目

（7）点击【全选】按钮,右边显示占用空间约 2.28 GB,点击【下一步】,如图 12-8 所示。

图 12-8　接受安装许可

（8）点击上边的"I have read and agree to⋯",接受许可协议,点击【下一步】,如图 12-9所示。

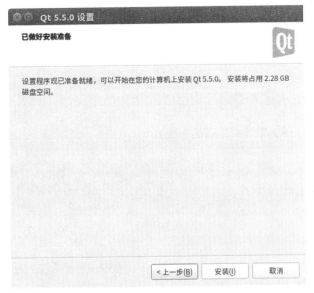

图 12-9　做好安装准备

(9)点击【安装】按钮,开始安装程序,如图 12-10 所示。

图 12-10　开始安装 QT 软件

(10)显示安装进度条,如果想停止安装,按【取消】按钮,可以退出安装。安装完成,如图 12-11 所示。

(11)点击右下角的【完成】按钮,自动打开软件,显示界面如图 12-12 所示。

(12)打开【帮助】菜单中的【关于 Qt Creator(Q)...】,显示安装版本,如图 12-13 所示。

图 12-11　安装 QT 完毕

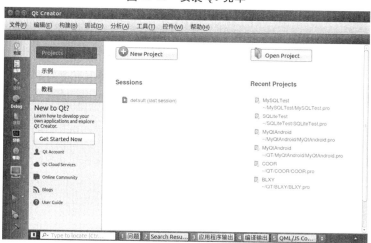

图 12-12　显示软件界面

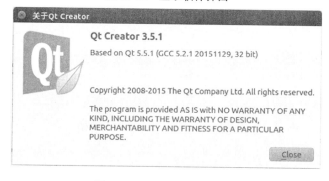

图 12-13　显示 QT 版本信息

12.2.2 开发C++界面程序

（1）打开 QT 开发工具，点击界面中间的【 + New Project】按钮，如图 12-14 所示。

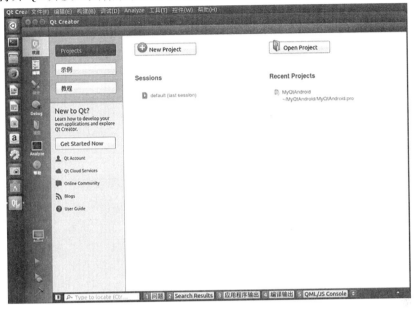

图 12-14 新建 C++界面程序

（2）显示新建工程界面，选择一个模板：【Application】→【Qt widgets Application】，点击右下角的【Choose...】按钮，如图 12-15 所示。

图 12-15 选择平台类型

（3）显示项目介绍和位置信息，如图 12-16 所示。

（4）输入项目名称，如"BLXY"，设置项目路径，点击【下一步】，如图 12-17 所示。

（5）直接点击【下一步】，显示类信息，如图 12-18 所示。

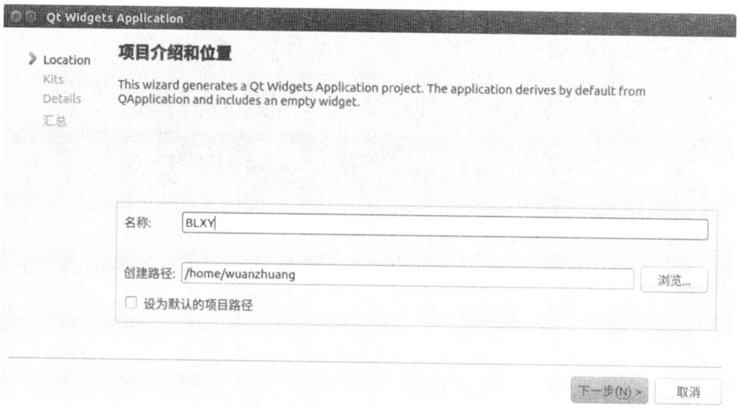

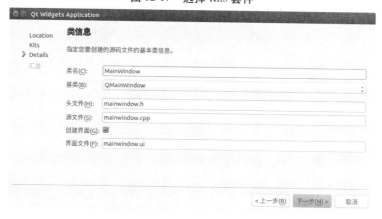

图 12-16　显示项目介绍和位置信息

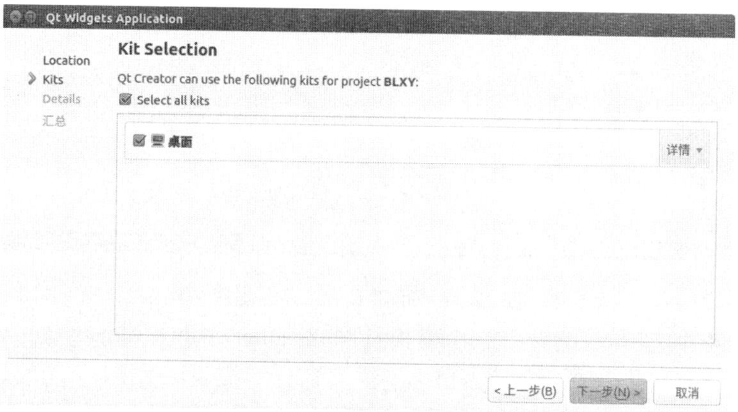

图 12-17　选择 Kits 套件

图 12-18　显示类信息

（6）点击【下一步】，显示项目管理信息，如图 12-19 所示。

（7）到此为止，项目创建完成，点击【完成】按钮，显示源代码编辑窗口，如图 12-20 所示。

（8）选择左边的界面文件夹，双击其中的 mainwindows. ui 文件，显示如图 12-21 所示

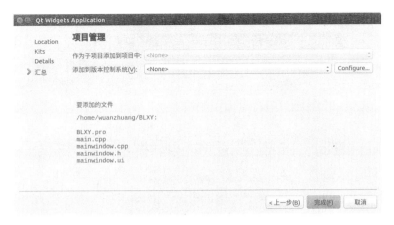

图 12-19　显示项目管理信息

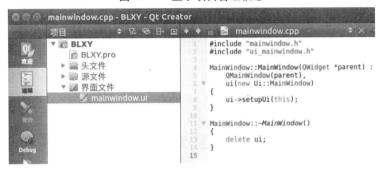

图 12-20　系统框架创建完成

的界面,在上面中间的面板中,用户可以添加控件。

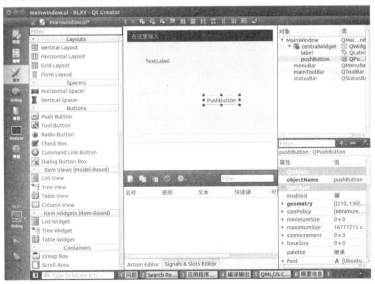

图 12-21　添加控件方法

(9)逐个选择左边框内的一个标签控件 TextLabel 和一个按钮控件 PushButton,拖到中间窗口内,然后选中按钮控件,点击鼠标右键,选择【转到槽…】,如图 12-22 所示。

图 12-22　添加控件响应函数

（10）添加按钮响应函数,选择信号中的 clicked( ),然后点击右下角的【OK】按钮,如图 12-23 所示。

图 12-23　选择响应函数类型

（11）系统自动生成响应函数框架,然后在该函数内键入如下代码:

Void Mainwindow∶∶on_pushButton_clicked( )

{

　　ui – >label – >setText(“武总,您好!”);

}

如图 12-24 所示。

（12）点击菜单:【构建】→【构建所有项目】,系统开始编译,如图 12-25 所示。

（13）如果源文件被修改,提示保存修改,如图 12-26 所示。

（14）点击【保存所有】按钮后,再点击菜单:【构建】→【运行】,或者点击左下角的播放按钮,如图 12-27 所示。

（15）系统开始运行程序,如图 12-28 所示。

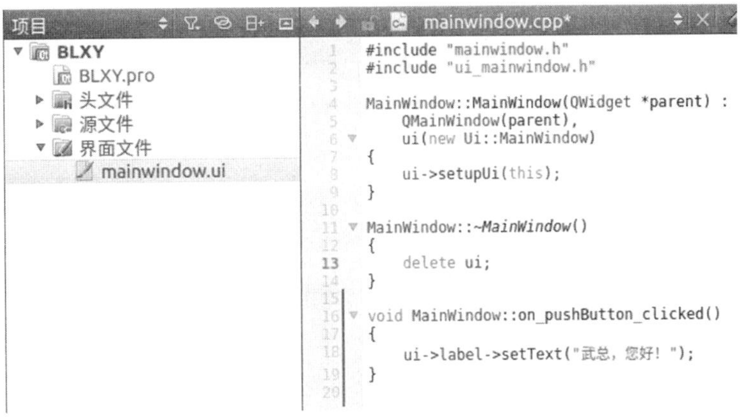

```
1    #include "mainwindow.h"
2    #include "ui_mainwindow.h"
3
4    MainWindow::MainWindow(QWidget *parent) :
5        QMainWindow(parent),
6        ui(new Ui::MainWindow)
7    {
8        ui->setupUi(this);
9    }
10
11   MainWindow::~MainWindow()
12   {
13       delete ui;
14   }
15
16   void MainWindow::on_pushButton_clicked()
17   {
18       ui->label->setText("武总, 您好! ");
19   }
20
```

图 12-24　添加响应代码

图 12-25　编译程序

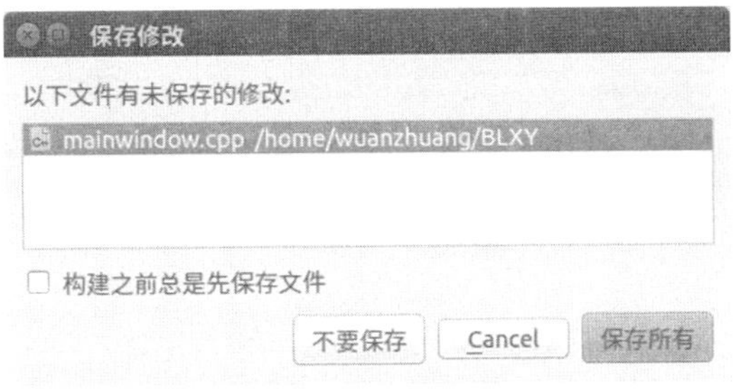

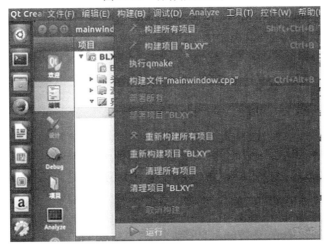

图 12-26　保存修改文件

图 12-27　运行程序

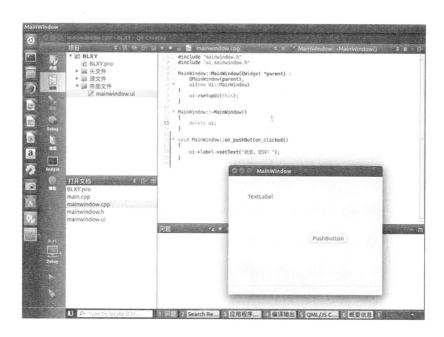

图 12-28　显示运行结果

（16）点击中间的【PushButton】按钮，显示响应结果，标签标题更改为"武总，您好！"，如图 12-29 所示。

图 12-29　测试按钮响应结果

（17）把编译好的程序用鼠标复制到桌面，双击即可运行。

12.3 QT 开发 Android 程序

12.3.1 安装 QT for Android 专用版

(1)下载能开发安卓的 QT 专用版,打开链接:http://download. qt. io/development_releases/qt/5. 5/5. 5. 0 – beta/,下载专用版本,如图 12-30 所示。

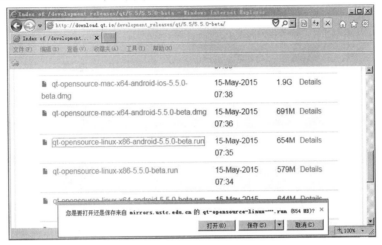

图 12-30 **下载 QT 安卓专用开发工具**

(2)在用户的主文件夹中新建一个临时目录/temp,下载完毕,把下载的文件复制到/temp目录下,点击鼠标右键,选择【在终端打开】,不要解压,如图 12-31 所示。

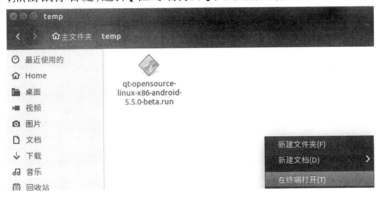

图 12-31 **复制到临时文件夹**

(3)改变文件操作权限,命令为 chmod ＋x 文件名,如图 12-32 所示。

(4)运行刚下载的文件,命令为 . /文件名,开始安装,显示如图 12-33 所示。

(5)点击【下一步】,如图 12-34 所示。

(6)选择安装文件夹,如果要改变路径,选择右边的【浏览】按钮,如果选择默认,直接点击【下一步】,如图 12-35 所示。

(7)点击【全选】按钮,右边显示占用空间约 2. 69 GB,点击【下一步】,如图 12-36 所示。

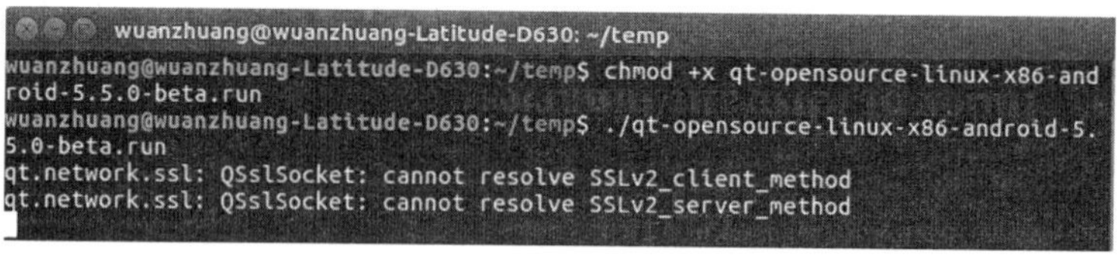

wuanzhuang@wuanzhuang-Latitude-D630: ~/temp
wuanzhuang@wuanzhuang-Latitude-D630:~/temp$ chmod +x qt-opensource-linux-x86-and
roid-5.5.0-beta.run
wuanzhuang@wuanzhuang-Latitude-D630:~/temp$ ./qt-opensource-linux-x86-android-5.
5.0-beta.run
qt.network.ssl: QSslSocket: cannot resolve SSLv2_client_method
qt.network.ssl: QSslSocket: cannot resolve SSLv2_server_method

图 12-32　改变安装权限

Qt 5.5.0 设置

设置 - Qt 5.5.0

欢迎使用 Qt 5.5.0 设置向导。

Create Once.
Deploy Everywhere.

下一步(N) >　　退出

图 12-33　开始安装 QT

Qt 5.5.0 设置

安装文件夹

请指定将在其中安装 Qt 5.5.0 的文件夹。

/home/wuanzhuang/Qt5.5.0　　　　　　　　　　　　　浏览(R)...

< 上一步(B)　　下一步(N) >　　取消

图 12-34　选择安装目录

图 12-35　勾选安装项目

图 12-36　接受许可协议

　　(8)选择上面的"I have read and agree to …",接受许可协议,点击【下一步】,如图 12-37所示。

　　(9)点击【安装】按钮,开始安装程序,如图 12-38 所示。

图 12-37　做好安装准备

图 12-38　开始安装 QT

（10）显示安装进度条，如果要停止安装，按【取消】按钮，可以退出安装。安装完成，如图 12-39 所示。

（11）点击右下角的【完成】按钮，自动打开软件，显示界面如图 12-40 所示。

图 12-39　安装 QT 完成

图 12-40　显示 QT 软件界面

　　(12)打开【帮助】菜单中的【关于 Qt Creator(Q)...】,显示安装版本,如图 12-41
所示。

图 12-41 显示 QT 版本信息

12.3.2 下载 JDK、SDK、NDK、ANT 方法

（1）下载 JDK，地址为 http://www.oracle.com/technetwork/java/javase/downloads/jdk8 – downloads – 2133151. html，如图 12-42 所示。

图 12-42 下载 JDK 方法

（2）下载 SDK，地址为 https://www.douban.com/note/427659253/? type = like，如图 12-43所示。

（3）下载 NDK，地址为 https://www.douban.com/note/427659253/? type = like，如图 12-44所示。

（4）下载 ANT，地址为 http://www.apache.org/dist/ant/binaries/，如图 12-45 所示。

（5）在用户的主文件夹下新建一个工作目录/MyAndroid，注意区分大小写，然后把刚下载的四个文件复制到此文件夹中，如图 12-46 所示。

2014.7

ADT Bundle

http://dl.google.com/android/adt/adt-bundle-windows-x86-20140702.zip
http://dl.google.com/android/adt/adt-bundle-windows-x86_64-20140702.zip
http://dl.google.com/android/adt/adt-bundle-mac-x86_64-20140702.zip
http://dl.google.com/android/adt/adt-bundle-linux-x86-20140702.zip
http://dl.google.com/android/adt/adt-bundle-linux-x86_64-20140702.zip

SDK Tools Only

http://dl.google.com/android/android-sdk_r23.0.2-windows.zip
http://dl.google.com/android/installer_r23.0.2-windows.exe

adt-bundle-linux-x86-20140702.zip (354 MB)   dl.google.com

打开(0)   保存(S) ▼   取消(C)

图 12-43 下载 SDK 方法

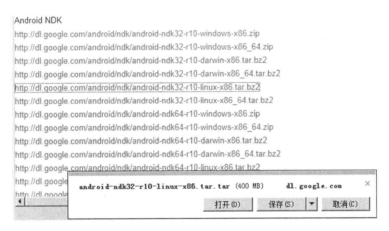

Android NDK

http://dl.google.com/android/ndk/android-ndk32-r10-windows-x86.zip
http://dl.google.com/android/ndk/android-ndk32-r10-windows-x86_64.zip
http://dl.google.com/android/ndk/android-ndk32-r10-darwin-x86.tar.bz2
http://dl.google.com/android/ndk/android-ndk32-r10-darwin-x86_64.tar.bz2
http://dl.google.com/android/ndk/android-ndk32-r10-linux-x86.tar.bz2
http://dl.google.com/android/ndk/android-ndk32-r10-linux-x86_64.tar.bz2
http://dl.google.com/android/ndk/android-ndk64-r10-windows-x86.zip
http://dl.google.com/android/ndk/android-ndk64-r10-windows-x86_64.zip
http://dl.google.com/android/ndk/android-ndk64-r10-darwin-x86.tar.bz2
http://dl.google.com/android/ndk/android-ndk64-r10-darwin-x86_64.tar.bz2
http://dl.google.com/android/ndk/android-ndk64-r10-linux-x86.tar.bz2

android-ndk32-r10-linux-x86.tar.tar (400 MB)   dl.google.com

打开(0)   保存(S) ▼   取消(C)

图 12-44 下载 NDK 方法

/ http://www.apache.org/dist/ant/binaries/

/ Index of /dist/ant/bi... ×

文件(F) 编辑(E) 查看(V) 收藏夹(A) 工具(T) 帮助(H)

Index of /dist/ant/binaries

Name	Last modified	Size	Description
Parent Directory		-	
apache-ant-1.10.0-bin.tar.bz2	2016-12-31 09:38	4.4M	
apache-ant-1.10.0-bin.tar.bz2.asc	2016-12-31 09:38	181	
apache-ant-1.10.0-bin.tar.bz2.md5	2016-12-31 09:38	33	
apache-ant-1.10.0-bin.tar.bz2.sha1	2016-12-31 09:38	41	
apache-ant-1.10.0-bin.tar.bz2.sha512	2016-12-31 09:38	129	
apache-ant-1.10.0-bin.tar.gz	2016-12-31 09:38	5.6M	

图 12-45 下载 ANT 方法

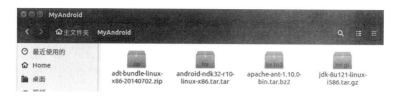

图 12-46　复制下载文件

（6）选择第一个文件，点击鼠标右键，选择【提取到此处】，进行解压缩，如图 12-47 所示。

图 12-47　解压下载文件

（7）依次类推，逐个解压其余四个文件，如图 12-48 所示。

图 12-48　解压全部文件

（8）在右边的空白处点击鼠标右键，选择【在终端打开】，如图 12-49 所示。

（9）开始编辑环境变量，输入命令 gedit ~/. bashrc，回车，如图 12-50 所示。

（10）在文件的最后面添加如下内容（#self add 以后的内容），完成之后点击右上角的【保存】按钮，如图 12-51 所示。

（11）在终端输入命令 source ~/. bashrc，使环境变量立即生效，如图 12-52 所示。

图 12-49　打开终端

```
wuanzhuang@wuanzhuang-Latitude-D630: ~
wuanzhuang@wuanzhuang-Latitude-D630:~$ gedit ~/.bashrc
```

图 12-50　编辑环境变量

```
.bashrc (~/) - gedit
打开(O) ▾                                                         保存(S)

# enable programmable completion features (you don't need to enable
# this, if it's already enabled in /etc/bash.bashrc and /etc/profile
# sources /etc/bash.bashrc).
if ! shopt -oq posix; then
  if [ -f /usr/share/bash-completion/bash_completion ]; then
    . /usr/share/bash-completion/bash_completion
  elif [ -f /etc/bash_completion ]; then
    . /etc/bash_completion
  fi
fi

#self add
export JAVA_HOME=/home/wuanzhuang/MyAndroid/jdk1.8.0_121
export CLASSPATH=.:$JAVA_HOME/lib:$JAVA_HOME/jre/lib
export PATH=$PATH:$JAVA_HOME/bin:$JAVA_HOME/jre/bin

export SDK_HOME=/home/wuanzhuang/MyAndroid/adt-bundle-linux-x86-20140702/sdk
export PATH=$PATH:${SDK_HOME}/tools:${SDK_HOME}/platform-tools

export NDK_HOME=/home/wuanzhuang/MyAndroid/android-ndk-r10
export PATH=$PATH:$NDK_HOME

export ANT_HOME=/home/wuanzhuang/MyAndroid/apache-ant-1.10.0
export PATH=$PATH:${ANT_HOME}/bin

                    sh ▾   制表符宽度: 8 ▾      行 130, 列 61   ▾   插入
```

图 12-51　增加环境变量

```
wuanzhuang@wuanzhuang-Latitude-D630: ~
wuanzhuang@wuanzhuang-Latitude-D630:~$ gedit ~/.bashrc
wuanzhuang@wuanzhuang-Latitude-D630:~$ source ~/.bashrc
wuanzhuang@wuanzhuang-Latitude-D630:~$
```

图 12-52　使环境变量生效

（12）输入命令，检查是否安装成功：输入 java – version，显示 JDK 版本号；输入 adb version，显示 ADB 版本号；输入 ant，显示"Buildfile：build. xml does not exist！"，表示安装成功；最后输入 android，回车，开始安装 SDK 软件开发包，如图 12-53 所示。

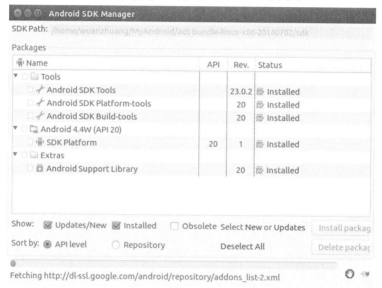

图 12-53 检查安装是否成功

（13）显示【Android SDK Manager】对话框，如图 12-54 所示。

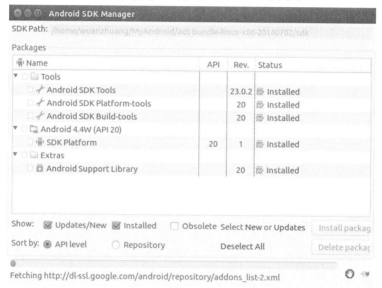

图 12-54 安装 SDK 软件包

（14）把鼠标移到桌面最上面，显示活动菜单，选择【Tools】→【Options...】，如图 12-55所示。

图 12-55 打开 Options 菜单

（15）设置代理服务器为 mirrors. neusoft. edu. cn，端口为 80，勾选下面的"Force https：//... sources to be fetched using http：//..."，如图 12-56 所示。

（16）点击中间的【Clear Cache】按钮，清除缓存，然后点击右下角的【Close】按钮，关闭

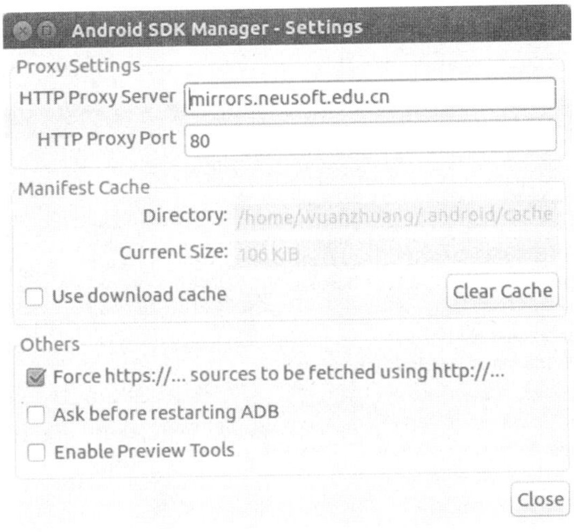

图 12-56　设置代理服务器

上面的对话框,选择菜单:【Packages】→【Reload】,重新载入资源,如图 12-57 所示。

图 12-57　重新载入资源

(17)勾选要安装的 SDK 版本号,如 Android 6.0(API23),注意一次选一个就行,如果多选则安装很慢,影响进度,以后根据需要再安装,然后点击右下角的【Install 17 packages】按钮,开始安装,如图 12-58 所示。

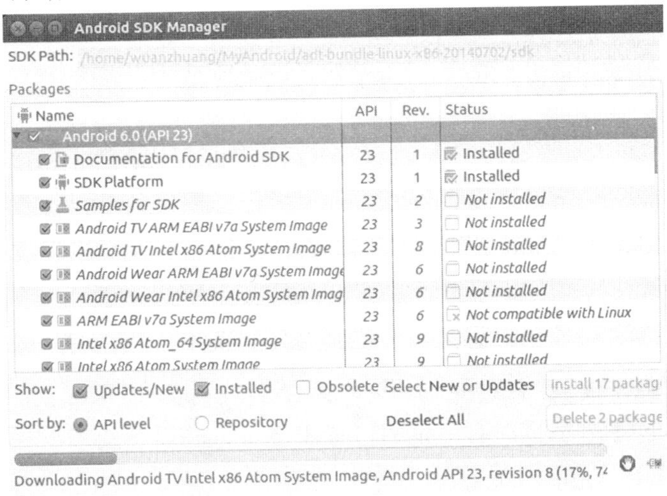

图 12-58　下载 SDK 软件包

（18）弹出对话框，选择"Accept License"，再点击下面的【Install】按钮，如图 12-59
所示。

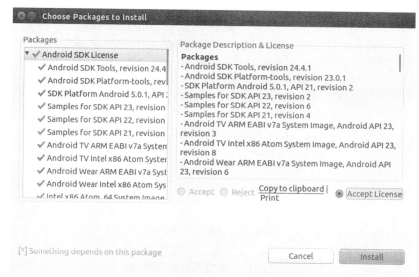

图 12-59　接受许可协议

（19）开始下载安装包，并显示进度，如图 12-60 所示。

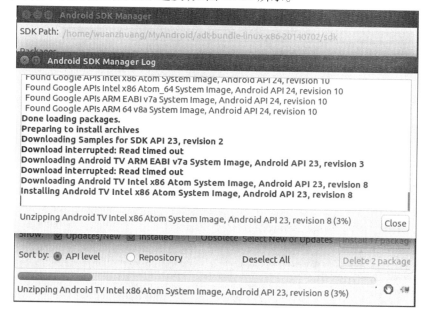

图 12-60　显示下载过程信息

（20）下载安装完成，在右边的 Status 栏内显示"Installed"字样，如果显示"Not in-
stalled"表示没有下载成功，同时右下角的【Install 2 paceages】按钮不是灰色，继续点击此
按钮，接着安装，如图 12-61 所示。

（21）点击右边的"Accept License"，再点击右下角的【Install】按钮，继续安装，如
图 12-62所示。

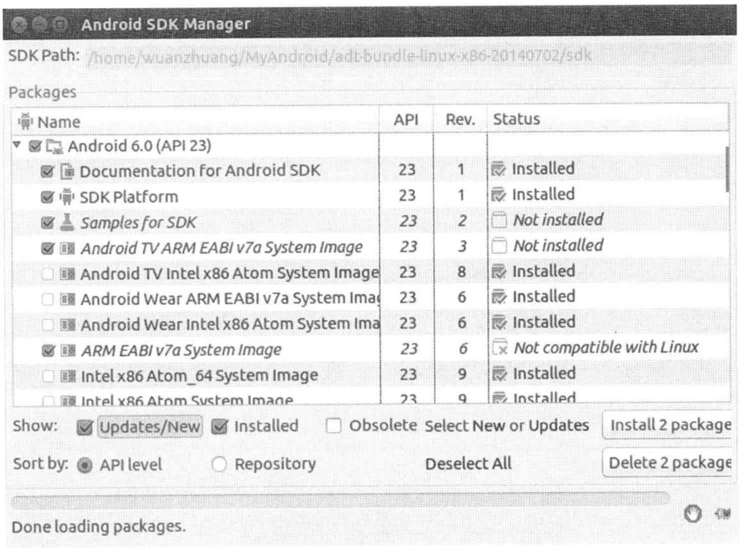

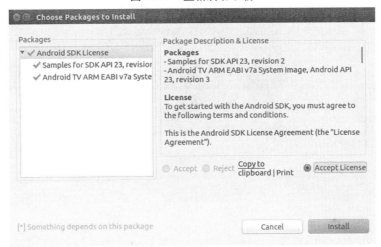

图 12-61　重新启动下载

图 12-62　接受许可协议

（22）安装完成，【Install packages】变成灰色，表示所选 SDK 全部安装成功，如图 12-63 所示。

12.3.3　环境配置及模拟器创建

（1）打开启动栏上的主按钮，输入 qt，显示如图 12-64 所示。

（2）选择第 2 个图标（Qt Creater（Community）），打开 QT 软件，如图 12-65 所示。

（3）选择菜单：【工具】→【选项】，如图 12-66 所示。

（4）在左边框内选择 Android，右边框内依次配置 JDK、SDK、NDK、ANT 的路径，如图 12-67 所示。

（5）配置完毕，点击中间右边的【Start AVD Manager...】按钮，如图 12-68 所示。

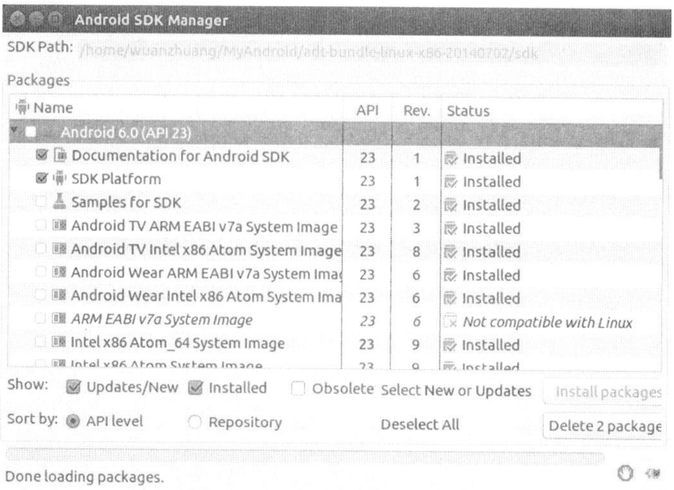

Android SDK Manager			
SDK Path: /home/wuanzhuang/MyAndroid/adt-bundle-linux-x86-201407 02/sdk			

Packages

Name	API	Rev.	Status
▽ □ Android 6.0 (API 23)			
☑ 📄 Documentation for Android SDK	23	1	Installed
☑ 📱 SDK Platform	23	1	Installed
□ 🛆 Samples for SDK	23	2	Installed
□ 📱 Android TV ARM EABI v7a System Image	23	3	Installed
□ 📱 Android TV Intel x86 Atom System Image	23	8	Installed
□ 📱 Android Wear ARM EABI v7a System Ima	23	6	Installed
□ 📱 Android Wear Intel x86 Atom System Ima	23	6	Installed
□ 📱 *ARM EABI v7a System Image*	*23*	*6*	*✗ Not compatible with Linux*
□ 📱 Intel x86 Atom_64 System Image	23	9	Installed
□ 📱 Intel x86 Atom System Image	23	9	Installed

Show: ☑ Updates/New ☑ Installed □ Obsolete Select New or Updates [Install packages]

Sort by: ⊙ API level ○ Repository [Deselect All] [Delete 2 package]

Done loading packages.

图 12-63 下载 SDK 完成

图 12-64 启动 QT 软件

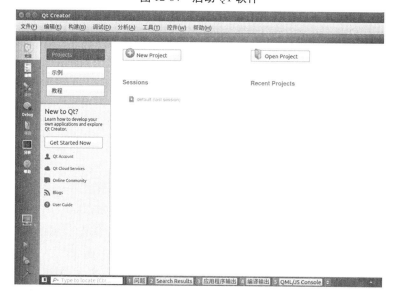

图 12-65 显示软件界面

（6）显示 AVD 管理器窗口，如图 12-69 所示。

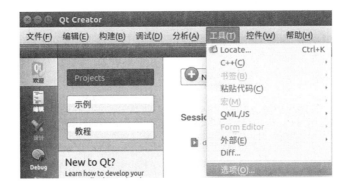

图 12-66　配置开发环境

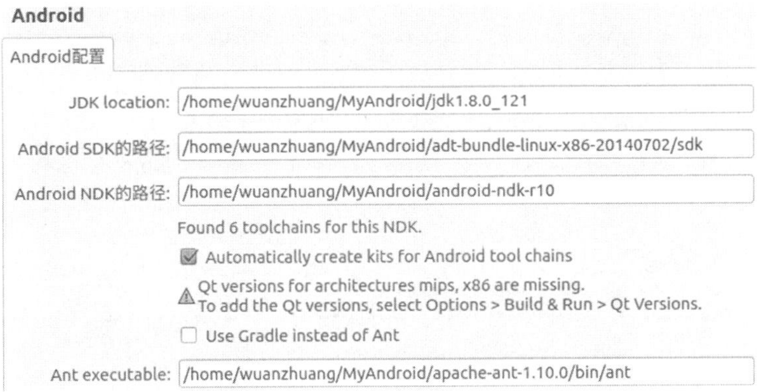

图 12-67　配置 Android 环境

图 12-68　创建 AVD 模拟器

（7）选择上面的第二个标签页"Device Definitions"，显示如图 12-70 所示。

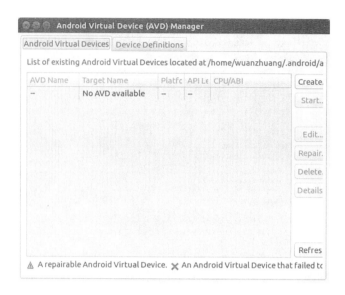

图 12-69　显示 AVD 管理器窗口

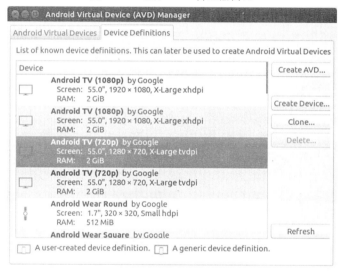

图 12-70　选择 AVD 类型

（8）选择模拟器类型，如选择第 3 个"Android TV（720p）by Google"，然后点击右上角的【Create AVD...】按钮，显示如图 12-71 所示的对话框。

（9）根据提示，设置相关参数，然后点击右下角的【OK】按钮，显示如图 12-72 所示的对话框，按【OK】按钮，进入下一步。

（10）返回上一级窗口，新创建的模拟器显示在窗口内，如图 12-73 所示。

（11）选中刚创建的模拟器，点击左上角的小叉号，关闭对话框，返回到上一级窗口，如图 12-74 所示。

（12）点击右下角的【Apply】按钮，使之生效，到此为止，环境设置和模拟器创建完成。

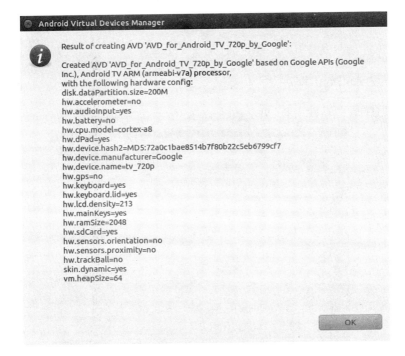

图 12-71　设置 AVD 参数

图 12-72　显示参数信息

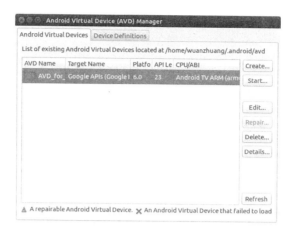

图 12-73　AVD 创建成功

图 12-74　设置 AVD 生效

12.3.4　开发 Android 程序示例

（1）打开 QT 软件开发工具，显示如图 12-75 所示。

图 12-75　开发安卓程序示例

（2）点击面板中间的【 + New Project】按钮，显示如图 12-76 所示。

图 12-76　选择开发类型

（3）选择项目【 Application 】→【 Qt Widgets Application 】，然后点击右下角的
【Choose...】按钮，显示项目介绍和位置信息，如图 12-77 所示。

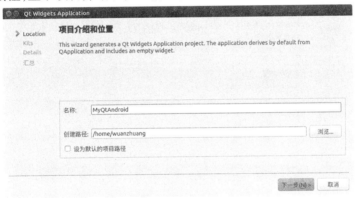

图 12-77　显示项目介绍和位置信息

（4）输入项目名称，如 MyQtAndroid，点击【下一步】，显示如图 12-78 所示。

图 12-78　选择 Kits 套件

（5）勾选"Desktop Qt 5.5.0 GCC 32bit"和"Android for armeabi(GCC4.8,Qt5.5.0)"等项目,点击【下一步】,显示类信息,如图 12-79 所示。

图 12-79　显示类信息

（6）输入类名,如 MainWindow,点击【下一步】,显示项目管理信息,如图 12-80 所示。

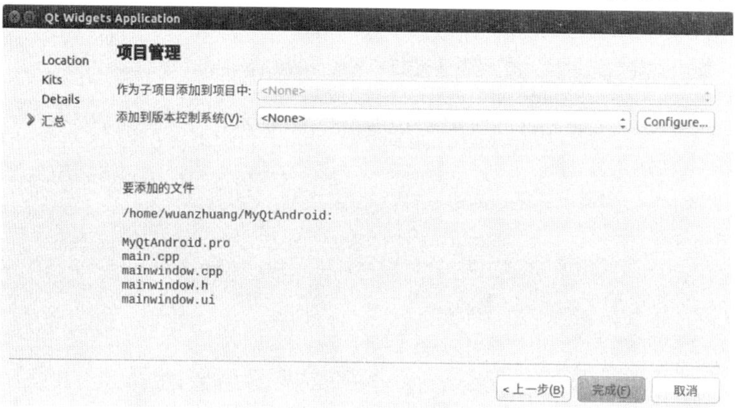

图 12-80　显示项目管理信息

（7）点击【完成】按钮,系统自动创建框架和源代码,如图 12-81 所示。

图 12-81　系统自动创建框架

（8）选择左边框内界面文件夹下的 mainwindow.ui 文件,如图 12-82 所示。

图 12-82　打开界面文件

(9)双击该界面文件,显示面板界面,在面板中添加一个 Label 控件,如图 12-83
所示。

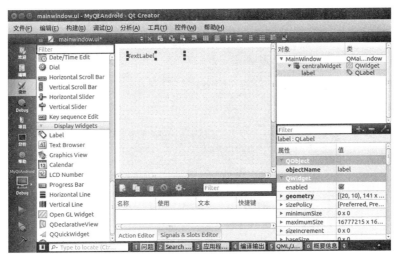

图 12-83　添加控件

(10)双击 mainwindow. cpp 文件,添加执行代码,如图 12-84 所示。

图 12-84　添加执行代码

(11)点击菜单:【构建】→【构建所有项目】,如图 12-85 所示。

(12)如果文件已经被修改,提示保存修改,如图 12-86 所示。

(13)点击【保存所有】按钮,再点击菜单:【构建】→【运行】,或左边的播放按钮,如
图 12-87所示。

图 12-85　编译程序

图 12-86　保存修改文件

图 12-87　运行程序

（14）显示运行结果,如图 12-88 所示。

图 12-88　显示运行结果

（15）点击最左边的项目符号,显示如图 12-89 所示。

图 12-89　切换到安卓环境

（16）选择"Android for armeabi – v7a（GCC）"，如图 12-90 所示。

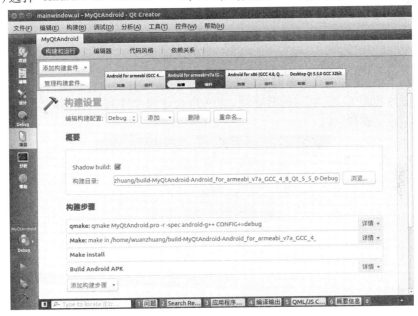

图 12-90　选择构建目录

　　（17）拖动右边的小滑块，向下移动，找到"Build Android APK"项，设置参数，如图 12-91 所示。
　　（18）继续拖动右边的滑块，向下移动，点击【Create Templates】按钮，创建安卓模板文件，如图 12-92 所示。

图 12-91　设置安卓参数

图 12-92　选择创建安卓模板文件

（19）显示如图 12-93 所示的对话框,含义为创建安卓模板文件,并复制到当前目录下,直接点击【完成】按钮。

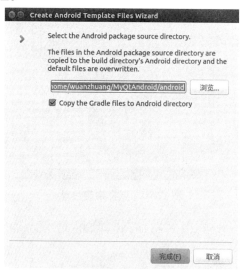

图 12-93　创建模板文件完成

（20）显示刚创建的 AndroidManifest. xml 文件信息，如图 12-94 所示。

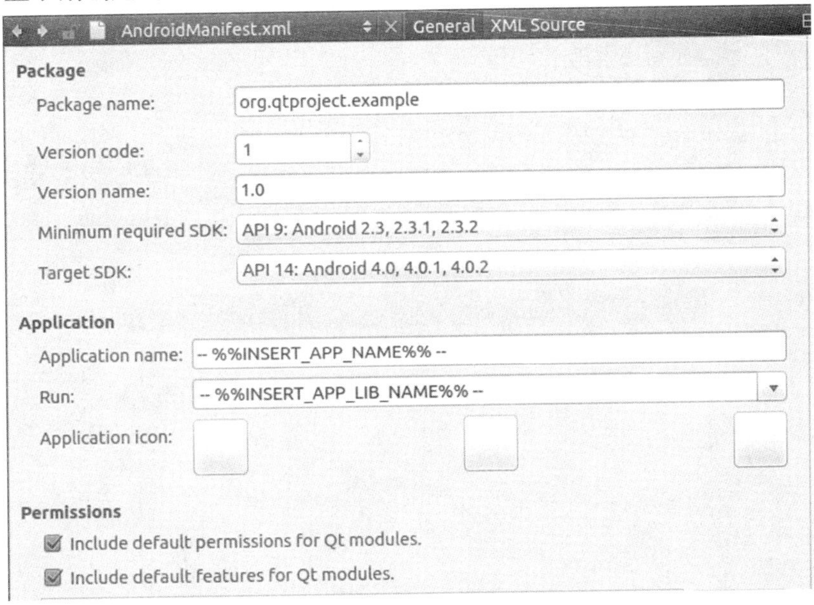

图 12-94　**显示 AndroidManifest. xml 文件信息**

（21）修改"Application name"标题内容为"Wuanzhuang"，对于 Run 项目，则点击方框右边的小三角符号，在下拉框中选择，如图 12-95 所示。

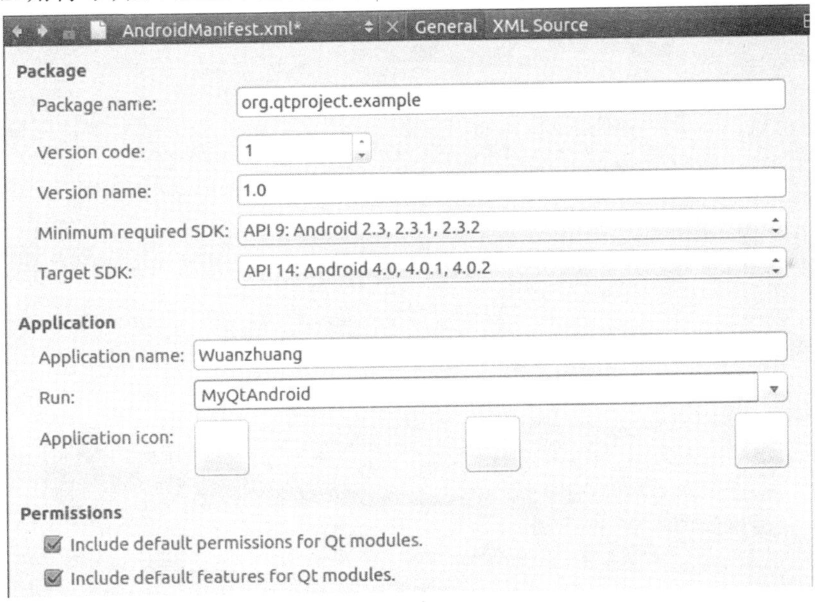

图 12-95　**设置运行程序名称**

（22）其他参数可以接受默认值，也可以更改，然后重新编译，点击菜单：【构建】→【重新构建所有项目】，如图 12-96 所示。

（23）提示保存修改过的文件，点击【保存所有】按钮，如图 12-97 所示。

（24）系统开始编译，选择最下边的【编译输出】按钮，在窗口内显示编译进度与结果，

图 12-96　重新编译项目

图 12-97　保存修改文件

如图 12-98 所示。

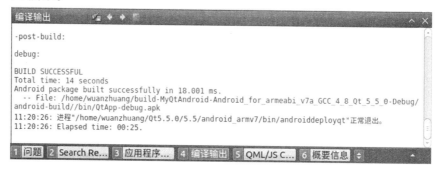

图 12-98　显示编译结果

（25）窗口内第 3 行显示"BUILD SUCCESSFUL"字样,表示编译成功,并且在用户的主文件夹下生成一个新的文件夹,如图 12-99 所示。

图 12-99　生成安卓程序文件夹

（26）依次双击 build→MyQtAndroid→Android_for_armeabi_v7a_GCC_4_8_Qt_5_5_0 –

Debug /android_build/bin 文件夹,找到其中的 QtApp - debug. apk 文件,如图 12-100 所示。

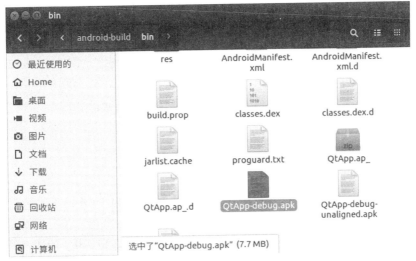

图 12-100 复制 APK 文件到设备

(27)复制该 APK 文件到安装有安卓系统的手机或 TV 中,即可运行。

第 13 章　MonoDevelop 开发环境

13.1　MonoDevelop 基础知识

13.1.1　MonoDevelop 工具简介

　　MonoDevelop 是一个跨平台、开放源代码的集成开发环境(见图 13-1),适用于 Linux、Mac OS X 和 Windows。MonoDevelop 支持使用 C#和其他 . NET 语言进行开发,它使得开发者可以在 Linux 和 Mac OS X 上非常迅速地开发出桌面软件和 ASP . NET Web 应用,主要用来开发 Mono 与 . NET Framework 软件。

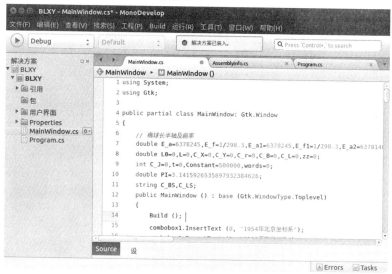

图 13-1　MonoDevelop 集成开发环境

　　MonoDevelop 集成了很多 Eclipse 与 Microsoft Visual Studio 的特性,例如 Intellisense、版本控制,以及 GUI 与 Web 设计工具,另外还集成了 GTK# GUI 设计工具(叫 Stetic),因为 GTK#是跨平台的,开发者只需要维护一套代码即可。

　　除此之外,MonoDevelop 还允许开发者将 Visual Studio 开发的 . NET 应用程序移植到 Linux 和 Mac OS X 下,目前支持的语言主要有 Python、Vala、C#、Java、BOO、Nemerle、Visual Basic. NET、CIL、C 与 C＋＋。

13.1.2　MonoDevelop 发展历史

　　早期时候,SharpDevelop 是一个成功的 . NET 开放源代码集成开发环境。到了 2003

年后期,有一部分 Mono 社区的开发者开始移植 SharpDevelop 到 Linux 系统上,将原本以 System. Windows. Forms 为基础的源代码改为使用 GTK#。

MonoDevelop 是由 SharpDevelop 分支出来的,MonoDevelop 大致上的架构与 SharpDevelop 相同,不过时至今日,其实已经完全脱钩了。

MonoDevelop 几乎都以 Mono 项目为主,目前由 Novell 与 Mono 社区维护。通过 Mono,能吸引更多的开发者,而开放的桌面环境 GNOME 早已将开源实现的 . NET 运行环境 Mono 纳入了默认支持当中。GNOME 系统的"Tomboy 便笺"即是用 C#编写的,Novell 出品的照片管理工具 F－spot 也是如此,同样还有著名的索引搜索工具 Beagle 等。

13. 1. 3   MonoDevelop 运行平台

MonoDevelop 是针对 . NET 与基于 Mono 的桌面和 Web 应用的开源 IDE,主要由 Xamarin 开发并提供支持。

MonoDevelop 的 Mac OS X 版本里包含了 Mono 的安装程序,但却因为原生 OS X 平台 GTK 的拖拉问题而没有包含 Stetic 可视化设计工具。Mono 也提供了运行在 SPARC 上的 Solaris 8 包,给 OpenSolaris 用的包则只由 OpenSolaris 社区里的组群提供。在 FreeBSD 上, 同样地是由 FreeBSD 社区提供支持。MonoDevelop 2. 2 版本可以在 Windows 和 Mac OS X 平台上运行。

13. 1. 4   MonoDevelop 主要特性

MonoDevelop 1. 0 是一个非常强大的集成开发环境,有如下特性:
- 代码补全;
- 参数信息;
- 信息提示;
- 即时错误检查;
- 代码导航;
- 智能索引;
- 自动生成 XML 标签;
- 代码模板;
- 类和成员选择器;
- 单元测试;
- 打包和部署;
- 版本控制;
- Visual Studio 支持;
- 国际化支持。

13. 1. 5   MonoDevelop 软件升级

1. MonoDevelop 发布 2. 6 版本,支持 Git 和 Mac 开发
作者 Jenni Konrad,译者赵劼,发布于 2011 年 9 月 20 日。

近日，MonoDevelop 发布了 2.6 版本。这次升级提供了一些新功能，其中最引人注目的则是 Git 版本控制功能，并提供了 MonoMac 插件以支持 Mac 平台开发。

MonoDevelop 2.6 提供了与 Subversion 类似的基本 Git 功能，以及 Git 特有的分支和仓库管理、合并与保存至工作目录功能，此外还有日志记录、查看变更，以及冲突处理对话框。MonoMac 提供的支持则让开发人员能够创建 Cocoa 应用程序，包括最新的 OSX 原生对话框。

除此之外，此版 MonoDevelop 集成了几种不同的编辑器，包括对 MonoTouch、Mono-Droid、Gtk#的支持，这些功能以前都分布在不同版本的 IDE 里。

其他 MonoDevelop 2.6 的更新包括：
- 用户定义策略；
- .NET 4.0 项目支持；
- 基于 MCS 重写 C#解析器；
- 支持 XML 编辑；
- 调试器更新；
- 新的插件管理器。

2. MonoDevelop 3.0——更好的代码完成、性能与快速修复建议

作者 Roopesh Shenoy，译者张龙，发布于 2012 年 5 月 27 日。

近日，MonoDevelop 3.0 发布了，该版本提供了一些新特性，专注于性能、开发者生产力，特别针对 C#开发者。该版本主要的变化在于 MonoDevelop 的解析器与代码完成使用了 Mono Compiler Service，确保了未来针对 Compiler Service 的所有改进都会改善这些 IDE 特性。

一些主要的改进如下所示：
- 更好的代码完成，特别是 lambdas 与 LINQ Expressions；
- 更快、更精确的 Find References；
- C#的语法高亮；
- 通过新的预定义"AllMan"模式实现的更好的代码格式化，兼容于 VS default；
- 新版的 MonoMac addin；
- 新的 Mono For Android 可视化设计器；
- 更快地加载与构建大型项目。

除了上述改进外，还有一个针对 Source Analysis 的新的试验性特性，提供了潜在的代码改进/重构与快速修复命令——启动它还会在滚动条附近显示出一个代码迷你图。重构特性使用了 NRefactory 5 上下文动作模型，可以编写新的上下文动作。

值得一提的是，构建在 Mono Compiler Service 之上的 NRefactory 5 也用在了 SharpDevelop 中，这是两个项目团队协作的成果。

13.2　MonoDevelop 开发示例

13.2.1　安装 MonoDevelop 开发环境

（1）连接好网络，打开新立得包管理器进行安装，如图 13-2 所示。

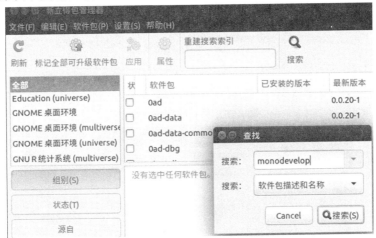

图 13-2　安装 MonoDevelop 软件

（2）点击上面的"搜索"图标，显示对话框，输入搜索内容，如"monodevelop"，然后点击右下角的【搜索】按钮，显示搜索结果，如图 13-3 所示。

图 13-3　标记要安装的软件

（3）选中"monodevelop"，点击鼠标右键，选择【标记以便安装】，如果该程序有依赖，会显示如图 13-4 所示的对话框，要求附加标记相关的软件包，点击右下角的【标记】按钮。

（4）标记完毕，点击上面的"应用"图标，开始下载安装包，如图 13-5 所示。

（5）显示摘要，让用户再次确认，点击右下角的【Apply】按钮，如图 13-6 所示。

（6）开始下载安装包，点击下面的"Show individual files"字样，显示下载进度，如图 13-7所示。

（7）下载完成，开始安装软件，如图 13-8 所示。

（8）软件安装完毕，显示如图 13-9 所示的对话框，关闭即可。

图 13-4　标记附加依赖软件

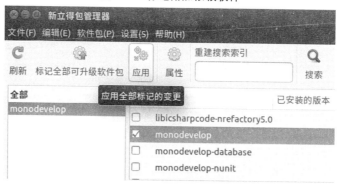

图 13-5　准备安装软件

图 13-6　显示摘要信息

图 13-7　下载安装包

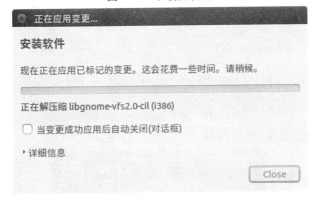

图 13-8　开始安装软件

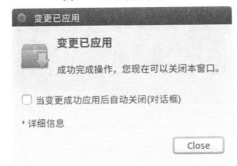

图 13-9　软件安装完成

（9）打开启动栏上的主按钮，输入 mono，显示应用程序图标，如图 13-10 所示。

图 13-10　显示 Monodevelop 图标

（10）点击 MonoDevelop 图标，显示如图 13-11 所示的界面。

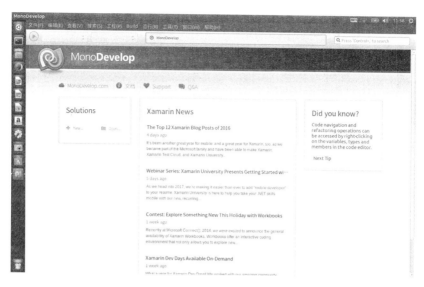

图 13-11　显示 MonoDevelop 界面

（11）打开【帮助】菜单,查看版本号,如图 13-12 所示。

图 13-12　显示版本信息

13.2.2　开发 C#界面程序

（1）双击 MonoDevelop 软件,打开菜单:【文件】→【New】→【Solution...】,如图 13-13 所示。

（2）显示如图 13-14 所示的对话框,选择新建工程模板,本例依次选择【其他】→【.NET】→【Gtk#2.0 工程】,点击右下角的【Next】按钮,如图 13-14 所示。

（3）输入新建工程名称、解决方案名称及存放位置,点击右下角的【Create】按钮,如图 13-15所示。

（4）系统自动创建框架,并添加简单示例代码,如图 13-16 所示。

图 13-13　新建 C#界面程序

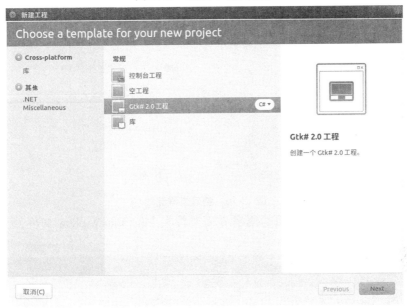

图 13-14　选择工程类型

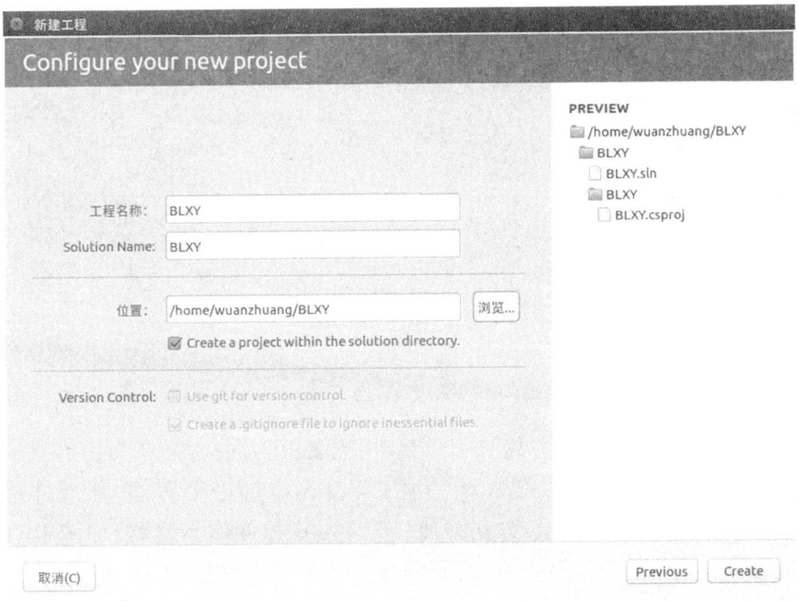

图 13-15　输入工程名称等

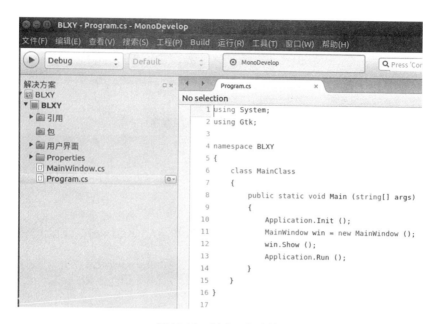

图 13-16　创建工程完毕

（5）双击左边解决方案下面的用户界面文件夹中的 MainWindow 文件,显示界面如图 13-17 所示。

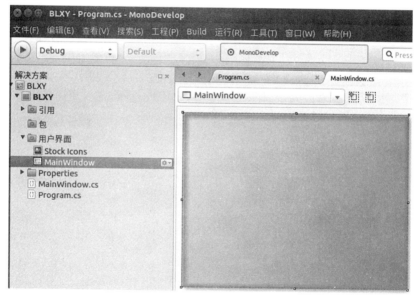

图 13-17　显示控件面板

（6）点击最右边竖向工具栏,显示所有控件,首先添加一个容器,然后才能添加其他诸如按钮、标签、编辑框等控件,本例先添加一个 Fixed 控件作为容器,如图 13-18 所示。

（7）添加第一个控件:Label 控件,将其拖动到面板中,如图 13-19 所示。

（8）添加第二个控件:Button 控件,将其拖动到中间的面板中,如图 13-20 所示。

（9）本例用来演示使用,只添加两个控件,如图 13-21 所示。

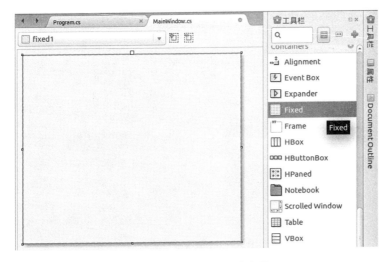

图 13-18　添加放置控件容器

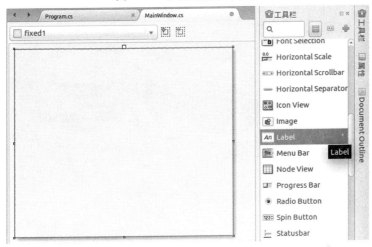

图 13-19　添加标签控件

图 13-20　添加按钮控件

图 13-21　添加控件完毕

（10）选择中间面板上的按钮控件，点击最右边的竖向属性工具条，再选择信号页中的 Button Signals 项目，双击 Clicked，添加响应函数，如图 13-22 所示。

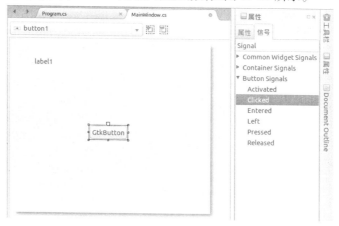

图 13-22　添加按钮响应函数

（11）系统自动添加该按钮响应函数框架，注释掉自动生成的代码，再添加如下代码：

this. Title = "您好，武总！";

label2. Text = "测试 MonoDevelop 编程。";

（12）点击菜单：【Build】→【Build All】进行编译，如图 13-23 所示。

图 13-23　编译工程

（13）编译完毕，选择菜单：【运行】→【Start Without Debugging】，如图 13-24 所示。

（14）运行结果如图 13-25 所示。

（15）点击面板中间的【GtkButton】按钮，显示如图 13-26 所示。

图 13-24　调试并运行程序

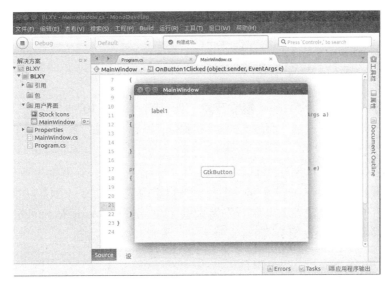

图 13-25　显示运行结果

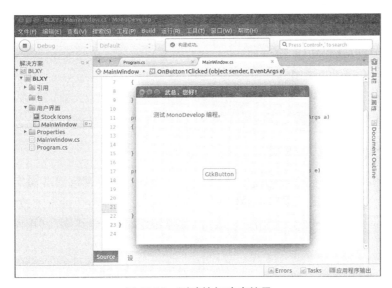

图 13-26　测试按钮响应结果

第 14 章　Android 软件开发

14.1　Android Studio 基础知识

14.1.1　Android Studio 工具简介

Android Studio 是一个 Android 集成开发工具,基于 IntelliJ IDEA,类似于 Eclipse ADT,Android Studio 提供了集成的 Android 开发工具用于开发和调试,这也是为了方便开发者基于 Android 开发。

2013 年 5 月 16 日,在 I/O(Innovation in the Open)大会上,谷歌推出新的 Android 开发环境——Android Studio,并对开发者控制台进行了改进,增加了五项新功能。

2015 年 5 月 29 日,在谷歌 I/O 开发者大会上,谷歌发布 Android Studio 1.3 版,使开发代码变得更加容易,速度提升,而且支持 C++编辑和查错功能。

14.1.2　Android Studio 架构组成

在 IDEA 的基础上,Android Studio 提供了:
- 基于 Gradle 的构建支持;
- Android 专属的重构和快速修复;
- 提示工具以捕获性能、可用性、版本兼容性等问题;
- 支持 ProGuard 和应用签名;
- 基于模板的向导来生成常用的 Android 应用设计和组件;
- 功能强大的布局编辑器,可以让你拖拉 UI 控件并进行效果预览。

14.1.3　Android Studio 主要功能

Android Studio 是谷歌推出的新的 Android 开发环境,开发者可以在编写程序的同时看到自己的应用在不同尺寸屏幕中的样子。谷歌对开发者控制台进行了改进,增加了五项新的功能,包括优化小贴士、应用翻译服务、推荐跟踪、营收曲线图、试用版测试和阶段性展示。

(1)优化小贴士:在主体中打开你的应用,点击小贴士,会得到这样的建议,为你的应用开发平板电脑版本。

(2)应用翻译服务:允许开发者直接在开发主体中获得专业的翻译,上传你的需求,选择翻译,会显示翻译方和价格,并在一周内发回译本。

(3)推荐跟踪:允许开发者找出最有效的广告。

(4)营收曲线图:向开发者展示其应用营收,以国家进行划分。

(5)试用版测试和阶段性展示:开发者可以对应用进行测试,然后向测试用户推出,测试结果不会对外公布。当一个版本的测试结束时,开发者可以向特定比例用户推出。

14.1.4 Android Studio 中文社区

Android Studio 中文组是于 2013 年 5 月 16 日筹办,5 月 21 日上线的 Android Studio 中文社区网站,对 Android Studio 的安装、配置、调试、Bug 提交等问题进行经验交流和总结;中文组还承载着对 Android Studio 进行汉化和教程编写的工作,为中文开发者提供了本地支持。

14.1.5 Android Studio 官方网站

(1)Android SDK 官方网站(http://tools. android – studio. org/index. php/proxy),如图 14-1 所示。

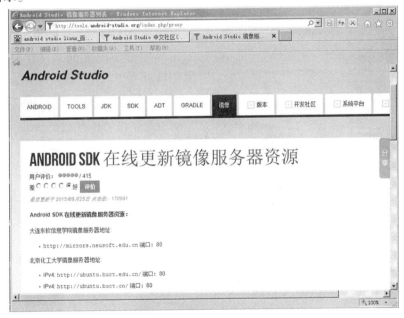

图 14-1 Android SDK 官方网站

(2)在下载安装 Android Studio 软件开发工具时,由于受我国的政策限制,不能随意访问 google 网站,下载 SDK 软件开发包资料。但是,可以使用国内的镜像网站,下载相关的 SDK 文件。Android SDK 在线更新镜像服务器如下:

①大连东软信息学院镜像服务器地址:

　http://mirrors. neusoft. edu. cn,端口:80

②北京化工大学镜像服务器地址:

　IPv4: http://ubuntu. buct. edu. cn,端口:80

　IPv4: http://ubuntu. buct. cn,端口:80

　IPv6: http://ubuntu. buct6. edu. cn,端口:80

③上海 GDG 镜像服务器地址:

http://sdk.gdgshanghai.com,端口:8000

④中国科学院开源协会镜像站地址:

IPV4/IPV6: http://mirrors.opencas.cn,端口:80

IPV4/IPV6: http://mirrors.opencas.org,端口:80

IPV4/IPV6: http://mirrors.opencas.ac.cn,端口:80

⑤腾讯 Bugly 镜像站地址:

http://android - mirror.bugly.qq.com,端口:8080

腾讯镜像使用方法: http://android - mirror.bugly.qq.com:8080/include/usage.html

14.2　Android Studio 开发示例

14.2.1　安装 Android Studio 方法

(1)连接好网络,打开终端安装(用新立得包管理器无法安装,找不到相应的安装包),输入 sudo apt - add - repository ppa:paolorotolo/android-studio,回车,如图 14-2 所示。

图 14-2　配置并更新软件源

(2)输入管理员密码后,开始更新 PPA,按回车继续,然后输入 sudo apt update,回车,更新软件源,待完成后再输入 sudo apt install android-studio,回车,开始下载安装包,如图 14-3 所示。

(3)在出现"您希望继续执行吗? [Y/n]"时,按 y 键,正常情况下,安装过程大约需要 1 个小时,安装包下载完毕,打开启动栏中的主按钮,输入 andr,显示图标,如图 14-4 所示。

(4)如果没有显示上面的图标,可以注销或关机重启一下再试试,点击上边的应用程序图标,启动,显示如图 14-5 所示的信息。

(5)对话框含义为是否导入早期版本设置,因为是初次安装,点击【OK】按钮,显示安装画面,如图 14-6 所示。

图 14-3　安装 Android Studio 开发工具

图 14-4　显示 Android Studio 图标

Complete Installation

You can import your settings from a previous version of Android Studio.

○ I want to import my settings from a custom location

　Specify config folder or installation home of the previous version of Android Studio:

　/Applications

◉ I do not have a previous version of Android Studio or I do not want to import my settings

OK

图 14-5　导入早期版本设置

（6）下面进入安装向导，点击【Next】按钮，如图 14-7 所示。

图 14-6   显示安装画面

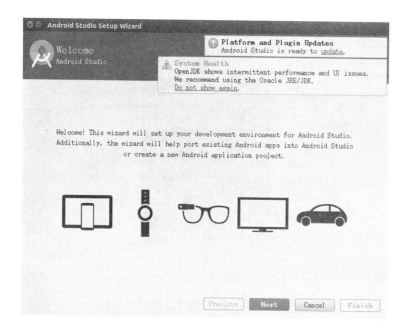

图 14-7   显示安装向导

（7）显示标准安装或者自定义安装，接受默认，按【Next】按钮，如图 14-8 所示。

（8）显示当前设置信息，接受默认，点击【Next】按钮，如图 14-9 所示。

（9）显示模拟器设置，点击右下角的【Finish】按钮，如图 14-10 所示。

（10）开始下载相关的组件，如图 14-11 所示。

（11）下载完毕，右下角的【Finish】按钮变为有效，点击【Finish】按钮，如图 14-12
所示。

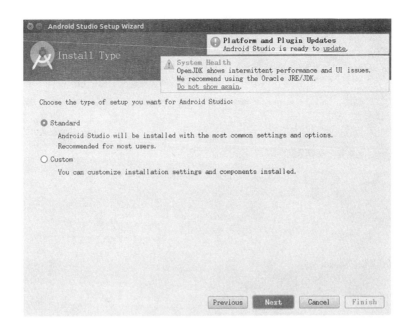

图 14-8　选择安装类型

图 14-9　显示安装文件信息

（12）显示软件版本信息和主要菜单及设置界面等信息,点击左上角的小叉号,关闭即可,如图 14-13 所示。

（13）到此为止,Android Studio 安装完成。

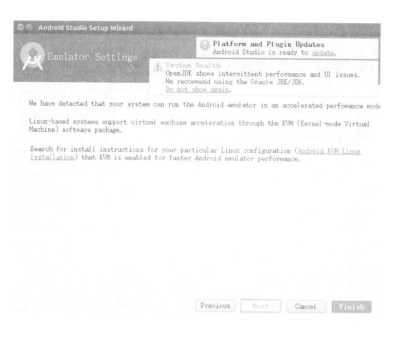

图 14-10　显示模拟器信息

图 14-11　下载安装组件

14.2.2　下载 SDK 软件开发包

（1）打开 Android Studio 软件,如果是第一次使用,需要新建一个项目后(请参考后面

图 14-12　下载组件完成

图 14-13　显示软件版本信息等

章节内容),才能显示如图 14-14 所示的界面。

(2)选择菜单:【Tools】→【Android】→【SDK Manager】,如图 14-15 所示。

(3)显示缺省设置对话框,在右边窗口内显示所有可以安装的 SDK 版本信息,如图 14-16 所示。

(4)勾选要安装的相应版本的 SDK 平台,点击下边的【OK】按钮,如图 14-17 所示。

(5)显示确认信息,点击【OK】按钮,如图 14-18 所示。

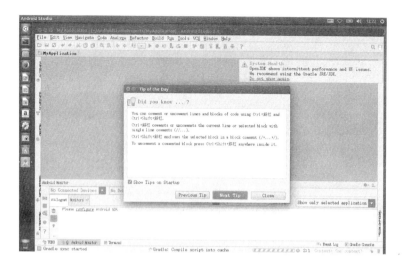

图 14-14　下载 SDK 软件开发包

图 14-15　打开 SDK 管理器

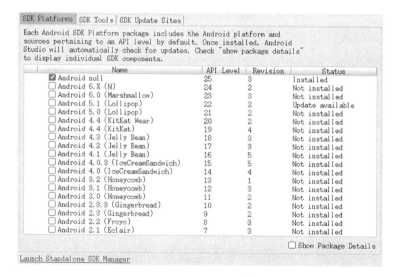

图 14-16　显示可用 SDK 安装包

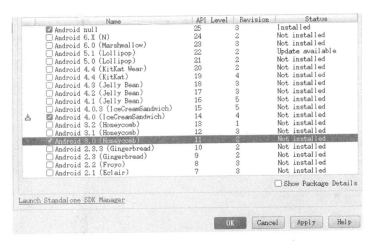

图 14-17　勾选 SDK 安装包

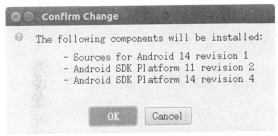

图 14-18　确认安装信息

(6) 系统开始下载 SDK 软件开发包，如图 14-19 所示。

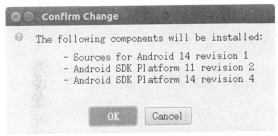

图 14-19　下载安装包

（7）如果只显示已安装的 SDK 版本，没有显示可以安装的 SDK 版本，可点击下面的"Launch Standal one SDK Manager"（蓝色），如图 14-20 所示。

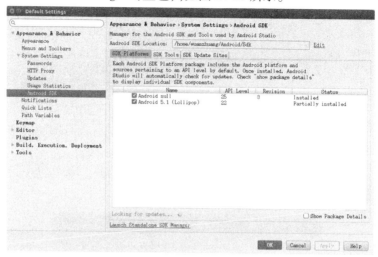

图 14-20　显示已安装的 SDK

（8）显示【Android SDK Manager】对话框，如图 14-21 所示。

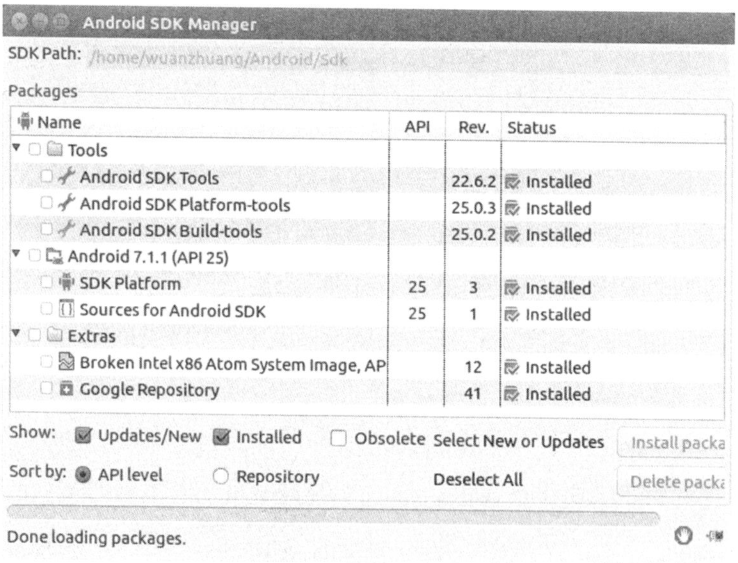

图 14-21　打开 SDK 管理器

（9）把该窗口拖到左上角，鼠标放到桌面最上面，显示活动菜单，如图 14-22 所示。

（10）点击菜单：【Tools】→【Options…】，设置代理服务器，并勾选下面的"Fore https://…"选项，打开国内的镜像网站，点击【Clear Cache】按钮，清理一下缓存，如图 14-23 所示。

Android Packages Tools
Manage AVDs...
Manage Add-on Sites...
Options...
About...
SDK Path:
Packages
Name
API
Rev.
Status
Tools
Android SDK Tools
22.6.2
Installed
Android SDK Platform-tools
25.0.3
Installed
Android SDK Build-tools
25.0.2
Installed
Android 7.1.1 (API 25)
SDK Platform
25
3
Installed
Sources for Android SDK
25
1
Installed
Extras
Broken Intel x86 Atom System Image, AP
12
Installed
Google Repository
41
Installed
Show: Updates/New Installed Obsolete Select New or Updates
Sort by: API level Repository Deselect All
Done loading packages.

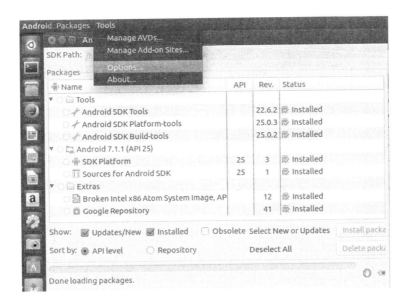

图 14-22　显示活动菜单

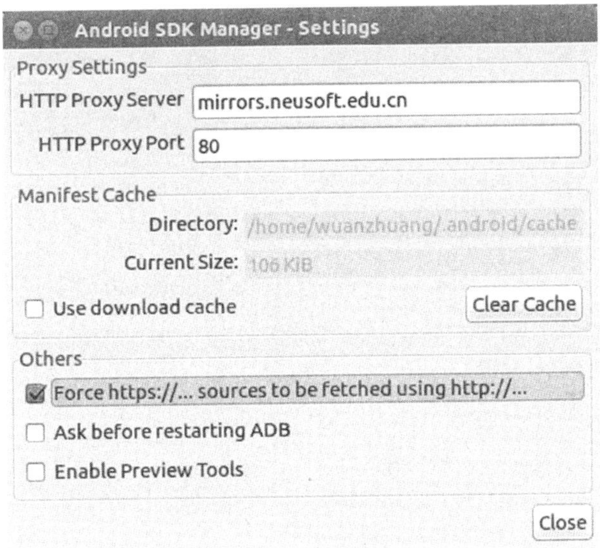

Android SDK Manager - Settings
Proxy Settings
HTTP Proxy Server
mirrors.neusoft.edu.cn
HTTP Proxy Port
80
Manifest Cache
Directory:
/home/wuanzhuang/.android/cache
Current Size:
106 KiB
Use download cache
Clear Cache
Others
Force https://... sources to be fetched using http://...
Ask before restarting ADB
Enable Preview Tools
Close

图 14-23　设置代理服务器

(11)点击菜单:【Packages】→【Reload】,更新相关信息,如图 14-24 所示。

(12)更新完毕,显示可以安装的 SDK 版本,如图 14-25 所示。

(13)勾选要安装的 SDK 版本号,点击右下角的【Install 3 packages】按钮,显示如图 14-26 所示的对话框。

(14)选择"Accept License",然后点击右下角的【Install】按钮,开始下载安装,如图 14-27 所示。

(15)如果显示如图 14-28 所示的信息,表示服务器暂时不可访问,更换别的源服务

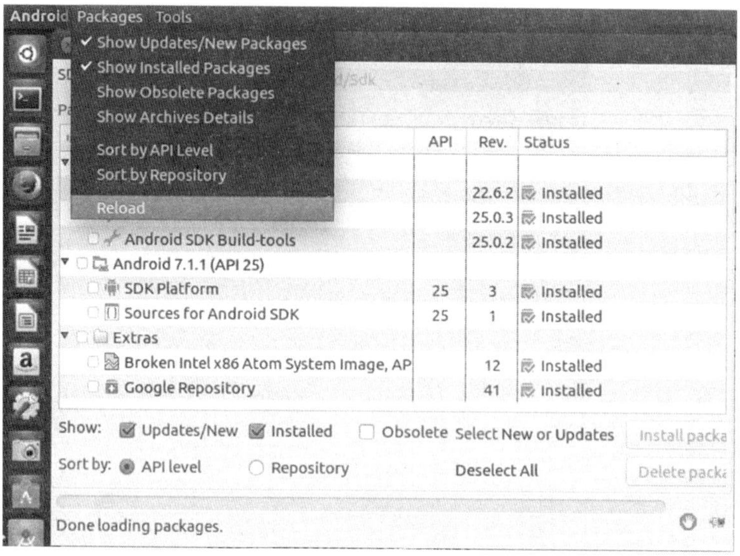

图 14-24　重新载入资源

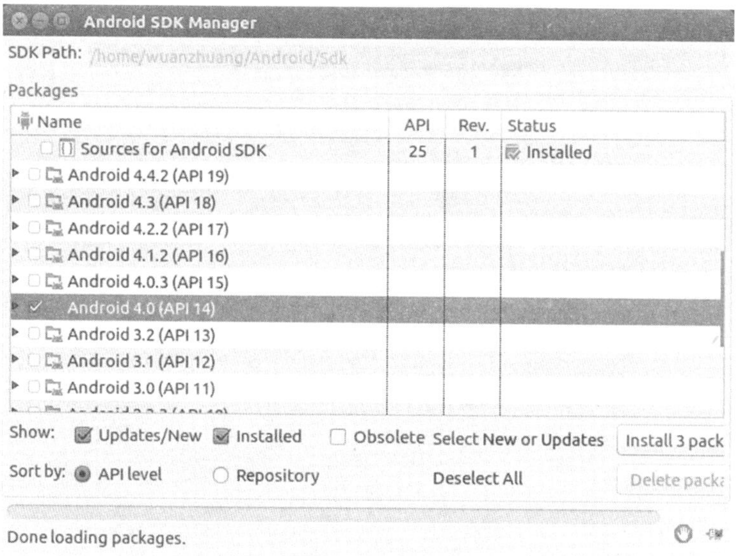

图 14-25　勾选要安装的 SDK

器,或重新点击【Reload】,或者说在其他时间继续尝试链接,直到安装成功为止。

（16）下载一个完整的 SDK 应包含如下内容（以 Android 4.4.2 为例）:

Tools

    Android SDK Platform – tools

    Android SDK Build – tools

Android 4.4.2（API 19）

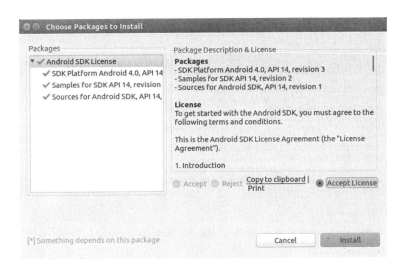

图 14-26　接受许可协议

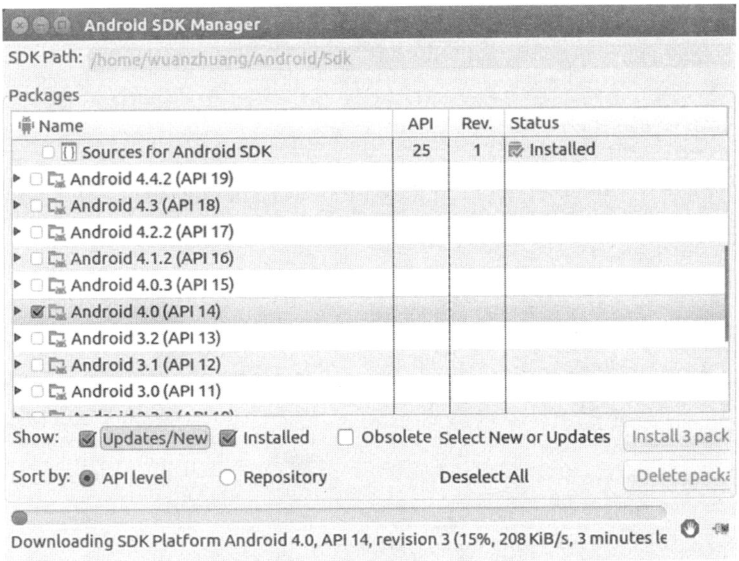

图 14-27　开始安装 SDK

Documentation for Android SDK

SDK Platform

ARM EABI v7a System Image

Intel x86 Atom System Image

Google APIs

Sources for Android SDK

Extras

　　Android Support Library

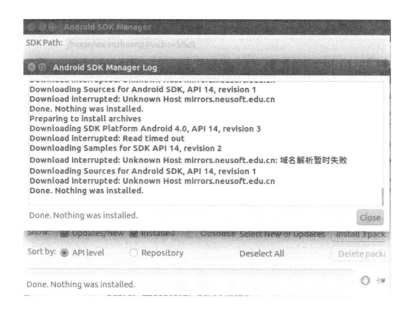

图 14-28　安装 SDK 完毕

14.2.3　创建 AVD 模拟器方法

（1）打开 Android Studio 软件，点击菜单：【Tools】→【Android】→【AVD Manager】，如图 14-29 所示。

图 14-29　创建 AVD 模拟器方法

（2）点击中间的【+ Create Virtual Device...】按钮，如图 14-30 所示。

（3）显示一个对话框，选择模拟器型号、外观等参数，如图 14-31 所示。

（4）选择 Phone 中的 Nexux One 这款型号，尺寸比较小，便于观察效果，然后点击右下角的【Next】按钮，显示如图 14-32 所示的对话框。

（5）点击左边框内相应栏内的 Download，开始下载文件，如果该窗口一片空白，可点击 中间下面的旋转箭头符号，更新数据源，如果已经存在，则选择任一款，点击右下角的

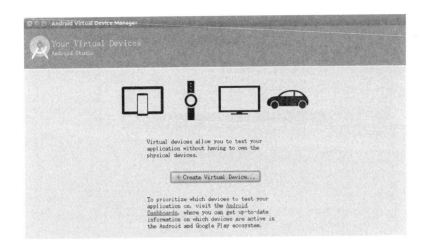

图 14-30　开始创建 AVD 模拟器

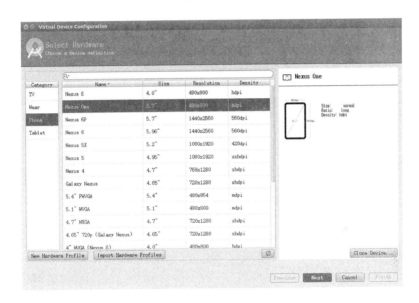

图 14-31　选择模拟器型号

【Next】按钮,显示如图 14-33 所示的对话框。

(6)显示模拟器的名称及相关参数,可以修改,完毕点击右下角的【Finish】按钮,开始创建 AVD,如图 14-34 所示。

(7)创建完毕,显示如图 14-35 所示。

(8)点击左上边的小叉号,关闭该对话框即可。

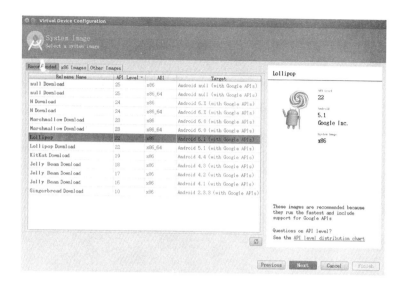

图 14-32　选择 API 等级

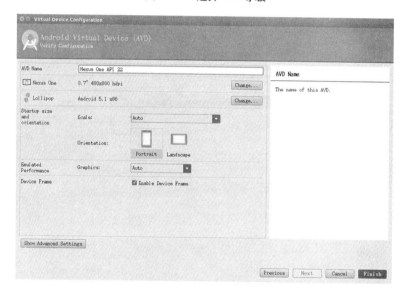

图 14-33　设置模拟器参数

14.2.4　开发 Android 程序方法

（1）连接好网络，保持网络畅通，然后打开 Android Studio 开发工具，并选择菜单：【File】→【New】→【New Project...】菜单，如果是第一次使用该开发工具，则显示如图 14-36 所示。

（2）选择"Start a new Android Studio project"，显示如图 14-37 所示的对话框。

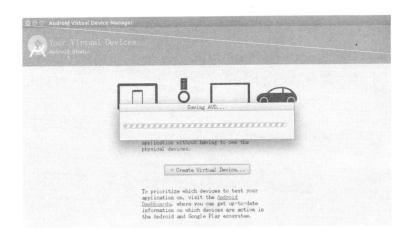

图 14-34 开始创建 AVD

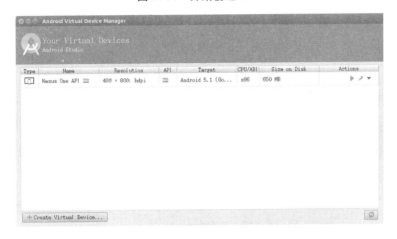

图 14-35 AVD 创建完毕

图 14-36 开发 Android 程序方法

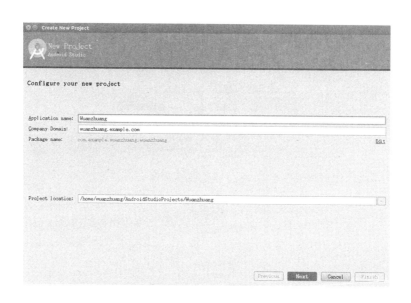

图 14-37　输入程序名称

（3）输入应用程序名称、包名称、存放文件夹位置，点击右下角的【Next】按钮，显示如图 14-38 所示的对话框。

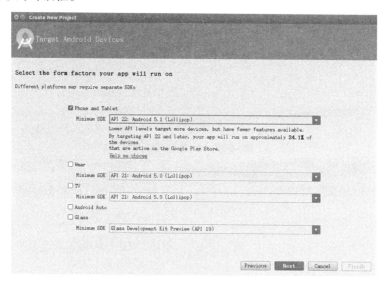

图 14-38　选择平台类型

（4）选择创建平台类型，默认为 Phone and Tablet(手机和平板电脑)，选择 API 的等级，然后点击【Next】按钮，如果是初次使用该工具，系统会自动下载必需的组件，如图 14-39 所示。

（5）下载完毕，自动解压并安装，点击【Next】按钮，如图 14-40 所示。

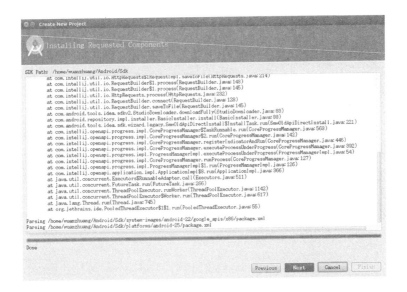

图 14-39　下载必备组件

图 14-40　选择 Activity 类型

　　(6)选择创建模板类型,选择第 2 个模板(Empty Activity),点击【Next】按钮,如图 14-41 所示。

　　(7)输入 Activity 名称、Layout 名称,按右下角的【Finish】按钮,系统开始自动创建框架,如图 14-42 所示。

　　(8)创建完毕,显示如图 14-43 所示的界面。

　　(9)点击菜单:【Run】→【Edit Configurations...】,或点击上面快捷方式栏中的 app,如图 14-44 所示。

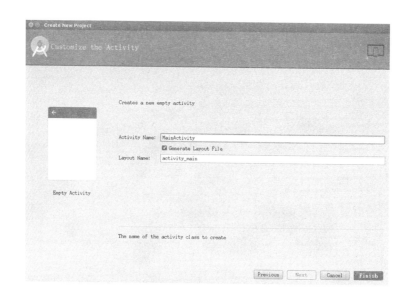

图 14-41　输入 Activity 名称

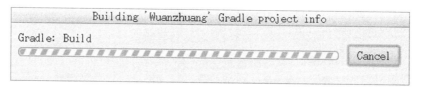

图 14-42　创建工程

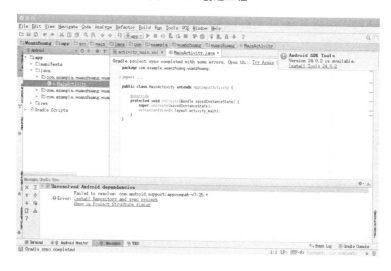

图 14-43　创建工程完毕

　　（10）选择 Deployment Target Options 中的 Target：点击右边框内的下拉小箭头，选择
Emulator，再点击右边的小按钮（三个小圆点），在下拉框中选择刚创建的模拟器，完毕，点
击下边的【OK】按钮，如图 14-45 所示。

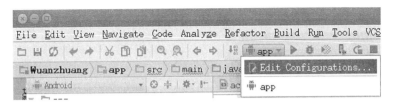

图 14-44　设置运行环境

图 14-45　选择摸拟器类别

（11）点击菜单:【Build】→【Make Project】,开始编译,如图 14-46 所示。

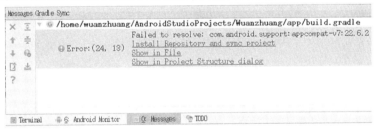

图 14-46　编译程序

（12）如果没有问题则编译成功,否则会出现错误提示,如图 14-47 所示。

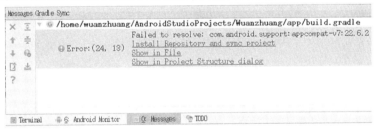

图 14-47　显示编译结果

（13）提示缺少相关文件,点击下面框内的蓝色标题,显示相关信息,待下载完成,然后重新编译,直到成功为止,编译完成后,点击菜单:【Run】→【Run'app'】,如图 14-48 所示。

（14）稍候,模拟器显示结果,如图 14-49 所示。

图 14-48　开始运行程序

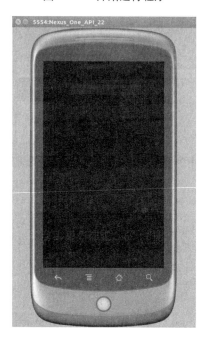

图 14-49　模拟器显示结果

说明：由于作者单位使用无线网络客户端，网络速度异常缓慢，无法下载文件，总是下载失败，因此本书只提供创建安卓程序的方法与步骤，没有详细总结成功经验，其他问题请上网查找其他资料与解决办法。

14.3　离线安装 Android Studio 方法

在 Ubuntu 系统下安装 Android Studio 一般有下面这 3 种方法：

（1）添加 PPA 软件源直接 apt 安装；

（2）下载 deb 包、外加 JDK 安装；

（3）下载 JDK 软件包、Android – Studio IDE、android – sdk – linux 软件包自行安装。

如果按照上面的第一种方法无法安装，可采用第三种离线安装方式。

14.3.1　下载 JDK、IDE、SDK 方法

（1）在用户的主文件夹下创建一个新目录，名称为"MyAndroidStudio"，用来存放文件和工作使用，然后，在 Oracle 官网下载当前最新版本的 JDK，网址如下：http://www.oracle.com/technetwork/java/javase/downloads/index.html，如图 14-50 所示。

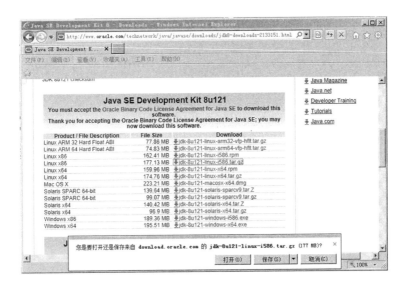

图 14-50　下载 JDK

（2）在 http://tools. android – studio. org/官方网站下载最新版的 Android 工具（android – studio – ide – 162. 3871768 – linux. zip），如图 14-51 所示。

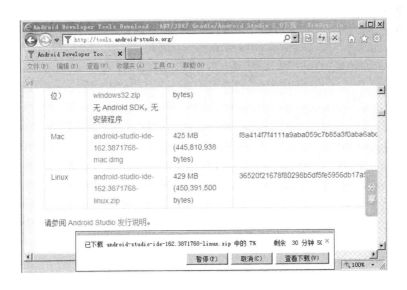

图 14-51　下载 IDE

（3）下载 android – sdk_r24 – linux. tgz 文件，如图 14-52 所示。

（4）下载完毕，把下载文件全部复制到/MyAndroidStudio 目录下，如图 14-53 所示。

（5）选中第一个文件，点击鼠标右键，选择【提取到此处】，进行解压，如图 14-54 所示。

（6）依次解压三个文件，解压后如图 14-55 所示。

图 14-52　下载 SDK

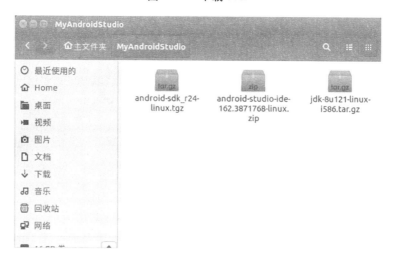

图 14-53　复制下载文件

14.3.2　Android 开发环境配置方法

（1）将 JDK 路径添加到脚本中，这样在运行 ./studio.sh 文件时就不会提示找不到 JDK 路径了，打开 /MyAndroidStudio/android – studio/bin 文件夹，找到 bin 下的 studio.sh 文件，选中并点击鼠标右键，如图 14-56 所示。

（2）选择【使用 gedit 打开】，打开该文件，在文件中间处添加如下代码：JDK_HOME = "/home/wuanzhuang/MyAndroidStudio/jdk1.8.0_121"，然后点击右上角的【保存】按钮，如图 14-57 所示。

（3）同理，选择【使用 gedit 打开】，打开 idea.properties 文件，如图 14-58 所示。

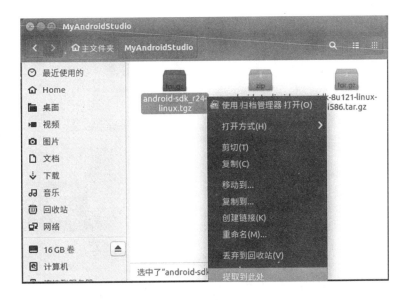

图 14-54　解压下载文件

图 14-55　解压后的结果

（4）在最后一行添加"disable. android. first. run ＝ true"，这样就可以避免运行时一直卡在开始的"Fetching Android SDK component information"，然后点击右上角的【保存】按钮，如图 14-59 所示。

（5）点击鼠标右键，选择【在终端打开】，如图 14-60 所示。

（6）改变文件操作权限，执行 chmod ＋x studio. sh，然后启动. /studio. sh，如图 14-61 所示。

（7）启动 studio. sh 后，显示一个对话框，意为是否导入前期版本设置，如图 14-62 所示。

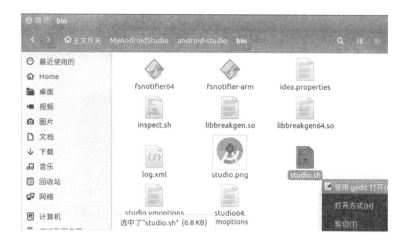

图 14-56　设置 JDK 路径

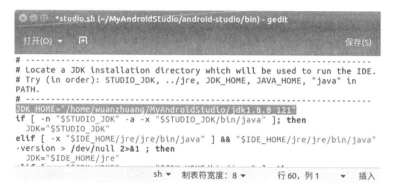

图 14-57　添加 JDK 路径

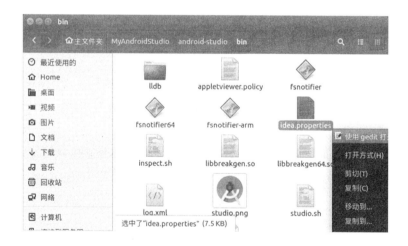

图 14-58　修改 idea 文件

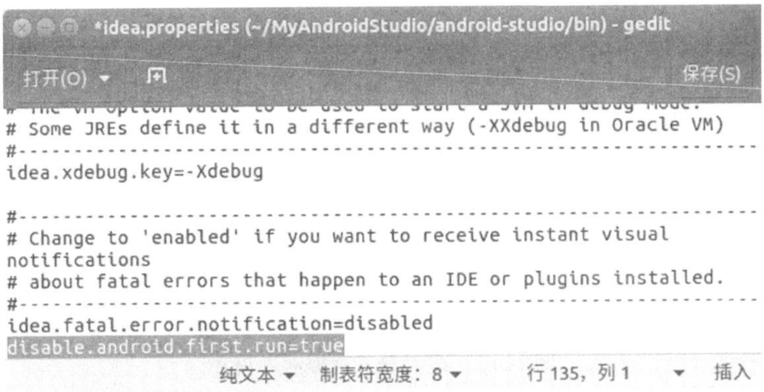

The VM option value to be used to start a JVM in debug mode.
Some JREs define it in a different way (-XXdebug in Oracle VM)
#---
idea.xdebug.key=-Xdebug

#---
Change to 'enabled' if you want to receive instant visual
notifications
about fatal errors that happen to an IDE or plugins installed.
#---
idea.fatal.error.notification=disabled
disable.android.first.run=true

纯文本 ▼   制表符宽度: 8 ▼   行 135，列 1   ▼   插入

图 14-59　添加执行代码

图 14-60　启动 studio. sh 文件

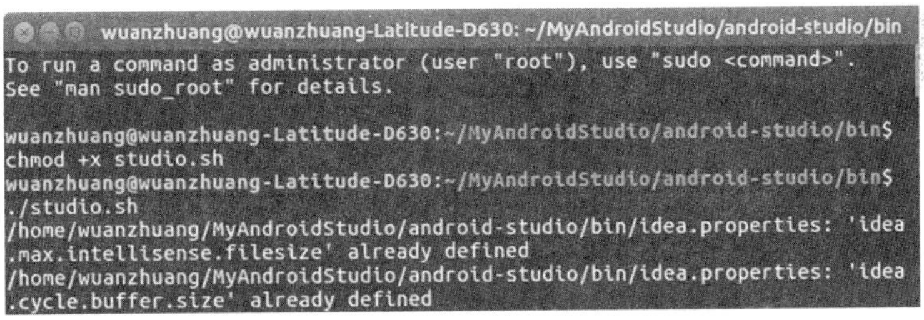

图 14-61　改变文件操作权限

（8）直接点击【OK】按钮，跳过，显示欢迎界面，如图 14-63 所示。

（9）显示软件版本号、主要菜单、配置等，如图 14-64 所示。

（10）点击最下面的 Configure 右边的小三角，找到下拉菜单，如图 14-65 所示。

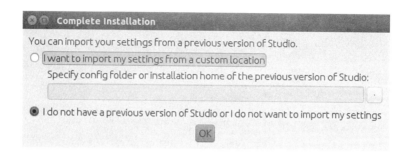

图 14-62　是否导入前期版本设置

图 14-63　显示欢迎界面

图 14-64　显示软件版本号等

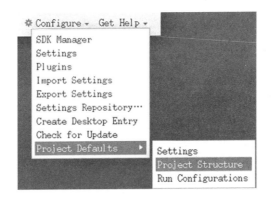

图 14-65 修改系统配置

（11）设置默认工具路径，打开菜单：【Configure】→【Project Defaults】→【Project Structure】→SDK Location，设置 SDK 和 JDK 路径，如图 14-66 所示。

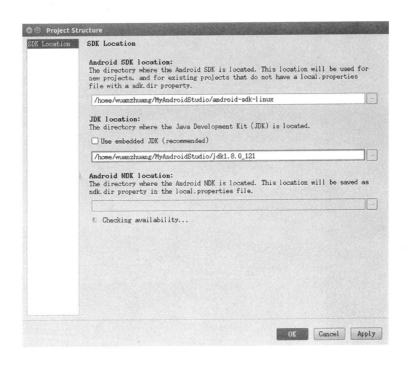

图 14-66 设置 SDK 和 JDK 路径

（12）设置完毕，点击【OK】按钮，结束配置。注意：在没设置之前的 sdk-manager，是不可用的。

14.3.3 开发 Android 程序方法

（1）选择第一行"Start a new Android Studio project"，新建一个工程，如图 14-67 所示。

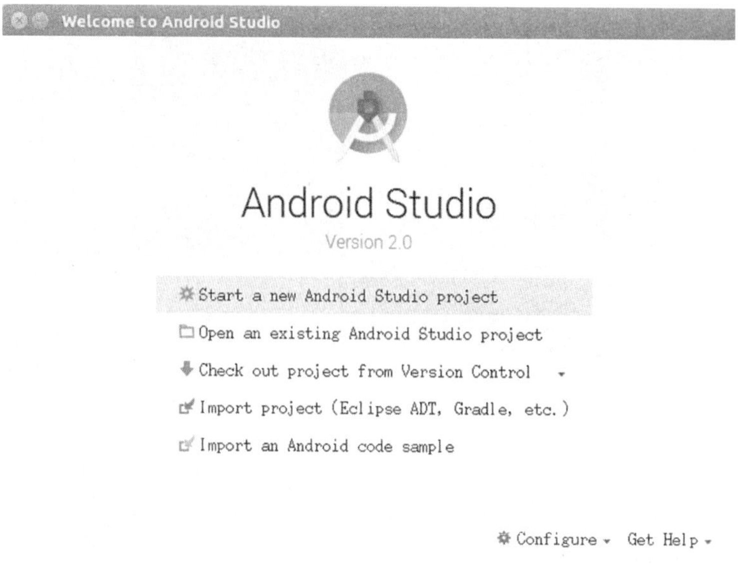

Welcome to Android Studio
Android Studio
Version 2.0
Start a new Android Studio project
Open an existing Android Studio project
Check out project from Version Control
Import project (Eclipse ADT, Gradle, etc.)
Import an Android code sample
Configure
Get Help

图 14-67　新建工程

(2)显示新建工程窗口,如图 14-68 所示。

Create New Project
New Project
Android Studio
Configure your new project
Application name:
My Application
Company Domain:
wuanzhuang.example.com
Package name:
com.example.wuanzhuang.myapplication
Edit
Project location:
/home/wuanzhuang/AndroidStudioProjects/MyApplication
Previous
Next
Cancel
Finish

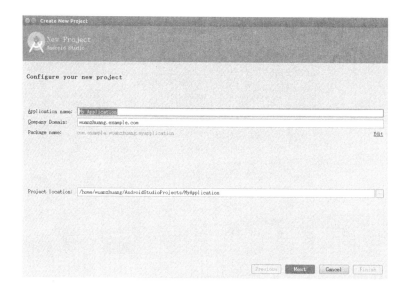

图 14-68　输入应用程序名称

(3)输入应用程序名称,点击【Next】按钮,如图 14-69 所示。

(4)勾选创建类型,如"Phone and Tablet",点击【Next】按钮,如图 14-70 所示。

(5)连接好网络,系统开始下载必需的组件,点【Next】按钮,如图 14-71 所示。

(6)选择 Activity 类型,点【Next】按钮,如图 14-72 所示。

(7)输入 Activity 名称,点击右下角的【Finish】按钮,完成创建,如图 14-73 所示。

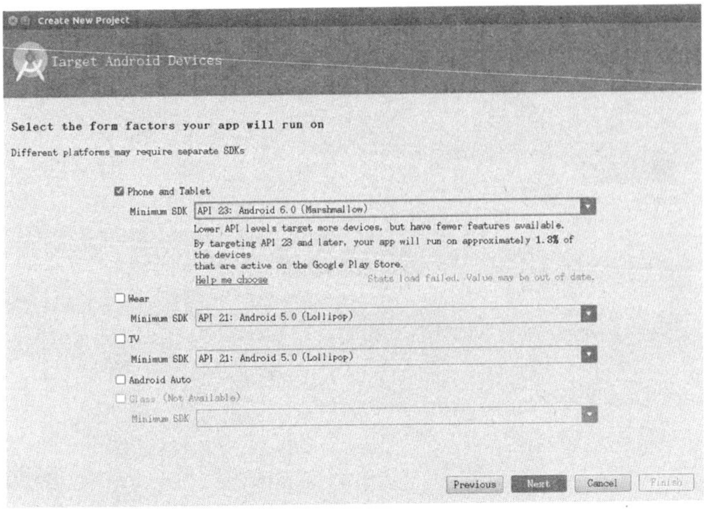

図...

图 14-69　选择创建类型

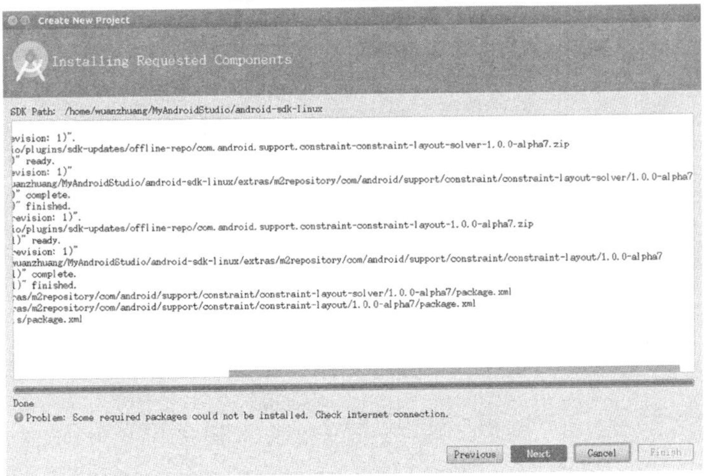

图 14-70　下载必需组件

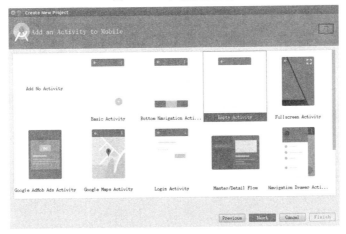

图 14-71　选择 Activity 类型

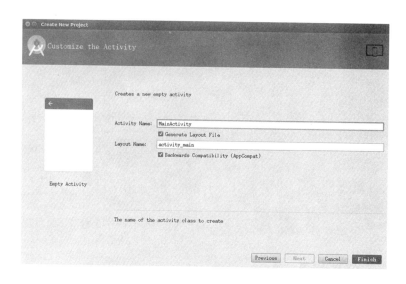

图 14-72 输入 Activity 名称

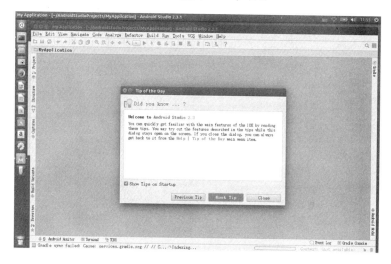

图 14-73 系统框架创建完毕

（8）到此为止，工程创建完毕。如果想升级软件版本或 SDK 软件包，请参考前面的内容。

第 15 章　Go 语言开发

15.1　Go 语言基础知识

15.1.1　Go 语言简介

Go 语言是 Google 公司开发的一种编译型、可并行化并具有垃圾回收功能的编程语言,是 Google 公司于 2009 年发布的第二款开源编程语言,是基于 Inferno 操作系统所开发的。Go 语言专门针对多处理器系统应用程序的编程进行了优化,使用 Go 编译的程序可以媲美 C 或 C＋＋代码的速度,而且更加安全、支持并行进程,如图 15-1 所示。

图 15-1　Go 语言开发环境

Go 语言于 2007 年 9 月由罗布·派克(Rob Pike)、罗伯特·格瑞史莫(Robert Griese-mer)及肯·汤普逊开始设计,随后 Ian Lance Taylor、Russ Cox 加入到该项目中。Go 语言于 2009 年 11 月正式宣布推出,成为开放源代码项目,并应用于 Linux 及 Mac OS X 平台,后来实现在追加 Windows 系统下的应用。

15.1.2　Go 语言开发团队

1. Go 语言背景

2007 年,谷歌把 Go 作为一个 20％ 项目开始研发,让员工抽出本职工作之外时间的

20%投入在该项目上,除了派克外,还有其他谷歌工程师也参与研发该项目。

2009 年 7 月,谷歌曾发布了 Simple 语言,它是用来开发 Android 应用的一种 BASIC 语言。Go 是谷歌 2009 年发布的第二款编程语言。它是一种全新的编程语言,可以在不损失应用程序性能的情况下降低代码的复杂性。

2010 年 1 月 10 日,Go 语言获得了 TIOBE 公布的 2009 年年度大奖,该奖项授予在 2009 年市场份额增长最多的编程语言。

Go 同时具有两种编译器:一种是建立在 GCC 基础上的 Gccgo,另一种是分别针对 64 位 x64 和 32 位 x86 计算机的一套编译器(6g 和 8g)。谷歌目前正在研发其对 ARM 芯片和 Android 设备的支持。

2. Go 语言团队成员

Thompson:1983 年图灵奖(Turing Award)和 1998 年美国国家技术奖(National Medal of Technology)得主,Thompson 与 Dennis Ritchie 是 Unix 的原创者,同时,Thompson 也发明了 B 程序语言,后来衍生出 C 语言。

Pike:曾是贝尔实验室(Bell Labs)的 Unix 团队和 Plan 9 操作系统计划的成员,Pike 与 Thompson 共事多年,共同创建出了后来广泛使用的 UTF-8 字元编码。

Robert Griesemer:曾协助制作 Java 的 HotSpot 编译器和 Chrome 浏览器的 JavaScript 引擎 V8。

此外,还有 Plan 9 的开发者 Russ Cox 和已广泛使用的开源码编译器 GCC 的开发者 Ian Taylor。

15.1.3 Go 语言发展历史

2007 年,谷歌工程师 Rob Pike、Ken Thompson 和 Robert Griesemer 开始设计一门全新的语言,这是 Go 语言的原型。

2009 年 11 月 10 日,Go 语言以开放源代码的方式向全球发布。

2011 年 3 月 16 日,Go 语言的第一个稳定(stable)版本 r56 发布。

2012 年 3 月 28 日,Go 语言的第一个正式版本 Go1 发布。

2013 年 4 月 4 日,Go 语言的第一个 Go 1.1beta1 测试版发布。

2013 年 4 月 8 日,Go 语言的第二个 Go 1.1beta2 测试版发布。

2013 年 5 月 2 日,Go 语言 Go 1.1RC1 版发布。

2013 年 5 月 7 日,Go 语言 Go 1.1RC2 版发布。

2013 年 5 月 9 日,Go 语言 Go 1.1RC3 版发布。

2013 年 5 月 13 日,Go 语言 Go 1.1 正式版发布。

2013 年 9 月 20 日,Go 语言 Go 1.2RC1 版发布。

2014 年 6 月 19 日,Go 语言 Go 1.3 版发布。

2015 年 8 月 20 日,Go 语言 Go 1.5 版发布,本次更新中移除了"最后残余的 C 代码"。

15.1.4　Go 语言支持平台

Go 语言硬件架构:Go 语言设计支持主流的 32 位和 64 位的 x86 平台,同时也支持 32 位的 ARM 架构。

Go 语言操作系统:Go 语言在 Go1 版本上支持 Windows、Mac OS X、Linux 和 FreeBSD 操作系统。

15.1.5　Go 语言特色功能

Google 对 Go 寄予厚望,其设计是让软件充分发挥多核心处理器同步多工的优点,并可解决面向对象程序设计的麻烦,它具有现代的程序语言特色,如垃圾回收,帮助程序设计师处理琐碎但重要的内存管理问题。Go 的速度非常快,几乎和 C 或 C + + 程序一样快,且能够快速制作程序。

Go 的网站就是用 Go 所建立的,但 Google 有更大的野心。Google 认为 Go 还可应用到其他领域,包括在浏览器内执行软件,取代 JavaScript 的角色。

Pike 说:它至少在强度上比 JavaScript 高一级。Google 自建 Chrome 浏览器,部分原因就是加速 JavaScript 和网页表现,而 Google 已经融合了本身的技术,如 Native Client 和 Gears。

Pike 表示,Go 另一项与网络相关的特色,是服务器和用户端设备,如 PC 或手机,可以分担工作,因此使用 Go 的服务便可轻松适应不同的用户端处理性能。

Go 也可解决现今的一大挑战:多核心处理器,一般电脑程序是依序执行的,一次进行一项工作,但多核心处理器更适合并行处理许多工作。

Go 团队正在寻求帮助,其中一个重要领域是改善 Go 能够使用的 runtime library。这类 library 可提供许多工具和功能,加快程序设计的过程,而 Go 的 library 还包括许多重要的设计元素,并供应用于处理协同、垃圾收集和其他低层杂务的资源。

15.1.6　Go 语言开发工具

1. Go 语言 LiteIDE

LiteIDE 是一个专门为 Go 语言开发的跨平台轻量级集成开发环境(IDE),由 QT 编写。LiteIDE 的主要特点如下。

(1)支持主流操作系统:

Windows、Linux、Mac OS X。

(2)Go 编译环境管理和切换:

- 管理和切换多个 Go 编译环境;
- 支持 Go 语言交叉编译。

(3)与 Go 标准一致的项目管理方式:

- 基于 GOPATH 的包浏览器;
- 基于 GOPATH 的编译系统;
- 基于 GOPATH 的 Api 文档检索。

（4）Go 语言的编辑支持：

- 类浏览器和大纲显示；
- Gocode（代码自动完成工具）的完美支持；
- Go 语言文档查看和 Api 快速检索；
- 代码表达式信息显示 F1；
- 源代码定义跳转支持 F2；
- Gdb 断点和调试支持；
- gofmt 自动格式化支持。

（5）其他特征：

- 支持多国语言界面显示；
- 完全插件体系结构；
- 支持编辑器配色方案；
- 基于 Kate 的语法显示支持；
- 基于全文的单词自动完成；
- 支持键盘快捷键绑定方案；
- Markdown 文档编辑支持；
- 实时预览和同步显示；
- 自定义 CSS 显示；
- 可导出 HTML 和 PDF 文档；
- 批量转换/合并为 HTML/PDF 文档。

2. Go 语言 Sublime Text

Sublime Text 2 + GoSublime + gocode + MarGo 的组合，其优点有：

（1）自动化提示代码；

（2）保存的时候自动格式化代码，让你编写的代码更加美观，符合 Go 的标准；

（3）支持项目管理；

（4）支持语法高亮。

但是现在 Sublime Text 2 已经不支持 GoSublime 插件了，可以使用 Sublime Text 3。

3. Go 语言 Vim

Vim 是从 VI 发展出来的一个文本编辑器，享有"编辑器之神"的称号。其代码补全、编译及错误跳转等方便编程的功能特别丰富，被程序员广泛使用。

4. Go 语言 Emacs

Emacs 是由 GNU 开源组织开发出来的一个文本编辑器，同时更是一个整合环境，曾被人戏称是"一个伪装成编辑器的操作系统"。

5. Go 语言 Eclipse

Eclipse 也是非常有用的开发利器，可以使用 Eclipse 来编写 Go 程序。

6. Go 语言 IntelliJ IDEA

熟悉 Java 的读者应该对于 IDEA 不陌生，IDEA 是通过一个插件来支持 Go 语言的高亮语法、代码提示和重构实现。

15.2 Go 语言开发示例

15.2.1 安装 Go 语言开发环境

(1)连接好网络,打开新立得包管理器进行安装,如图15-2所示。

图 15-2　安装 Go 语言开发环境

(2)点击上面的"搜索"图标,显示对话框,输入搜索内容,如"golang-go",然后点击右下角的【搜索】按钮,显示搜索结果,如图15-3所示。

图 15-3　标记要安装的软件

(3)选中"golang-go",点击鼠标右键,选择【标记以便安装】,如果该程序有依赖,会显示一个对话框,要求附加标记相关的软件包,点击右下角的【标记】按钮,如图15-4所示。

(4)标记完毕,点击上面的"应用"图标,开始下载安装包,如图15-5所示。

(5)显示摘要,让用户再次确认,点击右下角的【Apply】按钮,如图15-6所示。

(6)开始下载安装包,点击下面的"Show individual files"字样,显示下载进度,如图15-7所示。

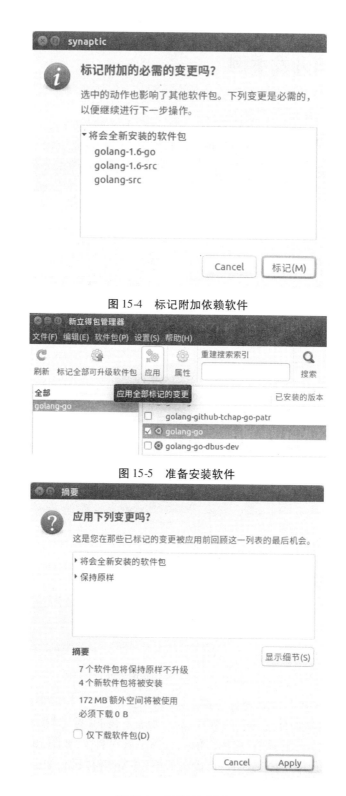

图 15-4　标记附加依赖软件

图 15-5　准备安装软件

图 15-6　显示摘要信息

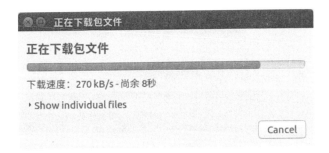

图 15-7　下载安装包

（7）下载完成，开始安装软件，如图 15-8 所示。

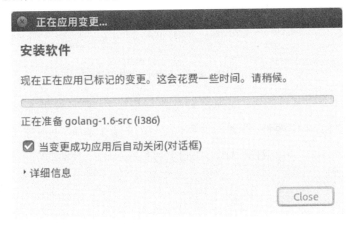

图 15-8　开始安装软件

（8）软件安装完毕，自动关闭对话框，打开终端，输入 go version，查看是否安装成功，如图 15-9 所示，显示版本号为 go1.6.2 linux/386，表示安装成功。

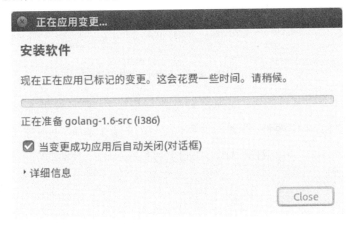

图 15-9　显示 Go 版本号

15.2.2　安装 LiteIDE 开发工具

（1）LiteIDE 是一款简单、开放、跨平台的 Go 语言 IDE，用新立得查不到，只能用下载安装包来进行手工安装，官方下载地址：www. golangtc. com/download/liteide，如图 15-10 所示。

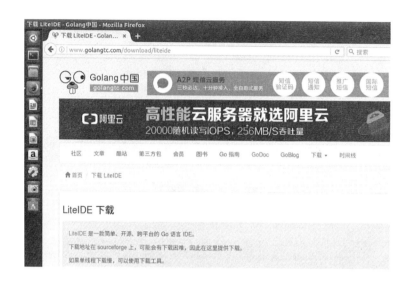

图 15-10　安装 LiteIDE 开发工具

（2）根据你的操作系统版本，找到相对应的安装版本，有三种版本：Windows、Mac OS X、Linux，分 32 位和 64 位两种，作者的计算机是 32 位操作系统，下载第二行的文件：liteidex30.2.linux32-qt4.tar.bz2，21M 大小，如图 15-11 所示。

X30.2	
Filename	Size
liteidex30.2.linux32-qt4-system.tar.bz2	7 M
liteidex30.2.linux32-qt4.tar.bz2	21 M

图 15-11　下载对应的文件

（3）点击右边的本地下载，点击右下角的【保存文件】按钮，如图 15-12 所示。

图 15-12　保存下载文件

（4）开始下载文件，点击右上角的"17 分"标志（剩余时间），打开下载进度条，显示剩余时间，如图 15-13 所示。

图 15-13　显示下载进度

（5）下载完毕后，在用户的主文件夹中的下载文件夹中能看到，如图 15-14 所示。

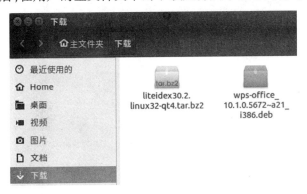

图 15-14　下载完成

（6）选中刚下载的文件，点击鼠标右键，选择【提取到此处】，如图 15-15 所示。

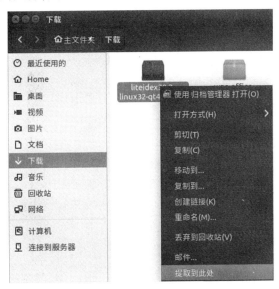

图 15-15　解压下载文件

（7）系统开始自动解压该文件，如图 15-16 所示。

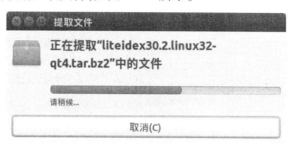

图 15-16　提取过程中

（8）解压完毕，自动生成一个文件夹，名为"liteide"，选中该文件夹，点击鼠标右键，选择【移动到...】，如图 15-17 所示。

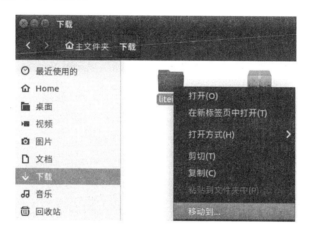

图 15-17　解压文件成功

（9）选中 Home 目录，点击右下角的【选择】按钮，如图 15-18 所示。

图 15-18　移动该文件夹到主文件夹

（10）如图 15-19 所示，该文件夹被成功移到用户的主文件夹下，主要是为了方便使用。

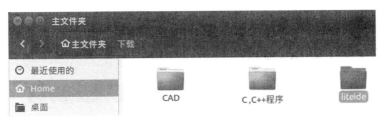

图 15-19　移动文件夹成功

（11）双击 liteide 文件夹，显示有三个文件，如图 15-20 所示。

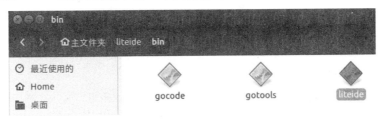

图 15-20　查看文件夹内容

（12）双击 liteide 文件，打开 LiteIDE 编程工具，界面如图 15-21 所示。

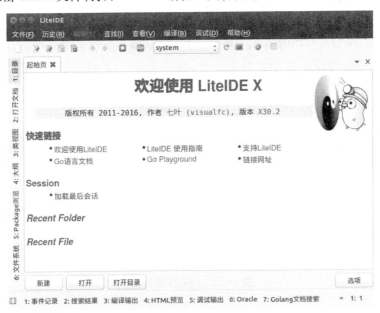

图 15-21　运行 LiteIDE 工具

(13) 到此为止,LiteIDE 安装成功。

15.2.3　开发 Go 程序示例

(1)双击打开 LiteIDE 开发工具,点击左下角的【新建】按钮,显示如图 15-22 所示。

图 15-22　新建 Go 程序示例

(2)选择上面右边框内的模板的最后一行,然后输入新建项目名称,如"hello",点击右边的【浏览】按钮,设置文件夹存放位置,然后点击右下角的【OK】按钮,如图 15-23 所示。

图 15-23　加载文件提示

(3)显示"项目文件……已建立,是否加载?",选择【Yes】按钮,显示系统创建的简单示例代码,如图 15-24 所示。

图 15-24　自动生成简单的代码

（4）打开菜单：【编译】→【BuildAndRun】，如图 15-25 所示。

图 15-25　编译与运行

（5）编译完成，开始运行，在下面窗口内显示运行结果，如图 15-26 所示。

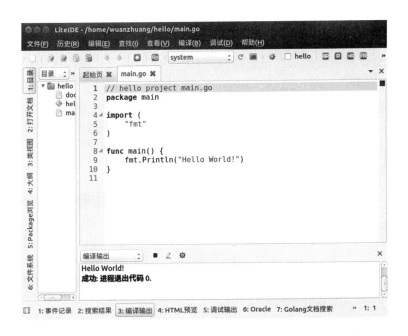

图 15-26　显示运行结果

第 16 章　MySQL 数据库

16.1　MySQL 基础知识

16.1.1　MySQL 简介

MySQL 是一个关系型数据库管理系统,由瑞典 MySQL AB 公司开发,目前属于 Oracle 旗下产品。MySQL 是最流行的关系型数据库管理系统,MySQL 将数据保存在不同的表中,而不是将所有数据放在一个大仓库内,这样就增加了速度并提高了灵活性,在 Web 应用方面 MySQL 是最好的 RDBMS(Relational Database Management System)应用软件之一。

MySQL 所使用的 SQL 语言是用于访问数据库的最常用标准化语言。MySQL 软件采用了双授权政策,它分为社区版和商业版,由于其体积小、速度快、总体拥有成本低,尤其是开放源码这一特点,一般中小型网站的开发都选择 MySQL 作为网站数据库,其社区版性能卓越,搭配 PHP 和 Apache 可组成良好的开发环境。

16.1.2　MySQL 应用环境

MySQL 与其他的大型数据库(例如 Oracle、DB2、SQL Server 等)相比,自然有它的不足之处,但是这丝毫也没有减少它受欢迎的程度,对于一般的个人使用者和中小型企业来说,MySQL 提供的功能已经绰绰有余,而且由于 MySQL 是开放源码软件,因此可以大大降低总体拥有成本。

使用 Linux 作为操作系统,Apache 或 Nginx 作为 Web 服务器,MySQL 作为数据库,PHP/Perl/Python 作为服务器端脚本解释器,由于这四个软件都是免费或开放源码软件(FLOSS),因此使用这种方式不用花一分钱(除人工成本)就可以建立起一个稳定、免费的网站系统,被业界称为"LAMP"或"LNMP"组合。

16.1.3　MySQL 特性

(1)使用 C 和 C++编写,并使用了多种编译器进行测试,保证了源代码的可移植性。

(2)支持 AIX、FreeBSD、HP-UX、Linux、Mac OS、Novell Netware、OpenBSD、OS/2 Wrap、Solaris、Windows 等多种操作系统。

(3)为多种编程语言提供了 API,这些编程语言包括 C、C++、Python、Java、Perl、PHP、Eiffel、Ruby、.NET 和 Tcl 等。

(4)支持多线程,充分利用 CPU 资源。

（5）采用优化的 SQL 查询算法，有效地提高查询速度。

（6）既能够作为一个单独的应用程序应用在客户端和服务器网络环境中，也能够作为一个库而嵌入到其他的软件中。

（7）提供多语言支持，常见的编码如中文的 GB2312、BIG5，日文的 Shift_JIS 等都可以用作数据表名和数据列名。

（8）提供 TCP/IP、ODBC 和 JDBC 等多种数据库连接途径。

（9）提供用于管理、检查、优化数据库操作的管理工具。

（10）支持大型的数据库，可以处理拥有上千万条记录的大型数据库。

（11）支持多种存储引擎。

（12）MySQL 是开源的，所以你不需要支付额外的费用。

（13）MySQL 使用标准的 SQL 数据语言形式。

（14）MySQL 对 PHP 有很好的支持，PHP 是目前最流行的 Web 开发语言。

（15）MySQL 是可以定制的，采用了 GPL 协议，你可以修改源码来开发自己的 MySQL 系统。

（16）在线 DDL/更改功能，数据架构支持动态应用程序和开发人员灵活性（5.6 版新增）。

（17）复制全局事务标识，可支持自我修复式集群（5.6 版新增）。

（18）复制无崩溃从机，可提高可用性（5.6 版新增）。

（19）复制多线程从机，可提高性能（5.6 版新增）。

（20）3 倍更快的性能（5.7 版新增）。

（21）新的优化器（5.7 版新增）。

（22）原生 JSON 支持（5.7 版新增）。

（23）多源复制（5.7 版新增）。

（24）GIS 的空间扩展（5.7 版新增）。

16.1.4　MySQL 管理工具

可以使用命令行工具管理 MySQL 数据库（命令 mysql 和 mysqladmin），也可以从 MySQL 的网站下载图形管理工具 MySQL Administrator、MySQL Query Browser 和 MySQL Workbench。

phpMyAdmin 是由 PHP 写成的 MySQL 数据库系统管理程序，让管理者可用 Web 界面管理 MySQL 数据库。

phpMyBackupPro 也是由 PHP 写成的，可以透过 Web 界面创建和管理数据库。它可以创建伪 cronjobs，可以用来自动在某个时间或周期备份 MySQL 数据库。另外，还有其他的 GUI 管理工具，例如 mysql-front 以及 ems mysql manager、navicat 等。

16.1.5　MySQL 常用命令

在终端操作 MySQL 数据库非常简单，首先使用 root 用户登录，进入数据库管理平台，输入命令:mysql-u root-p,再输入根目录密码,即可操作数据库。

（1）查看 MySQL 版本：

mysql > select version( )；

（2）显示所有数据库：

mysql > show databases；

（3）使用数据库：

mysql > use database_name；

（4）显示所有数据表：

mysql > show tables；

（5）显示数据表结构：

mysql > describe table_name；

（6）创建数据库：

mysql > create database database_name；

（7）删除数据库：

mysql > drop database database_name；

（8）创建数据表：

mysql > use database_name；

mysql > create table table_name（字段名 VARCHAR(20)，字段名 CHAR(1)）；

（9）删除数据表：

mysql > drop table table_name；

（10）查询记录：

mysql > select ∗ from table_name；

（11）导入. sql 文件：

mysql > use database_name；

mysql > source c:/mysql. sql；

（12）修改 root 密码：

mysql > UPDATE mysql. user SET password = PASSWORD(′新密码′) WHERE
User = ′root′；

（13）退出：

mysql > quit

16.2　MySQL 安装方法

16.2.1　安装 MySQL 方法

（1）连接好网络,打开新立得包管理器进行安装,如图 16-1 所示。

图 16-1　安装 MySQL 数据库

（2）点击上面的"搜索"图标，显示对话框，输入搜索内容，如"mysql"，然后点击右下角的【搜索】按钮，显示搜索结果，如图 16-2 所示。

图 16-2　标记要安装的软件

（3）选中"mysql_client"客户端软件，点击鼠标右键，选择【标记以便安装】，如果该程序有依赖，会显示一个对话框，要求附加标记相关的软件包，点击右下角的【标记】按钮，如图 16-3 所示。

（4）选中"mysql_server"服务器软件，如图 16-4 所示。

（5）点击鼠标右键，选择【标记以便安装】，如果该程序有依赖，会显示一个对话框，要求附加标记相关的软件包，点击右下角的【标记】按钮，如图 16-5 所示。

（6）标记完毕，点击上面的"应用"图标，开始下载安装包，如图 16-6 所示。

（7）显示摘要，让用户再次确认，点击右下角的【Apply】按钮，如图 16-7 所示。

（8）开始下载安装包，点击下面的"Show individual files"字样，显示下载进度，如图 16-8 所示。

图 16-3　标记附加依赖软件

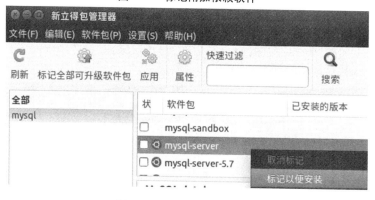

图 16-4　标记要安装的软件

图 16-5　标记附加依赖软件

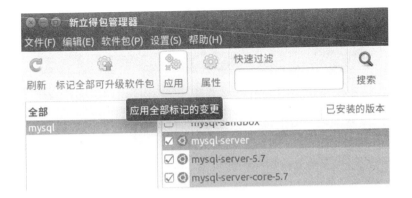

图 16-6　准备安装软件

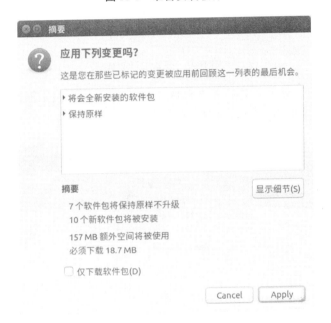

图 16-7　显示摘要信息

图 16-8　下载安装包

（9）下载完成，开始安装软件，如图16-9所示。

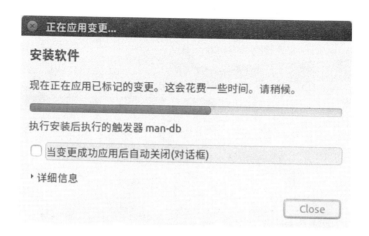

图 16-9　开始安装软件

　　（10）安装过程中，需要设置服务器根目录密码，显示一个对话框，输入你的数据库密码，点击右下角的【前进】按钮，如图16-10所示。

图 16-10　设置数据库根目录密码

（11）再输入一次密码，进行确认，点击右下角的【前进】按钮，如图16-11所示。

（12）接着安装数据库软件，直到完成，如图16-12所示。

（13）安装完毕，显示对话框，如图16-13所示。

（14）打开终端，输入 sudo netstat-tap | grep mysql，查看是否安装成功，显示如图16-14所示的字符，表示安装成功。

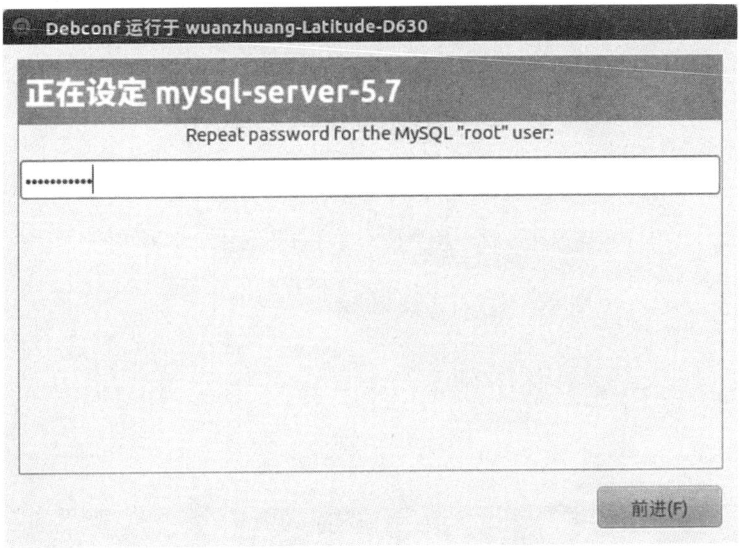

图 16-11　重复输入数据库密码

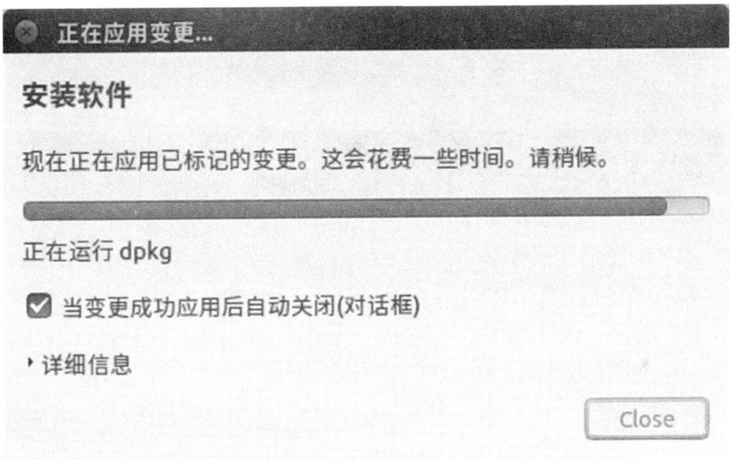

图 16-12　继续安装软件

16.2.2　安装 MySQL 图形界面管理工具

（1）连接好网络，打开新立得包管理器进行安装，如图 16-15 所示。

（2）点击上面的"搜索"图标，显示对话框，输入搜索内容，如"mysql-workbench"，然后点击右下角的【搜索】按钮，显示搜索结果，如图 16-16 所示。

（3）选中"mysql-workbench"，点击鼠标右键，选择【标记以便安装】，如果该程序有依赖，会显示一个对话框，要求附加标记相关的软件包，点击右下角的【标记】按钮，如图 16-17 所示。

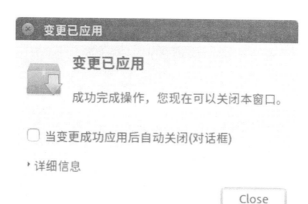

图 16-13　软件安装完成

图 16-14　显示数据库版本号

图 16-15　安装 MySQL 图形界面管理工具

（4）标记完毕，点击上面的"应用"图标，开始下载安装包，如图 16-18 所示。

（5）显示摘要，让用户再次确认，点击右下角的【Apply】按钮，如图 16-19 所示。

（6）开始下载安装包，点击下面的"Show individual files"字样，显示下载进度，如图 16-20 所示。

图 16-16　标记要安装的软件

图 16-17　标记附加依赖软件

图 16-18　准备安装软件

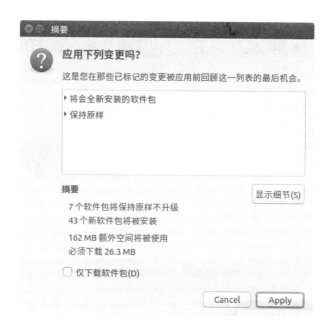

图 16-19　显示摘要信息

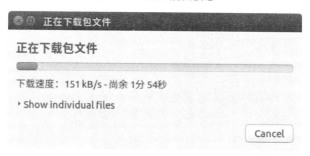

图 16-20　下载安装包

（7）下载完成，开始安装软件，如图 16-21 所示。

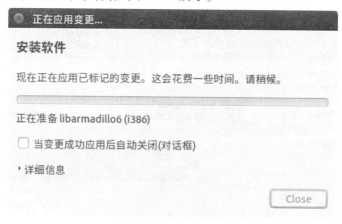

图 16-21　开始安装软件

（8）安装完毕,显示如图 16-22 所示的对话框。

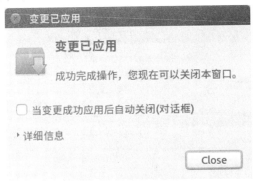

图 16-22　软件安装完成

（9）打开启动栏上的主按钮,输入 work,显示如图 16-23 所示的图标。

图 16-23　显示 MySQL Workbench 图标

（10）点击 MySQL Workbench 图标,打开 MySQL 图形界面管理工具,如图 16-24 所示。

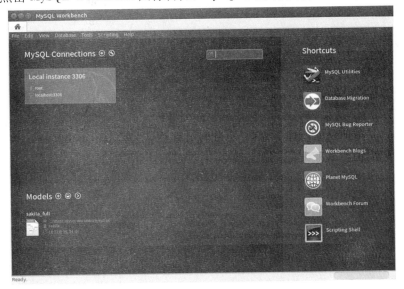

图 16-24　打开 MySQL 图形界面管理工具

（11）点击左上角的"Local instance 3306"方块大图标，显示连接数据库服务器界面，如图 16-25 所示。

图 16-25　输入数据库根目录密码

（12）输入刚才安装时设置的根目录密码，点击【OK】按钮，打开界面管理器，如图 16-26 所示。

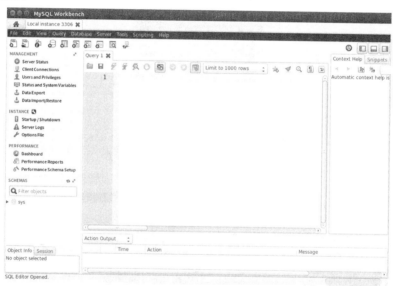

图 16-26　显示 MySQL 图形界面管理器界面

（13）如果想使用编程来调用 MySQL 数据库，请参考下一节内容。

16.3　MySQL 操作示例

16.3.1　使用终端操作 MySQL 方法

（1）在终端操作 MySQL 数据库非常简单，首先使用 root 用户登录，进入数据库管理平台，输入命令：mysql-u root-p，再输入根目录密码，开始进入数据库管理平台，如

图 16-27 所示。

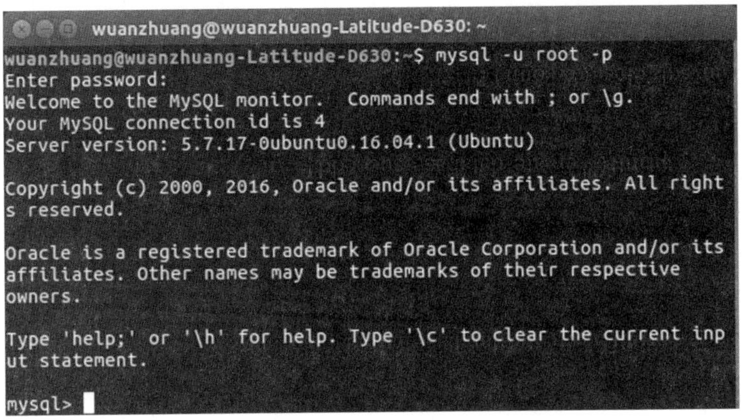

图 16-27　进入 MySQL 数据库方法

（2）登录成功后,显示 mysql＞,进入命令行,然后创建示例数据库,数据库名称为
"test",如下所示:

　　mysql＞create database test;

（3）切换到当前数据库中,输入命令,如下所示:

　　mysql＞use test; //切换到 test 数据库中

（4）创建表,表名为"user",字段:序号（10）,姓名（25）,电话（25）,如下所示:

　　mysql＞ create table user(num int(10）, name varchar(25）,phone varchar(25）)；
//创建一个叫 user 的表

（5）插入原始数据,如下所示:

　　mysql＞insert into user values('123','wuanzhuang','15038083078')；

（6）查询数据库,如下所示:

　　mysql＞select ＊ from user； //查询 user 表中数据

（7）退出数据库管理系统平台,如下所示:

　　mysql＞quit

（8）数据库操作过程及显示结果,如图 16-28 所示。

（9）其他数据库操作命令:

　　mysql＞delete from user where name＝'wuanzhuang'； // 删除表中的数据

　　mysql＞show create table user； //显示刚才创建的表

　　mysql＞show databases； // 显示全部数据库文件

　　mysql＞drop database test； // 删除创建的数据库文件

注意:①每个命令行后面均以分号结束;②一旦数据库文件创建成功,注销和关机都
不影响数据库文件的存在,使用删除命令 drop 可以删除数据库。

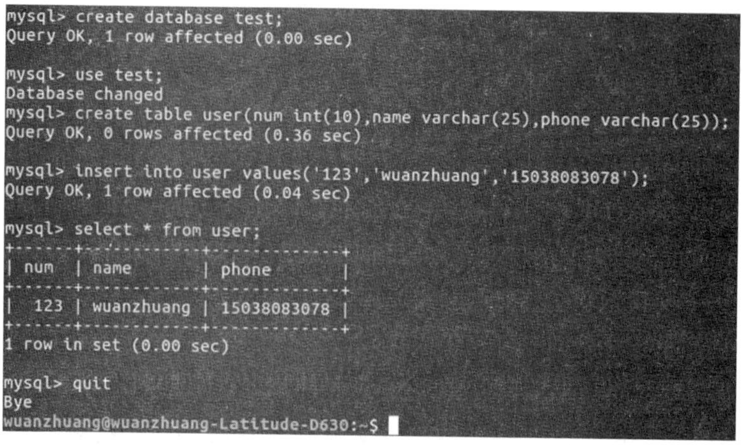

图 16-28　操作 MySQL 数据库示例

16.3.2　使用 C++代码操作 MySQL 方法

1. 使用 C++操作 MySQL 方法

（1）使用 C++代码操作 MySQL 数据库,首先要安装 MySQL 数据库头文件,MySQL 开发包提供了基本操作接口,在终端输入如下命令:mysql_config-cflags-libs,回车,检查是否安装了头文件,如图 16-29 所示。

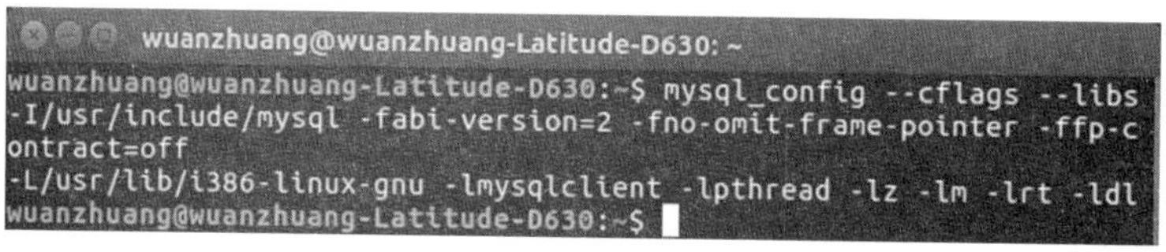

图 16-29　查看开发包信息

（2）如果显示如图 16-29 所示的信息,表示已正确安装,否则要进行安装,执行如下命令:sudo apt install libmysqlclient-dev,回车。如果不安装,编译会出错。安装后头文件在 /usr/include/mysql 目录下,而动态库在/usr/－－－lib/mysql 目录下。

（3）使用 Gedit 文本编辑器,输入如下 C++代码,保存为名为"test. cpp"的文件,并放在用户主文件夹下。

#include ＜stdio. h＞

#include ＜mysql. h＞

int main(int argc,char ∗argv[ ])

｛

　　MYSQL conn;

　　int res;

　　mysql_init(&conn) ;

　　if(mysql＿real＿connect(&conn," localhost"," root"," 15038083078"," test",0, NULL,CLIENT_FOUND_ROWS))

```
        {
            printf("database connect succedd！\n");
            res = mysql_query(&conn,"insert into user values('456','wuyan',
'15038083078')");
            if(res)
            {
                printf("into data failed！\n");
            }
            else
            {
                printf("into data succeed！\n");
            }
            mysql_close(&conn);
        }
        else printf("can not open database！\n");
        return 0;
    }
```

(4)编译程序,使用如下编译代码(注意:其中两个引号,不是单引号,而是反引号,在键盘左上角,波浪符号下面的那个):g + + test. cpp `mysql_config--cflags--libs`-o test,回车,如图 16-30 所示。

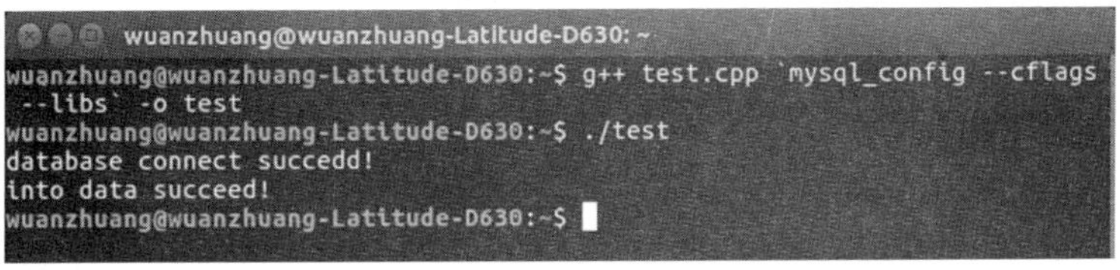

图 16-30　用 C + + 代码操作数据库

(5)编译成功后,执行程序,输入命令 ./test,回车,从上面可以看出,添加数据成功。然后,重新打开数据库,显示如图 16-31 所示。

2. 使用 C + + 创建 MySQL 数据库、表方法

(1)使用 Gedit 文本编辑器,继续修改上面的 C + + 代码,添加创建数据库和创建表代码,依然保存为"test. cpp"文件,并放在主文件夹下。

```
#include  <stdio. h >
#include  <mysql. h >
int main(int argc,char  * argv[ ])
{
    MYSQL conn;
```

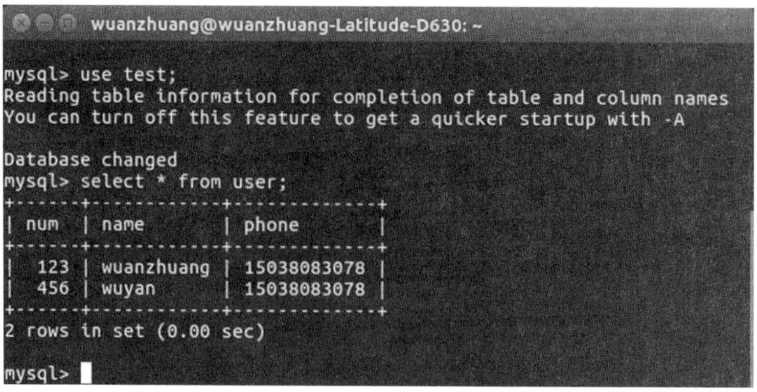

图 16-31　用 C + + 代码添加数据成功

```
        int res;
        mysql_init(&conn);
        if( mysql_real_connect( &conn, "localhost", "root", "15038083078", 0, 0, NULL,
CLIENT_FOUND_ROWS))
            {
                res = mysql_query( &conn, "CREATE DATABASE my_db");
                if( res)
                {
                    printf("create database failed! \n");
                }
                else
                {
                    printf("create database succedd! \n");
                }
                mysql_close( &conn);
            }
        else printf("can not create database! \n");
        if( mysql_real_connect( &conn, "localhost", "root", "15038083078", "my_db", 0,
NULL, CLIENT_FOUND_ROWS))
            {
                res = mysql_query( &conn, "CREATE TABLE my_table( num int( 10), name
varchar( 25), phone varchar( 25))");
                if( res)
                {
                    printf("create table failed! \n");
                }
```

```
        else
        {
            printf("create table succedd! \n");
        }
        mysql_close(&conn);
    }
    else printf("can not create table! \n");
    if(mysql_real_connect(&conn,"localhost","root","15038083078","my_db",0,
NULL,CLIENT_FOUND_ROWS))
    {
        res = mysql_query(&conn,"insert into my_table values('123','wuanzhuang',
'15038083078')");
        if(res)
        {
            printf("insert data failed! \n");
        }
        else
        {
            printf("insert data succeed! \n");
        }
        mysql_close(&conn);
    }
    else printf("can not connent database! \n");
    return 0;
}
```

(2)编译程序,使用如下编译代码(注意:其中两个引号不是单引号,而是反引号,在键盘左上角,波浪符号下面的那个):g + + test. cpp `mysql_config --cflags --libs` -o test,回车,如图 16-32 所示。

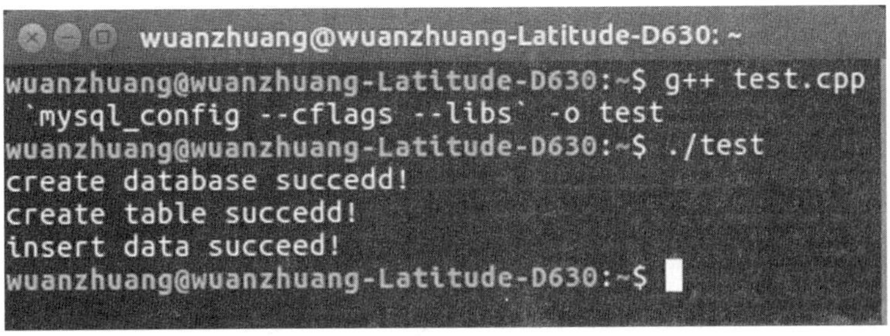

图 16-32　用 C + +代码创建数据库并添加数据

（3）编译成功后,执行程序,输入命令 ./test,回车,从上面可以看出,创建数据库成功,创建表成功,添加数据成功。然后,重新打开数据库,显示如图 16-33 所示。

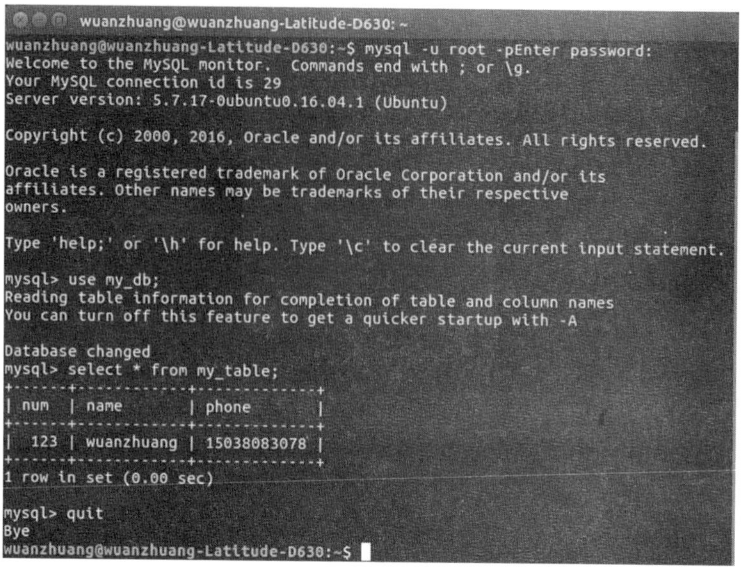

图 16-33　用 C + + 代码创建数据库成功

第 17 章　SQLite 数据库

17.1　SQLite 基础知识

17.1.1　SQLite 简介

SQLite 是一款轻型的、嵌入式关系型数据库管理系统,占用资源非常少,在嵌入式设备中,可能只需要不到 1 MB 的内存就够了。它能够支持 Windows、Linux、Unix 等主流的操作系统,同时能够与很多程序语言相结合,比如 Tcl、C#、PHP、Java 等,还有 ODBC 接口,相对于 MySQL、PostgreSQL 这两款开源的世界著名数据库管理系统来讲,它的处理速度比它们都要快。SQLite 第一个 Alpha 版本诞生于 2000 年 5 月,2004 年,SQLite 从版本 2 升级到版本 3,这是一次重大升级,至 2015 年 1 月 16 日,SQLite 3.8.8 发布。

17.1.2　SQLite 发展历史

SQLite 最初的构思是在一条军舰上进行的。当时在通用动力工作的 SQLite 的作者 D. Richard Hipp 正在为美国海军编制一种使用在导弹驱逐舰上的程序,那个程序最初运行在 Hewlett-Packard UNIX(HPUX)上,后台使用 Informix 数据库,对那个具体应用而言,Informix 有点太强大了,一个有经验的数据库管理员(DBA)安装或升级 Informix 可能需要一整天,如果是没经验的程序员,这个工作可能永远也做不完。真正需要的只是一个自我包含的数据库,它容易使用并能由程序控制传导,另外,不管其他软件是否安装,它都可以运行。

2000 年 1 月,Hipp 开始和另一个同事讨论关于创建一个简单的嵌入式 SQL 数据库的想法,这个数据库将使用 GNU DBM 哈希库(gdbm)做后台,同时这个数据库将不需要安装和管理支持。后来,一有空闲时间,Hipp 就开始实施这项工作。2000 年 8 月,SQLite 1.0 版发布了。

按照原定计划,SQLite 1.0 版用 gdbm 作为存储管理器,然而,Hipp 不久就用自己实现的能支持事务和记录按主键存储的 B-ftree 替换了 gdbm,随着第一次重要升级的进行,SQLite 有了稳定的发展,功能和用户也在增长。

2001 年中期,很多项目包括开源的或商业的,都开始使用 SQLite,在随后的几年中,开源社区的其他成员开始为他们喜欢的脚本语言和程序库编写 SQLite 扩展,一个接一个,继 Perl、Python、Ruby、Java 和其他主流的程序设计语言的扩展之后,新的扩展如 SQLite 的 ODBC 接口出现,证明了 SQLite 的广泛应用和实用功能。

17.1.3 SQLite 特征

SQLite 数据库是 D. Richard Hipp 用 C 语言编写的开源嵌入式数据库,支持的数据库大小为 2 TB,它具有如下特征。

1. 轻量级

SQLite 和 C\S 模式的数据库软件不同,它是进程内的数据库引擎,因此不存在数据库的客户端和服务器。使用 SQLite 一般只需要带上它的一个动态库,就可以享受它的全部功能,而且那个动态库的尺寸也相当小。

2. 独立性

SQLite 数据库的核心引擎本身不依赖第三方软件,使用它也不需要安装,所以在使用的时候能够省去不少麻烦。

3. 隔离性

SQLite 数据库中的所有信息(比如表、视图、触发器)都包含在一个文件内,方便管理和维护。

4. 跨平台

SQLite 数据库支持大部分操作系统,除了常见的操作系统外,很多手机操作系统同样可以运行,比如 Android、Windows Mobile、Symbian、Palm 等。

5. 多语言接口

SQLite 数据库支持很多语言编程接口,比如 C\C++、Java、Python、C#、Ruby、Perl 等,得到很多开发者的喜爱。

6. 安全性

SQLite 数据库通过数据库级上的独占性和共享锁来实现独立事务处理。这意味着多个进程可以在同一时间从同一数据库读取数据,但只有一个可以写入数据。在某个进程或线程向数据库执行写操作之前,必须获得独占锁定。在发出独占锁定后,其他的读或写操作将不会再发生。

17.1.4 SQLite 数据类型

SQLite 支持常见的数据类型,如:

- CREATE TABLE ex2;
- VARCHAR(10);
- NVARCHAR(15);
- TEXT;
- INTEGER;
- BOOLEAN;
- CLOB;
- BLOB;
- TIMESTAMP;

- NUMERIC(10,5);
- VARYING CHARACTER (24);
- NATIONAL VARYING CHARACTER(16)。

17.1.5　SQLite 常用函数

SQLite 有许多内置函数用于处理字符串或数字数据,表 17-1 中列出了一些常用的 SQLite 内置函数,且所有函数都对大小写不敏感,这意味着你可以使用这些函数的小写形式或大写形式或混合形式。欲了解更多详情,请查看 SQLite 的官方文档。

表 17-1　SQLite 常用函数

序号	函数	描述
1	COUNT	聚合函数用来计算一个数据库表中的行数
2	MAX	聚合函数允许我们选择某列的最大值
3	MIN	聚合函数允许我们选择某列的最小值
4	AVG	聚合函数用来计算某列的平均值
5	SUM	聚合函数允许为一个数值列计算总和
6	RANDOM	函数返回一个介于 − 9223372036854775808 和 + 9223372036854775807 之间的伪随机整数
7	ABS	函数返回数值参数的绝对值
8	UPPER	函数把字符串转换为大写字母
9	LOWER	函数把字符串转换为小写字母
10	LENGTH	函数返回字符串的长度
11	sqlite_version	函数返回 SQLite 库的版本

17.2　SQLite 安装方法

17.2.1　安装 SQLite 方法

(1)连接好网络,打开新立得包管理器进行安装,如图 17-1 所示。

(2)点击上面的"搜索"图标,显示对话框,输入搜索内容,如"sqlite",然后点击右下角的【搜索】按钮,显示搜索结果,如图 17-2 所示。

(3)选中"sqlite",点击鼠标右键,选择【标记以便安装】,如果该程序有依赖,会显示一个对话框,要求附加标记相关的软件包,点击右下角的【标记】按钮,如图 17-3 所示。

(4)标记完毕,点击上面的"应用"图标,开始下载安装包,如图 17-4 所示。

图 17-1　安装 SQLite 数据库

图 17-2　标记要安装的软件

图 17-3　标记附加依赖软件

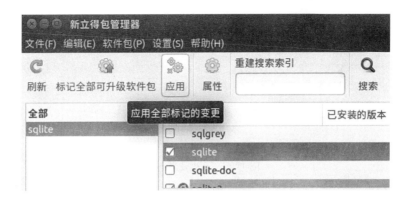

图 17-4　准备安装软件

（5）显示摘要，让用户再次确认，点击右下角的【Apply】按钮，如图 17-5 所示。

图 17-5　显示摘要信息

（6）开始下载安装包，点击下面的"Show individual files"字样，显示下载进度，如图 17-6 所示。

（7）下载完成，开始安装软件，如图 17-7 所示。

（8）安装完毕，显示对话框，如图 17-8 所示。

（9）打开终端，输入 sqlite-version，查看是否安装成功，如图 17-9 所示，表示安装成功。

图 17-6　下载安装包

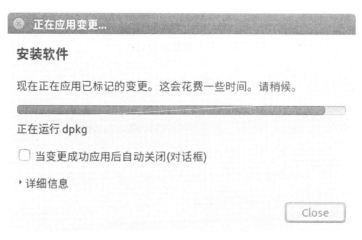

图 17-7　开始安装软件

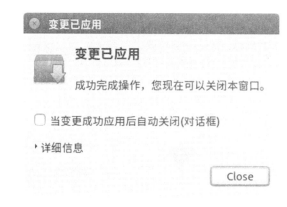

图 17-8　软件安装完成

图 17-9　显示 SQLite 数据库版本号

17.2.2 安装 SQLite 图形界面浏览器

（1）连接好网络，打开新立得包管理器进行安装，如图 17-10 所示。

图 17-10 安装 SQLite 图形界面浏览器

（2）点击上面的"搜索"图标，显示对话框，输入搜索内容，如"sqlitebrowser"，然后点击右下角的【搜索】按钮，显示搜索结果，如图 17-11 所示。

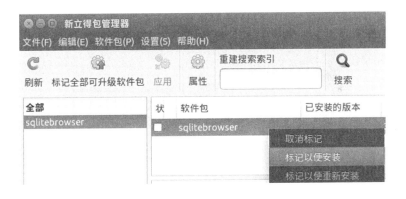

图 17-11 标记要安装的软件

（3）选中"sqlitebrowser"，点击鼠标右键，选择【标记以便安装】，如果该程序有依赖，会显示一个对话框，要求附加标记相关的软件包，点击右下角的【标记】按钮，如图 17-12 所示。

（4）标记完毕，点击上面的"应用"图标，开始下载安装包，如图 17-13 所示。

（5）显示摘要，让用户再次确认，点击右下角的【Apply】按钮，如图 17-14 所示。

图 17-12 标记附加依赖软件

图 17-13 准备安装软件

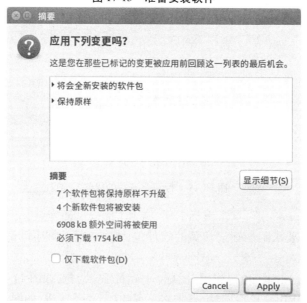

图 17-14 显示摘要信息

（6）开始下载安装包，点击下面的"Show individual files"字样，显示下载进度，如图 17-15 所示。

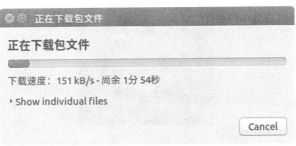

图 17-15　下载安装包

（7）下载完成，开始安装软件，如图 17-16 所示。

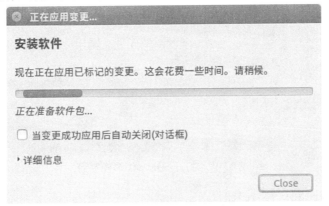

图 17-16　开始安装软件

（8）安装完毕，显示如图 17-17 所示的对话框。

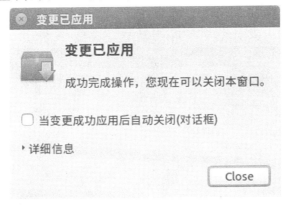

图 17-17　软件安装完成

（9）打开启动栏上的主按钮，输入 sqlite，显示如图 17-18 所示的图标。

（10）点击 DB Browser for SQLite 图标，打开 SQLite 图形浏览器，如图 17-19 所示。

（11）如果使用编程来调用 SQLite 数据库，请参考下一节内容。

图 17-18　显示 DB Browser for SQLite 图标

图 17-19　打开 SQLite 图形浏览器

17.3　SQLite 操作示例

17.3.1　QT 操作 SQLite 数据库示例

（1）打开 QT 软件开发工具，如图 17-20 所示。

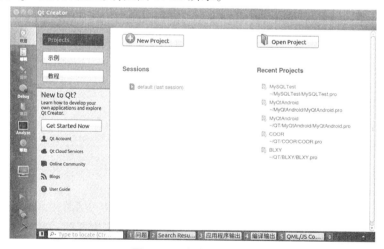

图 17-20　创建 QT 程序

（2）点击中间的【New Project】按钮，显示如图 17-21 所示。

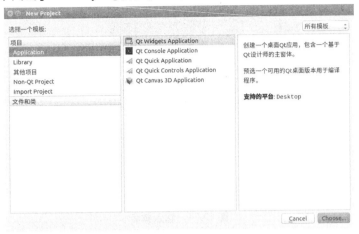

图 17-21　选择创建类型

（3）接受默认选择，点击右下角的【Choose…】按钮，如图 17-22 所示。

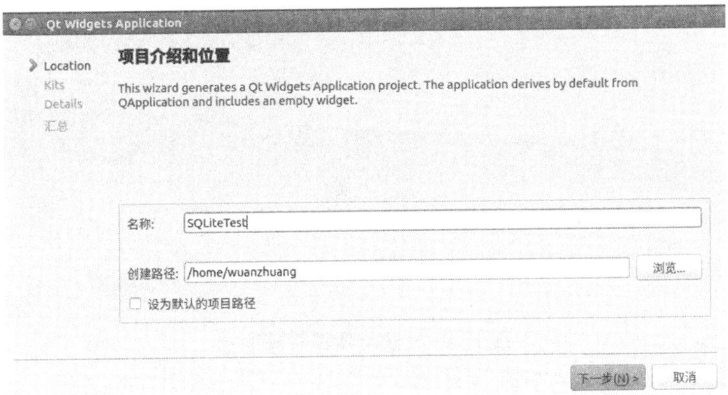

图 17-22　显示项目介绍和位置信息

（4）输入项目名称和位置，然后点击【下一步】，如图 17-23 所示。

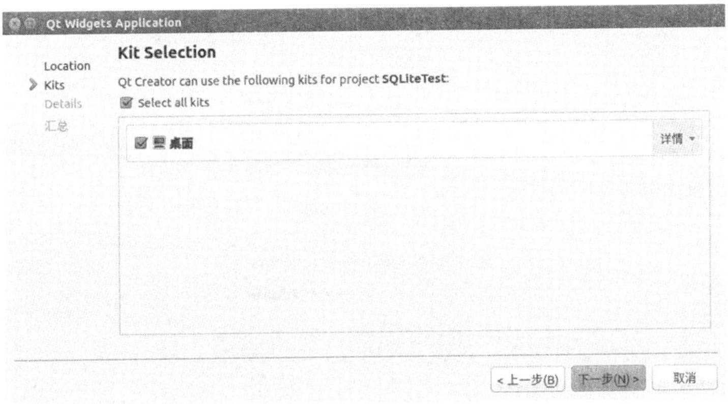

图 17-23　选择 Kits 套件

(5)点击【下一步】,如图 17-24 所示。

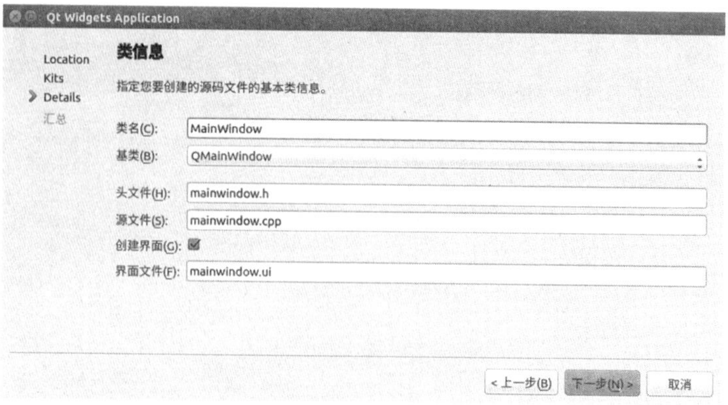

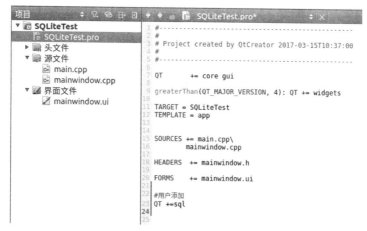

图 17-24　输入类名

(6)输入类名,点击【下一步】,如图 17-25 所示。

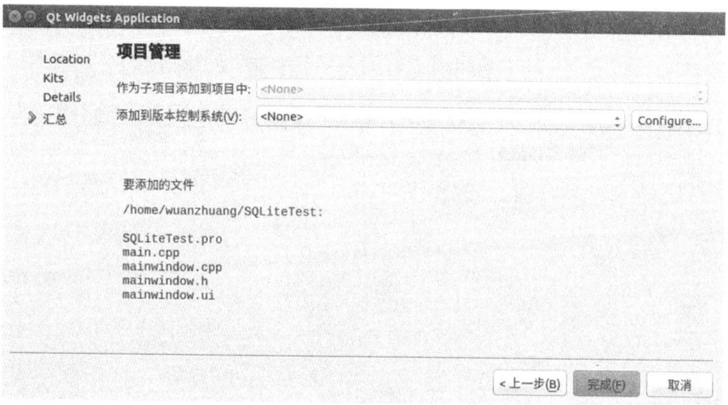

图 17-25　显示项目管理信息

(7)点击【完成】按钮,显示界面如下,双击打开 SQLiteTest. pro 文件,在右边框内添加代码 QT + = sql,如图 17-26 所示。

图 17-26　添加头文件信息

（8）双击界面文件"mainwindow.ui"，如图 17-27 所示。

图 17-27　添加支持 SQLite 数据库代码

（9）显示设计面板，在左边控件栏内选择一个 Table View 控件，将其拖到当前面板中，如图 17-28 所示。

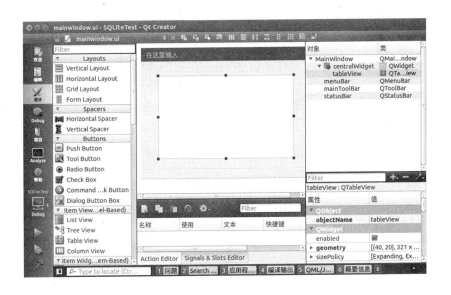

图 17-28　添加控件

（10）双击 mainwindow.cpp 文件，添加执行代码（详见后面章节），如图 17-29 所示。

图 17-29　添加执行代码

（11）选择菜单：【构建】→【构建所有项目】，如图 17-30 所示。

图 17-30　编译程序

（12）提示保存修改过的文件，点击右下角的【保存所有】按钮，如图 17-31 所示。

图 17-31　保存修改文件

（13）系统开始编译，完成后在右下角显示结果，然后选择菜单：【构建】→【运行】，或点击左边的播放按钮，如图 17-32 所示。

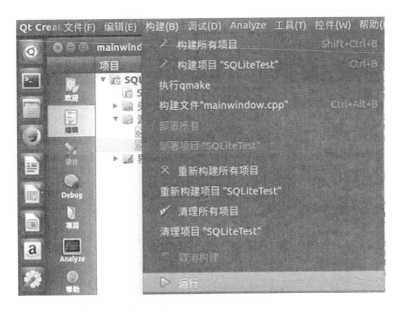

图 17-32　运行程序

(14) 程序运行结果如图 17-33 所示。

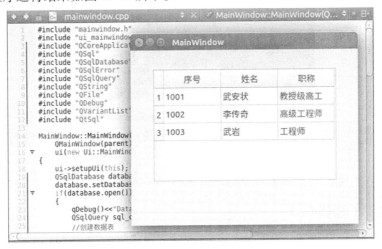

图 17-33　显示运行结果

(15) 打开用户主文件夹,可以看到刚刚编译生成的文件夹,如图 17-34 所示。

图 17-34　查找数据库文件

（16）双击该文件，可以看到刚生成的数据库文件，后缀名为".db"，如图17-35所示。

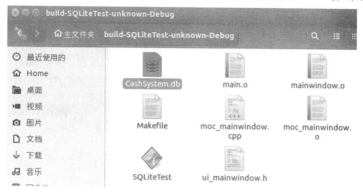

图17-35　显示数据库文件

（17）打开启动栏的主按钮，输入"sql"字样，打开上面第二个图标，调出 SQLite 数据库图形浏览器，如图17-36所示。

图17-36　打开 SQLite 数据库图形浏览器

（18）点击上面的打开数据库功能，选择刚生成的数据库文件，点击【打开】按钮，如图17-37所示。

（19）选择浏览数据，可以看到刚创建的数据库结果，如图17-38所示。

17.3.2　C++源代码

CPP 源文件（mainwindow. cpp）

#include "mainwindow. h"

#include "ui_mainwindow. h"

// 用户需要添加的头文件

#include "QCoreApplication"

#include "QSql"

#include "QSqlDatabase"

#include "QSqlError"

#include "QSqlQuery"

#include "QString"

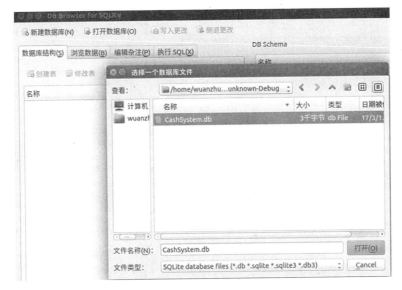

图 17-37　选择数据库文件

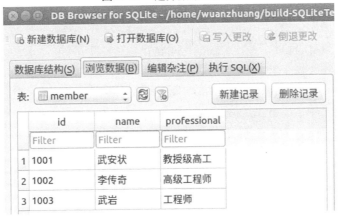

图 17-38　显示数据库内容

```
#include "QFile"
#include "QDebug"
#include "QVariantList"
#include "QtSql"
MainWindow::MainWindow(QWidget *parent) :
    QMainWindow(parent),
    ui(new Ui::MainWindow)
{
    ui->setupUi(this);
    QSqlDatabase database = QSqlDatabase::addDatabase("QSQLITE");
    database.setDatabaseName("CashSystem.db");
    if(database.open())
```

```
    {
        qDebug() << "Database Opened";
        QSqlQuery sql_query;
        //创建数据表
        QString create_sql = "create table member (id int primary key, name varchar
(30), professional varchar(30))";
        QString insert_sql = "insert into member values(?,?,?)"; //插入数据
        QString select_all_sql = "select * from member";
        sql_query.prepare(create_sql); //创建表
        if(! sql_query.exec()) //查看创建表是否成功
        {
            qDebug() << QObject::tr("Table Create failed");
            qDebug() << sql_query.lastError();
        }
        else
        {
            qDebug() << "Table Created";
            //插入数据
            sql_query.prepare(insert_sql);
            QVariantList GroupIDs;
            GroupIDs.append(1001);
            GroupIDs.append(1002);
            GroupIDs.append(1003);
            QVariantList GroupNames;
            GroupNames.append("武安状");
            GroupNames.append("李传奇");
            GroupNames.append("武岩");
            QVariantList GroupAddress;
            GroupAddress.append("教授级高工");
            GroupAddress.append("高级工程师");
            GroupAddress.append("工程师");
            sql_query.addBindValue(GroupIDs);
            sql_query.addBindValue(GroupNames);
            sql_query.addBindValue(GroupAddress);
            if(! sql_query.execBatch())
            {
                qDebug() << sql_query.lastError();
            }
```

```cpp
        else
        {
            qDebug() << "插入记录成功";
        }
        QSqlQueryModel * model = new QSqlQueryModel;
        model -> setQuery("select * from member");
        model -> setHeaderData(0, Qt::Horizontal, "序号");
        model -> setHeaderData(1, Qt::Horizontal, "姓名");
        model -> setHeaderData(2, Qt::Horizontal, "职称");
        ui -> tableView -> setWindowTitle("QSqlQueryModel");
        ui -> tableView -> setModel(model);
        /*
        /查询所有记录
        sql_query.prepare(select_all_sql);
        if(! sql_query.exec())
        {
            qDebug() << sql_query.lastError();
        }
        else
        {
            while(sql_query.next())
            {
                int id = sql_query.value(0).toInt();
                QString name = sql_query.value(1).toString();
                QString address = sql_query.value(2).toString();
                qDebug() << QString(" ID:% 1  Name:% 2  Professional:
%3").arg(id).arg(name).arg(address);
            }
        } */
        }
    }
    database.close();
}
MainWindow:: ~ MainWindow()
{
    delete ui;
}
```

第 18 章　测量软件开发

18.1　测量计算公式

18.1.1　高斯投影正反算公式

1.高斯投影正算计算公式

$$x = X + Nt\cos^2 B \frac{l^2}{\rho^2}\left[0.5 + \frac{1}{24}(5 - t^2 + 9\eta^2 + 4\eta^4)\cos^2 B \frac{l^2}{\rho^2} + \frac{1}{720}(61 - 58t^2 + t^4)\cos^4 B \frac{l^4}{\rho^4}\right]$$

$$y = N\cos^2 B \frac{l}{\rho}\left[1 + \frac{1}{6}(1 - t^2 + \eta^2)\cos^2 B \frac{l^2}{\rho^2} + \frac{1}{120}(5 - 18t^2 + t^4 + 14\eta^2 - 58\eta^2 t^2)N\cos^4 B \frac{l^4}{\rho^4}\right]$$

子午线弧长 X 计算见 18.1.2 部分内容。

2.高斯投影反算计算公式

$$B = B_f - \frac{pt_f}{2M_f}y\left(\frac{y}{N_f}\right)\left[1 - \frac{1}{12}(5 + 3t_f^2 + \eta_f^2 - 9\eta_f^2 t_f^2)\left(\frac{y}{N_f}\right)^2 + \frac{1}{360}(61 + 90t_f^2 + 45t_f^4)\left(\frac{y}{N_f}\right)^4\right]$$

$$l = \frac{\rho}{\cos B_f}\left(\frac{y}{N_f}\right)\left[1 - \frac{1}{6}(1 + 2t_f^2 + \eta_f^2)\left(\frac{y}{N_f}\right)^2 + \frac{1}{120}(5 + 28t_f^2 + 24t_f^4 + 6\eta_f^2 + 8\eta_f^2 t_f^2)\left(\frac{y}{N_f}\right)^4\right]$$

式中, η_f、t_f 分别为按 B_f 计算的相应量, B_f 的计算见 18.1.3 部分内容。

3.常用量定义

a——椭球长半轴,1954 年北京坐标系为 6 378 245 m,1980 西安坐标系为 6 378 140 m;

b——椭球短半轴, $b = a\sqrt{1 - e^2}$;

f——椭球扁率, 1954 年北京坐标系为 1/298.3,1980 西安坐标系为 1/298.257, $f = \dfrac{a-b}{a}$;

e——第一偏心率, $e = \dfrac{\sqrt{a^2 - b^2}}{a}$, $e^2 = 2f - f^2$;

e'——第二偏心率, $e' = \dfrac{\sqrt{a^2 - b^2}}{a}$;

$\eta^2 = e'^2\cos^2 B$;

$t = \tan B$;

$V=\sqrt{1+e'^2\cos^2B}$,$V^2=1+\eta^2$;

$W=\sqrt{1-e^2\sin^2B}$,B 为纬度,单位为弧度;

$c=\dfrac{a^2}{b}$;

M——子午圈曲率半径,$M=\dfrac{a(1-e^2)}{W^3}=\dfrac{c}{V^3}$;

N——卯酉圈曲率半径,$N=\dfrac{a}{W}=\dfrac{c}{V}$。

18.1.2　子午线弧长计算公式

如图 18-1 所示,设有子午线上两点 P_1 和 P_2,P_1 在赤道上,P_2 的纬度为 B,P_1、P_2 间的子午线弧长 X 计算公式如下:

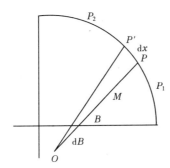

图 18-1　子午线弧长

$$X = a(1-e^2)(A'\mathrm{arc}B - B'\sin2B + C'\sin4B - D'\sin6B + E'\sin8B - F'\sin10B + G'\sin12B)$$
式中

$$A' = 1 + \frac{3}{4}e^2 + \frac{45}{64}e^4 + \frac{175}{256}e^6 + \frac{11\,025}{16\,384}e^8 + \frac{43\,659}{65\,536}e^{10} + \frac{693\,693}{1\,048\,576}e^{12}$$

$$B' = \frac{3}{8}e^2 + \frac{15}{32}e^4 + \frac{525}{1\,024}e^6 + \frac{2\,205}{4\,096}e^8 + \frac{72\,765}{131\,072}e^{10} + \frac{297\,297}{524\,288}e^{12}$$

$$C' = \frac{15}{256}e^4 + \frac{105}{1\,024}e^6 + \frac{2\,205}{16\,384}e^8 + \frac{10\,395}{65\,536}e^{10} + \frac{1\,486\,485}{8\,388\,608}e^{12}$$

$$D' = \frac{35}{3\,072}e^6 + \frac{105}{4\,096}e^8 + \frac{10\,395}{262\,144}e^{10} + \frac{55\,055}{1\,048\,576}e^{12}$$

$$E' = \frac{315}{131\,072}e^8 + \frac{3\,465}{524\,288}e^{10} + \frac{99\,099}{8\,388\,608}e^{12}$$

$$F' = \frac{693}{1\,310\,720}e^{10} + \frac{9\,009}{5\,242\,880}e^{12}$$

$$G' = \frac{1\,001}{8\,388\,608}e^{12}$$

18.1.3 底点纬度计算公式

在高斯投影反算时,已知高斯平面直角坐标(X,Y),反求其大地坐标(L,B)。首先将X当作中央子午线上弧长,反求其纬度,此时的纬度称为底点纬度或垂直纬度。计算底点纬度的公式可以采用迭代解法和直接解法。

底点纬度B_f迭代公式如下:

$$B_0 = \frac{X}{a(1-e^2)A} \quad , \quad B_{i+1} = B_i + \frac{X - F(B_i)}{F'(B_i)}$$

直到$B_{i+1}-B_i$小于某一个指定数值,即可停止迭代。

式中

$$F(B) = a(1-e^2)\left[A'\mathrm{arc}B - B'\sin 2B + C'\sin 4B - D'\sin 6B + \right.$$
$$\left. E'\sin 8B - F'\sin 10B + G'\sin 12B\right]$$
$$F'(B) = a(1-e^2)\left[A' - 2B'\cos 2B + 4C'\cos 4B - 6D'\cos 6B + \right.$$
$$\left. 8E'\cos 8B - 10F'\cos 10B + 12G'\cos 12B\right]$$

18.2 基于 Eclipse 平台 Java 语言开发坐标转换程序

18.2.1 界面设计

(1)打开 Eclipse 软件,新建一个 Java 界面程序,项目名为 BLXY,添加一个新类(详细请参考本书 11.2.3 部分内容),如图 18-2 所示。

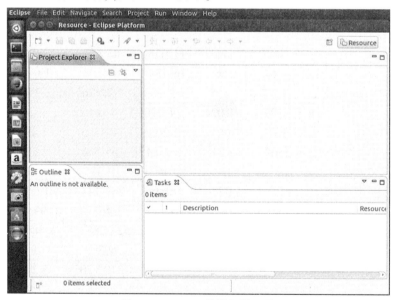

图 18-2 Eclipse 软件开发工具

（2）打开 Design 标签，显示设计界面，添加 6 个 JLabel 控件、3 个 JComboBox 控件、6 个 JTextField 控件、1 个 JButton 按钮控件，摆好位置，自动生成位置代码，稍加修改即可，如图 18-3 所示。

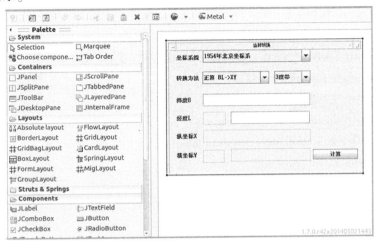

图 18-3　Java 坐标转换程序界面设计

18.2.2　自定义成员函数

（1）添加必须的 Java 包，如下所示：

import java.awt.EventQueue；

import java.awt.TextField；

import java.awt.event. * ；

import java.text. * ；

import javax.swing.JFrame；

import javax.swing.JLabel；

import javax.swing.JOptionPane；

import javax.swing.JTextField；

import javax.swing.JButton；

import javax.swing.JComboBox；

（2）定义变量，如下所示：

private JFrame frame；

private JLabel Label1，Label2，Label3，Label4，Label5，Label6；

private JTextField mB，mJ1，mL，mX，mJ2，mY；

private JButton btnNewButton；

private JComboBox comboBox1，comboBox2，comboBox3；

private static final String[ ] ArraySystem = ｛"1954 年北京坐标系"，"1980 西安坐标系"，"2000 国家大地坐标系"｝；

private static final String[ ] ArrayTape = ｛"3 度带"，"6 度带"｝；

private static final String[ ] ArrayMethod = {"正算 BL->XY", "反算 XY->BL", "换带 XY->XY"};

// 椭球长半轴及扁率

double E_a = 6378245, E_f = 1/298.3, E_a1 = 6378245, E_f1 = 1/298.3, E_a2 = 6378140, E_f2 = 1/298.257;

double L0 = 0, L = 0, C_X = 0, C_Y = 0, C_r = 0, C_B = 0, C_L = 0, zz = 0;

int C_J = 0, t = 0, Constant = 500000, words = 0;

（3）系统自动生成的主函数，如下所示：

```
public static void main(String[ ] args){
    EventQueue.invokeLater( new Runnable( ){
        public void run( ){
            try{
                MyClass window = new MyClass( );
                window.frame.setVisible(true);
            }catch (Exception e){
                e.printStackTrace( );
            }
        }
    });
}
```

（4）添加自定义成员函数（部分），如下所示：

// DEG 化成弧度

```
private double ConvertDegreeToRadians(double degrees)
{
    return (Math.PI/180) * degrees;
}
```

（5）添加监听函数，相当于 C++中的 onClick 函数，下面给出常用的两种监听函数格式：

①comboBox.addActionListener(new ActionListener( )

```
{
    public void actionPerformed(ActionEvent e)
    {
        // 其他代码
    }
});
```

②btnNewButton.addActionListener(new ActionListener( )

```
{
    public void actionPerformed(ActionEvent arg0)
```

```
    {
        // 其他代码
    }
});
```

18.2.3   编译与运行

代码添加完毕,编译运行程序,可进行大地坐标正反算及换带计算,显示如下:

(1)大地坐标正算,如图18-4 所示。

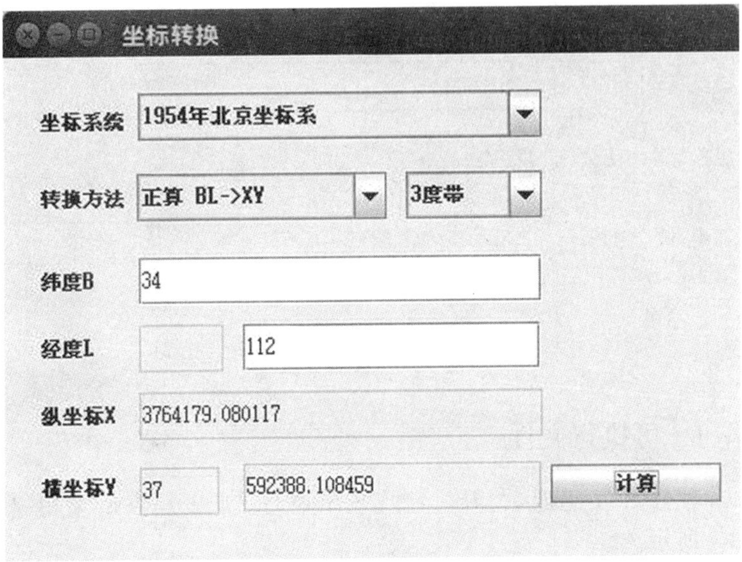

图 18-4   大地坐标正算

(2)大地坐标反算,如图18-5 所示。

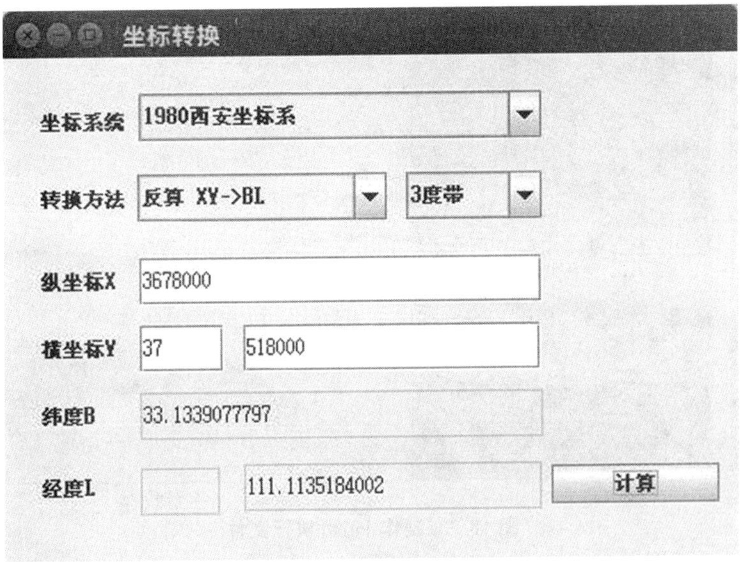

图 18-5   大地坐标反算

（3）换带计算，如图 18-6 所示。

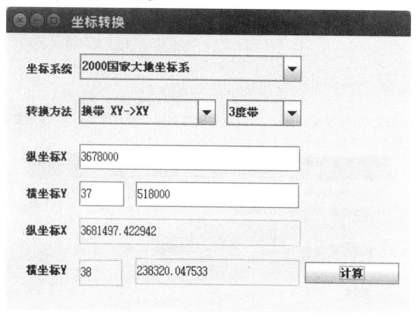

图 18-6　换带计算

18.2.4　制作 Jar 可执行文件

（1）当 Java 程序开发完成后，开始制作安装程序，方法是点击菜单：【File】→【Export】，如图 18-7 所示。

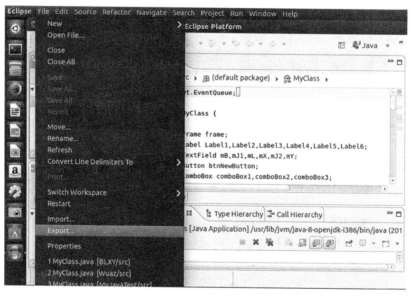

图 18-7　制作 Jar 可执行文件

（2）选择【Java】→【Runnable JARfile】选项，点击下面的【Next】按钮，如图 18-8 所示。

Export
Select
Export all resources required to run an application into a JAR file on the local file system.
Select an export destination:
type filter text
General
Install
Java
JAR file
Javadoc
Runnable JAR file
Plug-in Development
Run/Debug
Team
< Back
Next >
Cancel
Finish

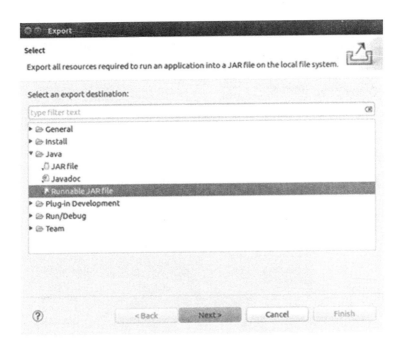

图 18-8　选择文件类型

(3)点击上面框内最右边的上下双箭头，选择新建的 Java 工程，如 MyClass-BLXY，然后点击上面右边的【Browse…】按钮，选择制作后可执行文件的存放路径，如图 18-9 所示。

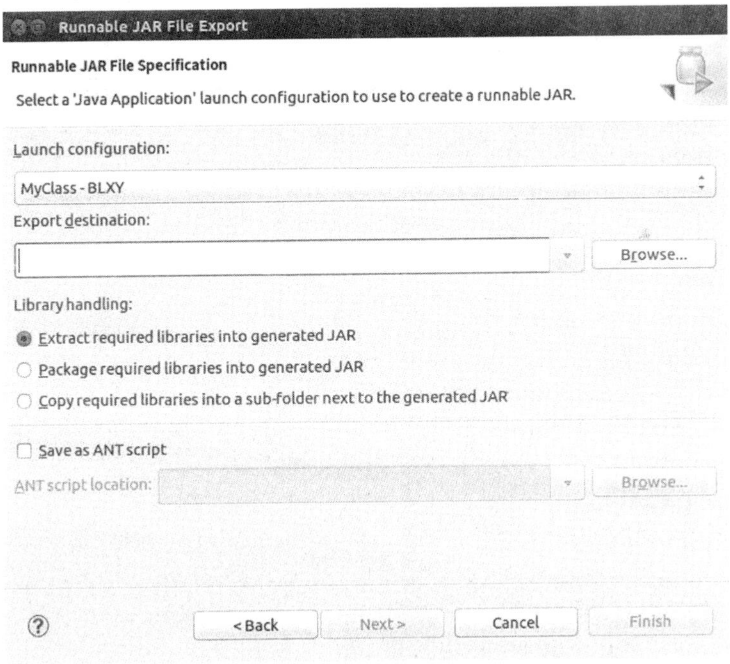

Runnable JAR File Export
Runnable JAR File Specification
Select a 'Java Application' launch configuration to use to create a runnable JAR.
Launch configuration:
MyClass - BLXY
Export destination:
Browse...
Library handling:
Extract required libraries into generated JAR
Package required libraries into generated JAR
Copy required libraries into a sub-folder next to the generated JAR
Save as ANT script
ANT script location:
Browse...
< Back
Next >
Cancel
Finish

图 18-9　选择 Java 工程

（4）显示如图 18-10 所示的对话框。

图 18-10　输入可执行文件名称

（5）点击左边的文件夹存放位置，如 wuanzhuang，然后在上面框内输入 JAR 文件名称，如 wuaz，点击右下角的【确定】按钮，如图 18-11 所示。

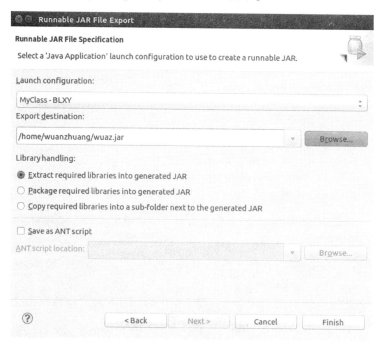

图 18-11　选择输出位置

(6)点击右下角的【Finish】按钮,如图 18-12 所示。

图 18-12　显示警告信息

(7)点击【OK】按钮,如图 18-13 所示。

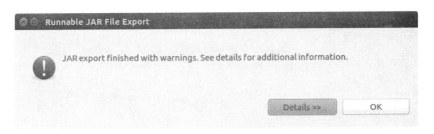

图 18-13　显示警告细节

(8)点击【OK】按钮,创建完成后,打开用户的主文件夹,就可以看到刚创建的 wuaz. jar 可执行文件夹,如图 18-14 所示。

图 18-14　制作文件成功

(9)打开终端,输入 java-jar wuaz.jar,回车,如图 18-15 所示。

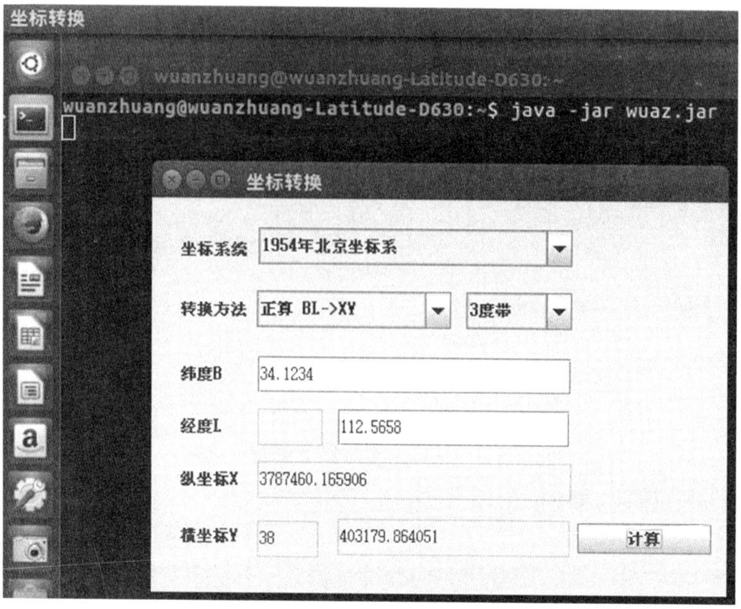

图 18-15　测试终端运行文件

18.2.5　Java 源代码

```java
import java.awt.EventQueue;
import java.awt.TextField;
import java.awt.event. * ;
import java.text. * ;
import javax.swing.JFrame;
import javax.swing.JLabel;
import javax.swing.JOptionPane;
import javax.swing.JTextField;
import javax.swing.JButton;
import javax.swing.JComboBox;
public class MyClass {
    // 定义变量
    private JFrame frame;
    private JLabel Label1,Label2,Label3,Label4,Label5,Label6;
    private JTextField mB,mJ1,mL,mX,mJ2,mY;
    private JButton btnNewButton;
    private JComboBox comboBox1,comboBox2,comboBox3;
    private static final String[] ArraySystem = {"1954 年北京坐标系", "1980 西
安坐标系", "2000 国家大地坐标系"};
    private static final String[] ArrayTape= {"3 度带", "6 度带"};
```

```java
    private static final String[] ArrayMethod = {"正算 BL->XY", "反算 XY->
BL", "换带 XY->XY"};
    // 椭球长半轴及扁率
    double E_a = 6378245, E_f = 1/298.3, E_a1 = 6378245, E_f1 = 1/298.3, E_a2 =
6378140, E_f2 = 1/298.257;
    double L0 = 0, L = 0, C_X = 0, C_Y = 0, C_r = 0, C_B = 0, C_L = 0, zz = 0;
    int C_J = 0, t = 0, Constant = 500000, words = 0;
    /**
     * Launch the application.
     */
    // 主函数
    public static void main(String[] args) {
        EventQueue.invokeLater(new Runnable() {
            public void run() {
                try {
                    MyClass window = new MyClass();
                    window.frame.setVisible(true);
                } catch (Exception e) {
                    e.printStackTrace();
                }
            }
        });
    }
    /**
     * Create the application.
     */
    // 自定义成员函数
    public String format(double num)
    {
        NumberFormat formatter = new DecimalFormat("###");
        String s = formatter.format(num);
        return s;
    }
    // 保留0位小数(取整)
    public String Format0(double num)
    {
        NumberFormat formatter = new DecimalFormat("###");
        String s = formatter.format(num);
```

```java
        return s;
    }
    // 保留 2 位小数
    public String Format2(double num)
    {
        NumberFormat formatter = new DecimalFormat("0.00");
        String s=formatter.format(num);
        return s;
    }
    // 保留 6 位小数
    public String Format6(double num)
    {
        NumberFormat formatter = new DecimalFormat("0.000000");
        String s=formatter.format(num);
        return s;
    }
    // 保留 8 位小数
    public String Format8(double num)
    {
        NumberFormat formatter = new DecimalFormat("0.00000000");
        String s=formatter.format(num);
        return s;
    }
    // 保留 10 位小数
    public String Format10(double num)
    {
        NumberFormat formatter = new DecimalFormat("0.0000000000");
        String s=formatter.format(num);
        return s;
    }
    // 保留 18 位小数
    public String Format18(double num)
    {
        NumberFormat formatter = new DecimalFormat("0.000000000000000000");
        String s=formatter.format(num);
        return s;
    }
    // DMS==>DEG
```

```
private double DEG(double angle)
{
    int sign=1,k=0; if(angle<0) { sign=-1; angle=-angle; }
    String c,ch,ch1,ch2,ch3,ch4; //ch.Format("%f",angle);
    double d=0,m=0,s=0,dms; ch=Format18(angle);
    for(int i=0; i<ch.length(); i++) { if(ch.substring(i,i+1).equals(".")) k=i; }
    ch1=ch.substring(0,0+k); // 度
    ch2=ch.substring(k+1,k+1+2); // 分
    ch3=ch.substring(k+3,k+3+2); // 秒前两位
    ch4=ch.substring(k+5,k+5+14);
    ch3+="."+ch4; //MessageBox(ch4);
    d=Double.parseDouble(ch1);
    m=Double.parseDouble(ch2)/60;
    s=Double.parseDouble(ch3)/3600;
    dms=d+m+s;
    return sign*dms;
}
// DEG===>DMS
private double DMS(double angle)  // 秒为两位数
{
    int sign=1; if(angle<0) { sign=-1; angle=-angle; }
    String ch,ch1,ch2,ch3,ch4,ch5; ch=Format10(angle);
    double d,m,s,deg=0;  int D,M;
    D=(int)angle; M=(int)((angle-D)*60); s=((double)((angle-D)*60)-M)*60;
    ch1=Format0(D); ch1=ch1;
    ch2=Format0(M+100); ch2=ch2.substring(1,1+2);
    ch3=Format2(s+100); ch5=ch3.substring(1,1+5); ch3=ch5.substring(0,0+2); ch4=ch5.substring(3,3+2);
    // 处理进位问题,60 秒和60 分
    if(Integer.parseInt(ch3)==60) { ch2=Format0(Integer.parseInt(ch2)+1); ch3="00"; }
    if(Integer.parseInt(ch2)==60) { ch1=Format0(Integer.parseInt(ch1)+1); ch2="00"; }
    ch=ch1+"."+ch2+ch3+ch4; //MessageBox(ch);
    deg=Double.parseDouble(ch);
    return sign*deg;
}
```

// DEG = =>DBLDMS
```
private double DBLDMS( double angle)    // 秒为五位数
{
    int sign = 1; if( angle<0) { sign = -1; angle = -angle; }
    String ch,ch1,ch2,ch3,ch4,ch5; ch = Format10( angle);
    double d,m,s,deg; int D,M;
    D = ( int) angle; M = ( int) ( ( angle-D) * 60); s = ( ( float) ( ( angle-D) * 60) -
M) * 60;
    ch1 = Format0( D); ch1 = ch1;
    ch2 = Format0( M+100); ch2 = ch2.substring( 1,1+2);
    ch3 = Format18( s+100); ch5 = ch3.substring( 1,1+21); ch3 = ch5.substring( 0,0+
2); ch4 = ch5.substring( 3,3+18);
    // 处理进位问题,60 秒和 60 分
    if( Integer.parseInt( ch3) = = 60) { ch2 = Format0( Integer.parseInt( ch2) +1);
ch3 = "00"; }
    if( Integer.parseInt( ch2) = = 60) { ch1 = Format0( Integer.parseInt( ch1) +1);
ch2 = "00"; }
    ch = ch1+"." +ch2+ch3+ch4;    //AfxMessageBox( ch);
    deg = Double.parseDouble( ch);
    return sign * deg;
}
```
// 坐标正算
```
private void BLXY( double u,double v,double w,int q,int Constant,double a0,
double f0)    // BL 为 DMS 格式
{
    double b0,e2,e12,n2,t,V,W,c,M,N,b,l,s,g2;
    double MO = Math.PI/180,P = 180/Math.PI * 3600;
    double A,B,C,D,E,F,G; String ch;    b0 = a0 * ( 1-f0);
    // 计算常数
    e2 = ( a0 * a0-b0 * b0)/a0/a0; e12 = ( a0 * a0-b0 * b0)/b0/b0;
    A = 1+3 * e2/4+45 * Math.pow( e2,2)/64+175 * Math.pow( e2,3)/256+11025
* Math.pow( e2,4)/16384+43659 * Math.pow( e2,5)/65536+693693 * Math.pow( e2,6)/
1048576;
    B = 3 * e2/8+15 * Math.pow( e2,2)/32+525 * Math.pow( e2,3)/1024+2205 *
Math.pow( e2,4)/4096+72765 * Math.pow( e2,5)/131072+297297 * Math.pow( e2,6)/
524288;
    C = 15 * Math.pow( e2,2)/256+105 * Math.pow( e2,3)/1024+2205 * Math.pow
( e2,4)/16384+10395 * Math.pow( e2,5)/65536+1486485 * Math.pow( e2,6)/8388608;
```

D = 35 * Math.pow (e2 , 3)/3072 + 105 * Math.pow (e2 , 4)/4096 + 10395 * Math.pow (e2 , 5)/262144 + 55055 * Math.pow (e2 , 6)/1048576 ;

E = 315 * Math.pow (e2 , 4)/131072 + 3465 * Math.pow (e2 , 5)/524288 + 99099 * Math.pow (e2 , 6)/8388608 ;

F = 693 * Math.pow (e2 , 5)/1310720 + 9009 * Math.pow (e2 , 6)/5242880 ;

G = 1001 * Math.pow (e2 , 6)/8388608 ;

// 计算子午线弧长

b = DEG (u) * MO ; l = (DEG (v) − DEG (w)) * MO ; g2 = e12 * Math.cos (b) * Math.cos (b) ;

s = a0 * (1 − e2) * (A * b − B * Math.sin (2 * b) + C * Math.sin (4 * b) − D * Math.sin (6 * b) + E * Math.sin (8 * b) − F * Math.sin (10 * b) + G * Math.sin (12 * b)) ;

// 其他变量

n2 = e12 * Math.cos (b) * Math.cos (b) ; t = Math.tan (b) ; V = Math.sqrt (1 + n2) ;

W = Math.sqrt (1 − e2 * Math.sin (b) * Math.sin (b)) ; N = a0/W ;

double x1 , x2 , x3 , x4 , y1 , y2 , y3 , y4 ;

x1 = t * N * Math.pow (Math.cos (b) , 2) * l * l/2 ;

x2 = t * N * Math.pow (Math.cos (b) , 4) * (5 − t * t + 9 * n2 + 4 * n2 * n2) * Math.pow (l , 4)/24 ;

x3 = t * N * Math.pow (Math.cos (b) , 6) * (61 − 58 * t * t + t * t * t * t + 270 * n2 − 330 * t * t * n2) * Math.pow (l , 6)/720 ;

x4 = t * N * Math.pow (Math.cos (b) , 8) * (1385 − 3111 * t * t + 543 * Math.pow (t , 4) − Math.pow (t , 6)) * Math.pow (l , 8)/40320 ;

y1 = N * Math.cos (b) * l ;

y2 = l * N * Math.pow (Math.cos (b) , 3) * (1 − t * t + n2) * Math.pow (l , 3)/6 ;

y3 = l * N * Math.pow (Math.cos (b) , 5) * (5 − 18 * t * t + Math.pow (t , 4) + 14 * n2 − 58 * t * t * n2) * Math.pow (l , 5)/120 ;

y4 = l * N * Math.pow (Math.cos (b) , 7) * (61 − 479 * t * t + 179 * Math.pow (t , 4) − Math.pow (t , 6)) * Math.pow (l , 7)/5040 ;

C_X = s + x1 + x2 + x3 + x4 ;

C_Y = y1 + y2 + y3 + y4 ;

C_Y = C_Y + Constant ;

double p = 206264.8062471 , p2 = p * p , p4 = p2 * p2 ; l = l * p ;

// 高斯平面子午线收敛角

C_r = l * Math.sin (b) * (1 + l * l * Math.cos (b) * Math.cos (b) * (1 + 3 * g2 + 2 * g2 * g2)/3/p2 + l * l * l * l * Math.pow (Math.cos (b) , 4) * (2 − t * t)/15/p4) ;

C_r = DBLDMS (C_r/3600) ;   //ch.Format (" r = %f " , C_r) ; AfxMessageBox (ch) ;

if (q == 3) C_J = (int) (DEG (w)/3) ;

```
        if(q==6)  C_J=(int)((DEG(w)-3)/6)+1;
        if(q==0)  C_J=0;
        // 经与空间数据处理系统软件比较发现,反算生成的经纬度只能保留小数点
后 8 位,后面全是无效数字
        C_X=Double.parseDouble(Format6(C_X));
        C_Y=Double.parseDouble(Format6(C_Y));
    }
    // 坐标反算
    private void XYBL(double u,double v,double w,int q,int Constant,double Lo,
double a0, double f0)
    {
        double b0,e2,e12,n2,t,V,W,c,M,N,b,l,s,g2,LA=0,z;
        double MO=Math.PI/180,P=180/Math.PI*3600;
        double A,B,C,D,E,F,G,B0,Bi,Bf,FB,FB1,dB,y,t2,t4,t6;
        String ch;  b0=a0*(1-f0);   int words=0;
        // 计算常数
        e2=(a0*a0-b0*b0)/a0/a0; e12=(a0*a0-b0*b0)/b0/b0;
        A=1+3*e2/4+45*Math.pow(e2,2)/64+175*Math.pow(e2,3)/256+11025*
Math.pow(e2,4)/16384+43659*Math.pow(e2,5)/65536+693693*Math.pow(e2,6)/
1048576;
        B=3*e2/8+15*Math.pow(e2,2)/32+525*Math.pow(e2,3)/1024+2205*
Math.pow(e2,4)/4096+72765*Math.pow(e2,5)/131072+297297*Math.pow(e2,6)/
524288;
        C=15*Math.pow(e2,2)/256+105*Math.pow(e2,3)/1024+2205*Math.pow
(e2,4)/16384+10395*Math.pow(e2,5)/65536+1486485*Math.pow(e2,6)/8388608;
        D=35*Math.pow(e2,3)/3072+105*Math.pow(e2,4)/4096+10395*Math.
pow(e2,5)/262144+55055*Math.pow(e2,6)/1048576;
        E=315*Math.pow(e2,4)/131072+3465*Math.pow(e2,5)/524288+99099*
Math.pow(e2,6)/8388608;
        F=693*Math.pow(e2,5)/1310720+9009*Math.pow(e2,6)/5242880;
        G=1001*Math.pow(e2,6)/8388608;
        // 计算底点纬度
        B0=u/(a0*(1-e2)*A); //MessageBox1("B0",Double.toString(B0));
        words=0; // 控制运算次数
        do
        {
            FB=a0*(1-e2)*(A*B0-B*Math.sin(2*B0)+C*Math.sin(4*B0)-D*
Math.sin(6*B0)+E*Math.sin(8*B0)-F*Math.sin(10*B0)+G*Math.sin(12*B0));
```

FB1 = a0 * (1−e2) * (A−2 * B * Math.cos (2 * B0) +4 * C * Math.cos (4 * B0) −6 * D * Math.cos (6 * B0) +8 * E * Math.cos (8 * B0) −10 * F * Math.cos (10 * B0) +12 * G * Math.cos (12 * B0)) ;

Bi = B0+ (u−FB) /FB1 ; dB = Bi−B0 ; if (dB<0) dB = −dB ;

if (dB>0.000000000001)

{

B0 = Bi ; if (words++>9999−1) { MessageBox (" 计算底点纬度失败,请检查数据!") ; return ; }

}

}

while (dB>0.000000000001) ;

Bf = B0 ; //ch.Format (" %1.18f\n%1.18f" ,Bi,B0) ; AfxMessageBox (ch) ;

// 其他变量

n2 = e12 * Math.cos (Bf) * Math.cos (Bf) ; t = Math.tan (Bf) ; t2 = t * t ; t4 = t2 * t2 ; t6=t2 * t4 ;

V = Math.sqrt (1+n2) ; W = Math.sqrt (1−e2 * Math.sin (Bf) * Math.sin (Bf)) ;

N = a0/W ; M = a0/W ; y = v−Constant ;

if (Lo>=0) LA = Lo ;

else

{

if (q = = 3) LA = (float) (3 * w) ;

if (q = = 6) LA = (float) (6 * w−3) ;

if (q = = 0) LA = 0 ;

}

C_B = Bf+t * (−1−n2) * y * y/ (2 * N * N) +t * (5+3 * t2+6 * n2−6 * t2 * n2−3 * n2 * n2−9 * t2 * n2 * n2) * y * y * y * y/ (24 * Math.pow (N,4)) +t * (−61−90 * t2−45 * t4−107 * n2+162 * t2 * n2+45 * t4 * n2) * Math.pow (y,6) / (720 * Math.pow (N,6)) +t * (1385+3633 * t2+4095 * t4+1575 * t6) * Math.pow (y,8) / (40320 * Math.pow (N,8)) ;

C_L = y/ (N * Math.cos (Bf)) + (−1−2 * t2−n2) * Math.pow (y,3) / (6 * Math.pow (N,3) * Math.cos (Bf)) + (5+28 * t2+24 * t4+6 * n2+8 * t2 * n2) * Math.pow (y,5) / (120 * Math.pow (N,5) * Math.cos (Bf)) + (−61−662 * t2−1320 * t4−720 * t6) * Math.pow (y,7) / (5040 * Math.pow (N,7) * Math.cos (Bf)) ;

zz = (C_B/MO) ; C_B = DBLDMS (zz) ;

zz = (C_L/MO+DEG (LA)) ; //MessageBox1 (" zz" ,Double.toString (zz)) ;

C_L = DBLDMS (zz) ;

// 经与空间数据处理系统软件比较发现,反算生成的经纬度只能保留小数点后8位,后面全是无效数字

C_B = Double.parseDouble (Format10 (C_B)) ;

```java
            C_L=Double.parseDouble(Format10(C_L));
        }
    // 显示结果对话框
    public void MessageBox(String MyMessage)
    {
            JOptionPane.showMessageDialog(null, MyMessage,"提示",
JOptionPane.ERROR_MESSAGE);
    }
    // 执行函数
    public MyClass() {
        // 初始化窗口各控件
        initialize();
        //坐标转换方法变化监听函数
        comboBox2.addActionListener(new ActionListener()
        {
            public void actionPerformed(ActionEvent e)
            {
                // 转换方法
                String method=comboBox2.getSelectedItem().toString();
                if (method.equals("正算 BL->XY"))
                {
                    Label3.setText("纬度 B");
                    Label4.setText("经度 L");
                    Label5.setText("纵坐标 X");
                    Label6.setText("横坐标 Y");
                    mJ1.setEditable(false);
                }
                if (method.equals("反算 XY->BL"))
                {
                    Label3.setText("纵坐标 X");
                    Label4.setText("横坐标 Y");
                    Label5.setText("纬度 B");
                    Label6.setText("经度 L");
                    mJ1.setEditable(true);
                }
                if (method.equals("换带 XY->XY"))
                {
                    Label3.setText("纵坐标 X");
```

```
                    Label4.setText("横坐标 Y");
                    Label5.setText("纵坐标 X");
                    Label6.setText("横坐标 Y");
                    mJ1.setEditable(true);

                }

        }
});
//计算按钮监听函数
btnNewButton.addActionListener(new ActionListener()
{
    public void actionPerformed(ActionEvent arg0)
    {
                // 坐标系统
                String system=comboBox1.getSelectedItem().toString();
                // 转换方法
                String method=comboBox2.getSelectedItem().toString();
                // 带号
                String tape=comboBox3.getSelectedItem().toString();
                if(system.equals("1954 年北京坐标系"))
                {
                    E_a=6378245; E_f=1/298.3;
                }
                if(system.equals("1980 西安坐标系"))
                {
                    E_a=6378140; E_f=1/298.257;
                }
                if(system.equals("2000 国家大地坐标系"))
                {
                    E_a=6378137; E_f=1/298.257222101;
                }
                // 先检查输入是否有 * 或#,若有则替换成小数点
                String ch1=mB.getText().toString();
                String ch2=mJ1.getText().toString();
                String ch3=mL.getText().toString();
                //MessageBox(ch1+","+ch2+","+ch3); //MessageBox(system);
                // 正算
                if (method.equals("正算 BL->XY"))
                {
```

```java
        if(ch1.length( ) = = 0) MessageBox("请输入 纬度 B!");
        else if(ch3.length( ) = = 0) MessageBox("请输入 经度 L!");
        else
        {
            // 纬度 B
            double B = Double.parseDouble(ch1);
            // 经度 L
            double L = Double.parseDouble(ch3);
            if(tape.equals("3 度带"))
            {
                t = 3; L0 = 3 * (int)(DEG(L)/3);
                if(DEG(L)−L0>1.5) L0 = L0+3;
            }
            if(tape.equals("6 度带"))
            {
                t = 6; L0 = 6 * ((int)((DEG(L)−3)/6)+1)−3;
                if(DEG(L)−L0>3) L0 = L0+6;
            }
            BLXY(B,L,L0,t,Constant,E_a,E_f);
            mX.setText(Double.toString(C_X));
            mJ2.setText(Integer.toString(C_J));
            mY.setText(Double.toString(C_Y));
        }
    }
    if (method.equals("反算 XY->BL"))
    {
        if(ch1.length( ) = = 0) MessageBox("请输入 纵坐标 X!");
        else if(ch2.length( ) = = 0) MessageBox("请输入 "+tape+" 带
号!");
        else if(ch3.length( ) = = 0) MessageBox("请输入 横坐标 Y!");
        else
        {
            // 纵坐标 X
            double X1 = Double.parseDouble(ch1);
            // 横坐标 Y
            double Y1 = Double.parseDouble(ch3);
            // 带号 J1
            int J1 = Integer.parseInt(ch2);
```

```
if( tape.equals( "3 度带" ) )
{
    t = 3;
}
if( tape.equals( "6 度带" ) )
{
    t = 6;
}
XYBL( X1, Y1, J1, t, Constant, -999, E_a, E_f );
mX.setText( Double.toString( C_B ) );
mJ2.setText( "" );
mY.setText( Double.toString( C_L ) );
}
}
if ( method.equals( "换带 XY->XY" ) )
{
    if( ch1.length( ) == 0 ) MessageBox( "请输入 纵坐标 X!" );
    else if( ch2.length( ) == 0 ) MessageBox( "请输入 " + tape + " 带
号!" );
    else if( ch3.length( ) == 0 ) MessageBox( "请输入 横坐标 Y!" );
    else
    {
    // 纵坐标 X
    double X1 = Double.parseDouble( ch1 );
    // 横坐标 Y
    double Y1 = Double.parseDouble( ch3 );
    // 带号 J1
    int J1 = Integer.parseInt( ch2 );
    if( tape.equals( "3 度带" ) )
    {
    t = 3;
    }
    if( tape.equals( "6 度带" ) )
    {
    t = 6;
    }
    XYBL( X1, Y1, J1, t, Constant, -999, E_a, E_f );
    if( tape.equals( "3 度带" ) )
```

```
                }
            L0 = 3 * J1;    if( Y1>Constant)  L0 = L0+3; else  L0 = L0-
3;

                }
            if( tape.equals( "6 度带"))
                {
            L0 = 6 * J1-3; if( Y1>Constant)  L0 = L0+6; else  L0 = L0-
6;

                }
            BLXY( C_B, C_L, L0, t, Constant, E_a, E_f);
            mX.setText( Double.toString( C_X));
            mJ2.setText( Integer.toString( C_J));
            mY.setText( Double.toString( C_Y));
                }
            }
        }
    });
}
/* *
 * Initialize the contents of the frame.
 */
// 界面控件创建
private void initialize() {
    frame = new JFrame();
    frame.setBounds( 100, 100, 450, 300);
    frame.setDefaultCloseOperation( JFrame.EXIT_ON_CLOSE);
    frame.getContentPane().setLayout( null);
    frame.setTitle( "坐标转换");
    Label1 = new JLabel( "坐标系统");
    Label1.setBounds( 23, 27, 63, 23);
    frame.getContentPane().add( Label1);
    Label2 = new JLabel( "转换方法");
    Label2.setBounds( 23, 70, 63, 28);
    frame.getContentPane().add( Label2);
    Label3 = new JLabel( "纬度 B");
    Label3.setBounds( 23, 127, 63, 13);
    frame.getContentPane().add( Label3);
    Label4 = new JLabel( "经度 L");
```

```
Label4.setBounds(23, 167, 63, 13);
frame.getContentPane().add(Label4);
Label5 = new JLabel("纵坐标 X");
Label5.setBounds(23, 207, 63, 13);
frame.getContentPane().add(Label5);
Label6 = new JLabel("横坐标 Y");
Label6.setBounds(23, 250, 63, 13);
frame.getContentPane().add(Label6);
comboBox1 = new JComboBox(ArraySystem);
comboBox1.setBounds(83, 22, 246, 28);
frame.getContentPane().add(comboBox1);
comboBox2 = new JComboBox(ArrayMethod);
comboBox2.setBounds(82, 70, 152, 28);
frame.getContentPane().add(comboBox2);
comboBox3 = new JComboBox(ArrayTape);
comboBox3.setBounds(246, 70, 83, 28);
frame.getContentPane().add(comboBox3);
//mB,mL,mJ1,mX,mY,mJ2;
mB = new JTextField();
mB.setBounds(83, 120, 246, 28);
frame.getContentPane().add(mB);
mB.setColumns(10);
//mB.setText("mB");
mJ1 = new JTextField();
mJ1.setBounds(83, 160, 51, 28);
frame.getContentPane().add(mJ1);
mJ1.setColumns(10);
mJ1.setEditable(false);
//mJ1.setText("mJ1");
mL = new JTextField();
mL.setBounds(146, 160, 182, 28);
frame.getContentPane().add(mL);
mL.setColumns(10);
//mL.setText("mL");
mX = new JTextField();
mX.setBounds(83, 200, 246, 28);
frame.getContentPane().add(mX);
mX.setColumns(10);
```

```
            mX.setEditable(false);
            //mX.setText("mX");
            mJ2 = new JTextField();
            mJ2.setBounds(83, 245, 48, 28);
            frame.getContentPane().add(mJ2);
            mJ2.setColumns(10);
            mJ2.setEditable(false);
            //mJ2.setText("mJ2");
            mY = new JTextField();
            mY.setBounds(146, 243, 182, 28);
            frame.getContentPane().add(mY);
            mY.setColumns(10);
            mY.setEditable(false);
            //mY.setText("mY");
            btnNewButton = new JButton("计算");
            btnNewButton.setBounds(334, 245, 104, 23);
            frame.getContentPane().add(btnNewButton);
        }
    }
```

18.3 基于 QT 平台 C++语言开发坐标转换程序

18.3.1 界面设计

(1)打开 QT 软件,新建一个 QT 桌面应用程序,项目名为 BLXY(详细请参考本书12.2.2部分内容),如图 18-16 所示。

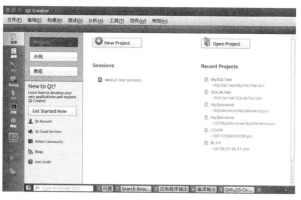

图 18-16 QT 软件界面

（2）双击 mainwindows.ui 文件，显示设计界面，添加 6 个 Label 控件、3 个 Combo Box 控件、6 个 Line Edit 控件、1 个 Push Button 按钮控件，摆好位置，自动生成位置代码，稍加修改即可，如图 18-17 所示。

图 18-17　添加控件方法

（3）依次修改右下角窗口内各新添加控件的 objectName 值，意为变量名称，text 为显示内容，如图 18-18 所示。

图 18-18　修改标题内容

（4）选中转换方法控件，点击鼠标右键，选择【转到槽】，如图 18-19 所示。

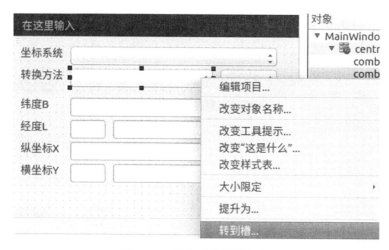

图 18-19 添加响应函数方法

（5）选择信号中的 currentTextChanged（QString）成员函数,表示改变坐标转换方法时的响应函数,然后点击右下角的【OK】按钮,如图 18-20 所示。

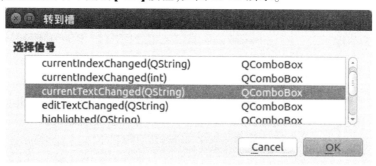

图 18-20 添加响应函数类别

（6）同理,添加按钮的成员函数 clicked（）,点击右下角的【OK】按钮,,如图 18-21 所示。

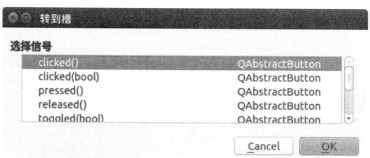

图 18-21 选择按钮响应函数

（7）准备工作完成后,软件设计界面如图 18-22 所示。

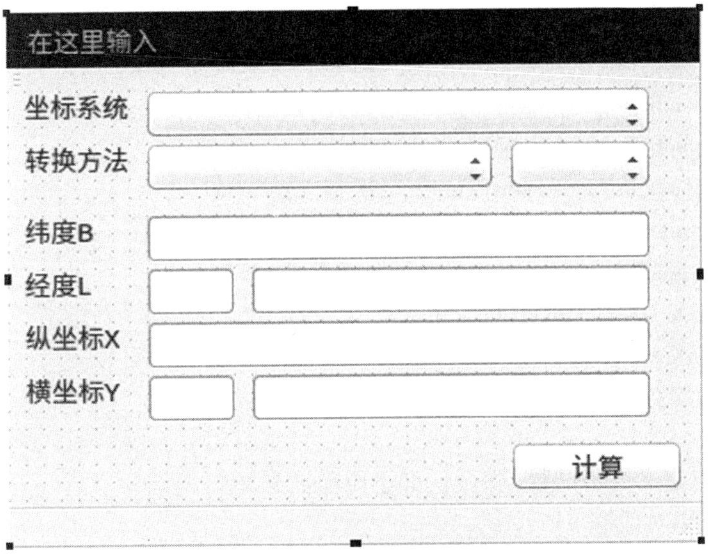

图 18-22　QT 坐标转换程序界面设计

18.3.2　自定义成员函数

（1）添加必须的类库，如下所示：

```
#include "mainwindow.h"
#include "ui_mainwindow.h"
#include "math.h"
#include "QMessageBox"
```

（2）定义变量，如下所示：

```
// 椭球长半轴及扁率
```

double $E\_a = 6378245$, $E\_f = 1/298.3$, $E\_a1 = 6378245$, $E\_f1 = 1/298.3$, $E\_a2 = 6378140$, $E\_f2 = 1/298.257$;

double $L0 = 0$, $L = 0$, $C\_X = 0$, $C\_Y = 0$, $C\_r = 0$, $C\_B = 0$, $C\_L = 0$, $zz = 0$;

int $C\_J = 0$, $t = 0$, $Constant = 500000$, $words = 0$;

double $PI = 3.1415926535897932384626$;

（3）系统自动生成的主函数，如下所示：

```
MainWindow::MainWindow(QWidget *parent):
    QMainWindow(parent),
    ui(new Ui::MainWindow)
{
    ui->setupUi(this);
    // 以下为自定义代码
    ui->comboBox1->insertItem(0, "1954 年北京坐标系");
```

```
            ui->comboBox1->insertItem(1,"1980 西安坐标系");
            ui->comboBox1->insertItem(2,"2000 国家大地坐标系");
            ui->comboBox2->insertItem(0,"正算 BL->XY");
            ui->comboBox2->insertItem(1,"反算 XY->BL");
            ui->comboBox2->insertItem(2,"换带 XY->XY");
            ui->comboBox3->insertItem(0,"3 度带");
            ui->comboBox3->insertItem(1,"6 度带");
            ui->mX->setEnabled(false);
            ui->mJ2->setEnabled(false);
            ui->mY->setEnabled(false);
        }
```

(4)添加自定义成员函数(部分),如下所示:

```
// 显示结果对话框
void MessageBox(QString MyMessage)
{
        QMessageBox msg;
        msg.setWindowTitle("提示");
        msg.setText(MyMessage);
        //msg.setStyleSheet("font:10pt;background-color:rgb(255,0,0)");
        msg.setIcon(QMessageBox::Information);
        msg.addButton("确定",QMessageBox::ActionRole);
        msg.exec();
}
```

(5)添加监听函数,相当于 C++中的 onClick 函数,下面给出常用的两种监听函数格式:

```
①void MainWindow::on_comboBox2_currentTextChanged(const QString &arg1)
    {
        // 其他代码
    }
②void MainWindow::on_pushButton_clicked()
    {
        // 其他代码
    }
```

18.3.3 编译与运行

代码添加完毕,编译运行程序,可进行大地坐标正反算及换带计算,显示如下:

(1)大地坐标正算,如图 18-23 所示。

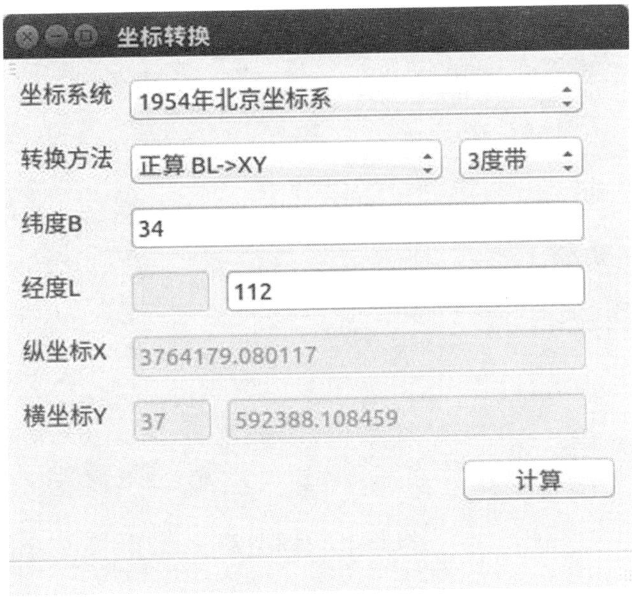

图 18-23　**大地坐标正算**

(2)大地坐标反算,如图 18-24 所示。

图 18-24　**大地坐标反算**

(3)换带计算,如图 18-25 所示。

图 18-25　换带计算

18.3.4　C++源代码

```cpp
#include "mainwindow.h"
#include "ui_mainwindow.h"
#include "math.h"
#include "QMessageBox"
```

// 椭球长半轴及扁率

double E_a = 6378245, E_f = 1/298.3, E_a1 = 6378245, E_f1 = 1/298.3, E_a2 = 6378140, E_f2 = 1/298.257;

double L0 = 0, L = 0, C_X = 0, C_Y = 0, C_r = 0, C_B = 0, C_L = 0, zz = 0;

int C_J = 0, t = 0, Constant = 500000, words = 0;

double PI = 3.1415926535897932384626;

```cpp
MainWindow::MainWindow(QWidget *parent) :
    QMainWindow(parent),
    ui(new Ui::MainWindow)
{
    ui->setupUi(this);
    ui->comboBox1->insertItem(0, "1954 年北京坐标系");
    ui->comboBox1->insertItem(1, "1980 西安坐标系");
    ui->comboBox1->insertItem(2, "2000 国家大地坐标系");
    ui->comboBox2->insertItem(0, "正算 BL->XY");
    ui->comboBox2->insertItem(1, "反算 XY->BL");
```

```
        ui->comboBox2->insertItem(2, "换带 XY->XY");
        ui->comboBox3->insertItem(0, "3度带");
        ui->comboBox3->insertItem(1, "6度带");
        ui->mX->setEnabled(false);
        ui->mJ2->setEnabled(false);
        ui->mY->setEnabled(false);
}
MainWindow::~MainWindow()
{
        delete ui;
}
// 自定义成员函数
// 显示结果对话框
void MessageBox(QString MyMessage)
{
        QMessageBox msg;
        msg.setWindowTitle("提示");
        msg.setText(MyMessage);
        //msg.setStyleSheet("font:10pt;background-color:rgb(255,0,0)");
        msg.setIcon(QMessageBox::Information);
        msg.addButton("确定", QMessageBox::ActionRole);
        msg.exec();
}
// DMS==>DEG
double DEG(double angle)
{
        int sign=1,k=0; if(angle<0) { sign=-1; angle=-angle; }
        QString c,ch,ch1,ch2,ch3,ch4; //ch.sprintf("%f",angle);
        double d=0,m=0,s=0,dms; ch.sprintf("%1.10f",angle);
        for(int i=0; i<ch.length(); i++) {   if(ch.mid(i,1)==".") k=i; }
        ch1=ch.left(k); ch2=ch.mid(k+1,2); ch3=ch.mid(k+3,2); ch4=ch.mid(k+
5); ch3+=".."+ch4;
        d=ch1.toDouble(); m=ch2.toDouble()/60; s=ch3.toDouble()/3600; dms=d+
m+s;
        return sign * dms;
}
// DEG==>DMS
double DMS(double angle)
```

```cpp
        }
        int sign=1; if(angle<0) { sign=-1; angle=-angle; }
        QString ch,ch1,ch2,ch3,ch4,ch5; ch.sprintf("%f",angle);
        double d,m,s,deg;   int D,M;
        D=angle; M=(angle-D)*60; s=((float)((angle-D)*60)-M)*60;
        ch1.sprintf("%d",D);
        ch2.sprintf("%03d",M+1000); ch2=ch2.right(2);
        ch3.sprintf("%03.02f",s+1000); ch5=ch3.right(5); ch3=ch5.left(2); ch4=
ch5.right(2);
        if(ch3.toInt()==60) { ch2.sprintf("%02d",ch2.toInt()+1); ch3="00"; }
        if(ch2.toInt()==60) { ch1.sprintf("%d",ch1.toInt()+1); ch2="00"; }
        ch=ch1+"."+ch2+ch3+ch4;
        deg=ch.toDouble();
        return sign*deg;

    }
    // DEG==>DBLDMS
    double DBLDMS(double angle)
    {
        int sign=1; if(angle<0) { sign=-1; angle=-angle; }
        QString ch,ch1,ch2,ch3,ch4,ch5; ch.sprintf("%f",angle);
        double d,m,s,deg;   int D,M;
        D=angle; M=(angle-D)*60; s=((float)((angle-D)*60)-M)*60;
        ch1.sprintf("%d",D);
        ch2.sprintf("%03d",M+1000); ch2=ch2.right(2);
        ch3.sprintf("%03.18f",s+1000); ch5=ch3.right(21); ch3=ch5.left(2); ch4=
ch5.right(18);
        if(ch3.toInt()==60) { ch2.sprintf("%02d",ch2.toInt()+1); ch3="00"; }
        if(ch2.toInt()==60) { ch1.sprintf("%d",ch1.toInt()+1); ch2="00"; }
        ch=ch1+"."+ch2+ch3+ch4;
        deg=ch.toDouble();
        return sign*deg;

    }
    // 坐标正算
    void BLXY(double u,double v,double w,int q,int Constant,double a0, double f0)
    {
        double b0,e2,e12,n2,t,V,W,c,M,N,b,l,s,g2; double MO=PI/180,P=180/PI*
3600;
        double A,B,C,D,E,F,G; QString ch; b0=a0*(1-f0);
```

e2 = (a0 * a0−b0 * b0)/a0/a0; e12 = (a0 * a0−b0 * b0)/b0/b0;

A = 1+3 * e2/4+45 * pow(e2,2)/64+175 * pow(e2,3)/256+11025 * pow(e2,4)/16384+43659 * pow(e2,5)/65536+693693 * pow(e2,6)/1048576;

B = 3 * e2/8+15 * pow(e2,2)/32+525 * pow(e2,3)/1024+2205 * pow(e2,4)/4096+72765 * pow(e2,5)/131072+297297 * pow(e2,6)/524288;

C = 15 * pow(e2,2)/256+105 * pow(e2,3)/1024+2205 * pow(e2,4)/16384+10395 * pow(e2,5)/65536+1486485 * pow(e2,6)/8388608;

D = 35 * pow(e2,3)/3072+105 * pow(e2,4)/4096+10395 * pow(e2,5)/262144+55055 * pow(e2,6)/1048576;

E = 315 * pow(e2,4)/131072+3465 * pow(e2,5)/524288+99099 * pow(e2,6)/8388608;

F = 693 * pow(e2,5)/1310720+9009 * pow(e2,6)/5242880;

G = 1001 * pow(e2,6)/8388608;

// 计算子午线弧长

b = DEG(u) * MO; l = (DEG(v)−DEG(w)) * MO; g2 = e12 * cos(b) * cos(b);

s = a0 * (1−e2) * (A * b−B * sin(2 * b)+C * sin(4 * b)−D * sin(6 * b)+E * sin(8 * b)−F * sin(10 * b)+G * sin(12 * b));

n2 = e12 * cos(b) * cos(b); t = tan(b); V = sqrt(1+n2); W = sqrt(1−e2 * sin(b) * sin(b)); N = a0/W;

double x1,x2,x3,x4,y1,y2,y3,y4;

x1 = t * N * pow(cos(b),2) * l * l/2;

x2 = t * N * pow(cos(b),4) * (5−t * t+9 * n2+4 * n2 * n2) * pow(l,4)/24;

x3 = t * N * pow(cos(b),6) * (61−58 * t * t+t * t * t * t+270 * n2−330 * t * t * n2) * pow(l,6)/720;

x4 = t * N * pow(cos(b),8) * (1385−3111 * t * t+543 * pow(t,4)−pow(t,6)) * pow(l,8)/40320;

y1 = N * cos(b) * l;

y2 = l * N * pow(cos(b),3) * (1−t * t+n2) * pow(l,3)/6;

y3 = l * N * pow(cos(b),5) * (5−18 * t * t+pow(t,4)+14 * n2−58 * t * t * n2) * pow(l,5)/120;

y4 = l * N * pow(cos(b),7) * (61−479 * t * t+179 * pow(t,4)−pow(t,6)) * pow(l,7)/5040;

C_X = s+x1+x2+x3+x4;

C_Y = y1+y2+y3+y4;

C_Y = C_Y+Constant;

double p = 206264.8062471,p2 = p * p,p4 = p2 * p2; l = l * p;

C_r = l * sin(b) * (1+l * l * cos(b) * cos(b) * (1+3 * g2+2 * g2 * g2)/3/p2+l * l * l * l * pow(cos(b),4) * (2−t * t)/15/p4);

C_r=DBLDMS(C_r/3600);

if(q==3) C_J=(int)(DEG(w)/3);

if(q==6) C_J=(int)((DEG(w)-3)/6)+1;

if(q==0) C_J=0;

}

// 坐标反算

void XYBL(double u,double v,double w,int q,int Constant,double LO,double a0,double f0)

{

double b0,e2,e12,n2,t,V,W,c,M,N,b,l,s,g2,L0,z; double MO=PI/180,P=180/PI*3600;

double A,B,C,D,E,F,G,B0,Bi,Bf,FB,FB1,dB,y,t2,t4,t6;

QString ch;b0=a0*(1-f0);int words=0;

e2=(a0*a0-b0*b0)/a0/a0; e12=(a0*a0-b0*b0)/b0/b0;

A=1+3*e2/4+45*pow(e2,2)/64+175*pow(e2,3)/256+11025*pow(e2,4)/16384+43659*pow(e2,5)/65536+693693*pow(e2,6)/1048576;

B=3*e2/8+15*pow(e2,2)/32+525*pow(e2,3)/1024+2205*pow(e2,4)/4096+72765*pow(e2,5)/131072+297297*pow(e2,6)/524288;

C=15*pow(e2,2)/256+105*pow(e2,3)/1024+2205*pow(e2,4)/16384+10395*pow(e2,5)/65536+1486485*pow(e2,6)/8388608;

D=35*pow(e2,3)/3072+105*pow(e2,4)/4096+10395*pow(e2,5)/262144+55055*pow(e2,6)/1048576;

E=315*pow(e2,4)/131072+3465*pow(e2,5)/524288+99099*pow(e2,6)/8388608;

F=693*pow(e2,5)/1310720+9009*pow(e2,6)/5242880;

G=1001*pow(e2,6)/8388608;

B0=u/(a0*(1-e2)*A);

next:

FB=a0*(1-e2)*(A*B0-B*sin(2*B0)+C*sin(4*B0)-D*sin(6*B0)+E*sin(8*B0)-F*sin(10*B0)+G*sin(12*B0));

FB1=a0*(1-e2)*(A-2*B*cos(2*B0)+4*C*cos(4*B0)-6*D*cos(6*B0)+8*E*cos(8*B0)-10*F*cos(10*B0)+12*G*cos(12*B0));

Bi=B0+(u-FB)/FB1; dB=Bi-B0; if(dB<0) dB=-dB;

if(dB>0.000000000001)

{

B0=Bi; if(words++<9999) goto next;

else { MessageBox("计算底点纬度失败,请检查数据!"); return; }

}

```cpp
        Bf = B0;
        n2 = e12 * cos(Bf) * cos(Bf); t = tan(Bf); t2 = t * t; t4 = t2 * t2; t6 = t2 * t4;
        V = sqrt(1+n2); W = sqrt(1-e2 * sin(Bf) * sin(Bf)); N = a0/W; M = a0/W; y =
v-Constant;
        if(LO>=0) L0 = LO;
        else
        {
            if(q==3) L0 = (float)(3 * w);
            if(q==6) L0 = (float)(6 * w-3);
            if(q==0) L0 = 0;
        }
        C_B = Bf+t * (-1-n2) * y * y/(2 * N * N)+t * (5+3 * t2+6 * n2-6 * t2 * n2-3 *
n2 * n2-9 * t2 * n2 * n2) * y * y * y * y/(24 * pow(N,4))+t * (-61-90 * t2-45 * t4-107 *
n2+162 * t2 * n2+45 * t4 * n2) * pow(y,6)/(720 * pow(N,6))+t * (1385+3633 * t2+
4095 * t4+1575 * t6) * pow(y,8)/(40320 * pow(N,8));
        C_L = y/(N * cos(Bf))+(-1-2 * t2-n2) * pow(y,3)/(6 * pow(N,3) * cos
(Bf))+(5+28 * t2+24 * t4+6 * n2+8 * t2 * n2) * pow(y,5)/(120 * pow(N,5) * cos(Bf))+
(-61-662 * t2-1320 * t4-720 * t6) * pow(y,7)/(5040 * pow(N,7) * cos(Bf));
        z = (C_B/MO); C_B = DBLDMS(z);
        z = (C_L/MO+DEG(L0)); C_L = DBLDMS(z);
    }

//坐标转换方法变化时监听函数
void MainWindow::on_comboBox2_currentTextChanged(const QString &arg1)
{
    // 转换方法
    QString method = ui->comboBox2->currentText();
    if (method=="正算 BL->XY")
    {
        ui->label3->setText("纬度 B");
        ui->label4->setText("经度 L");
        ui->label5->setText("纵坐标 X");
        ui->label6->setText("横坐标 Y");
        ui->mJ1->setEnabled(false);
    }
    if (method=="反算 XY->BL")
    {
        ui->label3->setText("纵坐标 X");
        ui->label4->setText("横坐标 Y");
```

```cpp
        ui->label5->setText("纬度 B");
        ui->label6->setText("经度 L");
        ui->mJ1->setEnabled(true);
    }
    if(method=="换带 XY->XY")
    {
        ui->label3->setText("纵坐标 X");
        ui->label4->setText("横坐标 Y");
        ui->label5->setText("纵坐标 X");
        ui->label6->setText("横坐标 Y");
        ui->mJ1->setEnabled(true);
    }
}
// 计算
void MainWindow::on_pushButton_clicked()
{
    QString ch;
    // 坐标系统
    QString system=ui->comboBox1->currentText();
    // 转换方法
    QString method=ui->comboBox2->currentText();
    // 带号
    QString tape=ui->comboBox3->currentText();
    if(system=="1954 年北京坐标系")
    {
        E_a=6378245; E_f=1/298.3; //CoordinateSystemValue=1954;
    }
    if(system=="1980 西安坐标系")
    {
        E_a=6378140; E_f=1/298.257; //CoordinateSystemValue=1980;
    }
    if(system=="2000 国家大地坐标系")
    {
        E_a=6378137; E_f=1/298.257222101; //CoordinateSystemValue=1954;
    }
    QString ch1=ui->mB->text();
    QString ch2=ui->mJ1->text();
    QString ch3=ui->mL->text();
```

```
// 正算
if ( method = = "正算 BL->XY" )
{
    if( ch1.length( ) = = 0) MessageBox( "请输入 纬度 B!" ) ;
    else if( ch3.length( ) = = 0) MessageBox( "请输入 经度 L!" ) ;
    else
    {
        double B = ch1.toDouble( ) ;
        double L = ch3.toDouble( ) ;
        if( tape = = "3 度带" )
        {
            t = 3 ; L0 = 3 * ( int ) ( DEG( L )/3 ) ;
            if( DEG( L ) -L0>1.5) L0 = L0+3 ;
        }
        if( tape = = "6 度带" )
        {
            t = 6 ; L0 = 6 * ( ( int ) ( ( DEG( L ) -3 )/6 ) +1 ) -3 ;
            if( DEG( L ) -L0>3) L0 = L0+6 ;
        }
        BLXY( B , L , L0 , t , Constant , E_a , E_f ) ;
        ch.sprintf( "%1.06f" , C_X ) ;ui->mX->setText( ch ) ;
        ch.sprintf( "%d" , C_J ) ;ui->mJ2->setText( ch ) ;
        ch.sprintf( "%1.06f" , C_Y ) ;ui->mY->setText( ch ) ;
    }
}
if ( method = = "反算 XY->BL" )
{
    if( ch1.length( ) = = 0) MessageBox( "请输入 纵坐标 X!" ) ;
    else if( ch2.length( ) = = 0) MessageBox( "请输入 "+tape+" 带号!" ) ;
    else if( ch3.length( ) = = 0) MessageBox( "请输入 横坐标 Y!" ) ;
    else
    {
        double X1 = ch1.toDouble( ) ;
        double Y1 = ch3.toDouble( ) ;
        int J1 = ch2.toInt( ) ;
        if( tape = = "3 度带" )
        {
            t = 3 ;
```

```
          }
          if(tape=="6度带")
          {
              t=6;
          }
          XYBL(X1,Y1,J1,t,Constant,-999,E_a,E_f);
          ch.sprintf("%1.12f",C_B);ui->mX->setText(ch);
          ui->mJ2->setText("");
          ch.sprintf("%1.12f",C_L);ui->mY->setText(ch);
      }
  }
  if (method=="换带 XY->XY")
  {
      if(ch1.length()==0) MessageBox("请输入 纵坐标 X!");
      else if(ch2.length()==0) MessageBox("请输入 "+tape+" 带号!");
      else if(ch3.length()==0) MessageBox("请输入 横坐标 Y!");
      else
      {
          double X1=ch1.toDouble();
          double Y1=ch3.toDouble();
          int J1=ch2.toInt();
          if(tape=="3度带")
          {
              t=3;
          }
          if(tape=="6度带")
          {
              t=6;
          }
          XYBL(X1,Y1,J1,t,Constant,-999,E_a,E_f);
          if(tape=="3度带")
          {
              L0=3*J1;    if(Y1>Constant) L0=L0+3; else L0=L0-3;
          }
          if(tape=="6度带")
          {
              L0=6*J1-3; if(Y1>Constant) L0=L0+6; else L0=L0-6;
          }
```

```
            BLXY(C_B,C_L,L0,t,Constant,E_a,E_f);
            ch.sprintf("%1.06f",C_X);ui->mX->setText(ch);
            ch.sprintf("%d",C_J);ui->mJ2->setText(ch);
            ch.sprintf("%1.06f",C_Y);ui->mY->setText(ch);
        }
    }
}
```

18.4 基于 MonoDevelop 平台 C#语言开发坐标转换程序

18.4.1 界面设计

(1)打开 MonoDevelop 软件,新建一个.NET—Gtk#2.0 工程,项目名为 BLXY,双击左边的 MainWindow 文件,显示设计界面(详细请参考本书 13.2.2 部分内容),如果找不到右边的工具栏,打开菜单:【查看】→【调试】,就可以显示工具栏和属性栏,如图 18-26 所示。

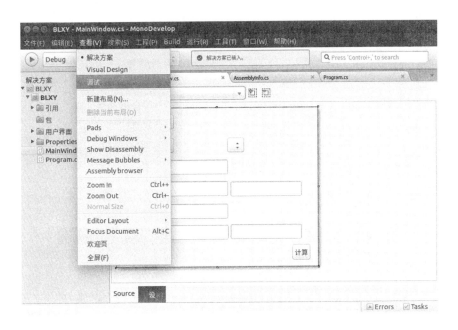

图 18-26　MonoDevelop 软件界面

(2)添加一个 Fixed 控件作为容器,用来放置其他控件,再添加 6 个 Label 控件、3 个 Combo Box 控件、6 个 Entry 控件、1 个 Button 按钮控件,摆好位置,稍加修改即可,如图 18-27 所示。

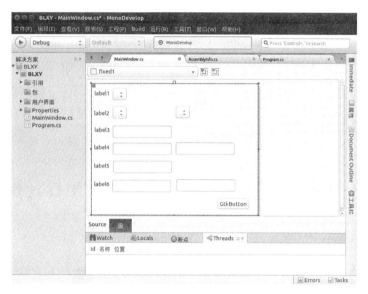

图 18-27　添加控件

（3）依次选中各 Label 控件,点击最右边的属性栏,切换到属性页(属性/信号),点击 Label Properties 下面的 LabelProp 标题,点击右边的小按钮(三个小圆点),修改标签名称, 如图 18-28 所示。

图 18-28　修改控件属性

（4）在打开的文本框内输入标签名称,再点击右下角的【确定】按钮,如图 18-29 所示。

图 18-29　修改标签标题

（5）选中面板中间的【GtkButton】按钮，修改其标签名称为"计算"，如图 18-30 所示。

图 18-30　修改按钮标题

（6）选中面板中的 MainWindow 窗口，修改其标题为"坐标转换"，如图 18-31 所示。

图 18-31　修改窗口标题

（7）选中第 2 个 Combo Box 控件，选择右边属性栏中的信号页（属性/信号），选择
ComboBox Signals 下面的 Changed 事件，双击添加响应函数，如图 18-32 所示。

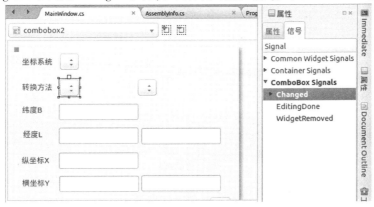

图 18-32　添加标签响应函数

（8）同理，添加计算按钮的响应函数，如图 18-33 所示。

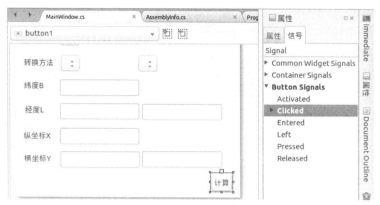

图 18-33　添加按钮响应函数

（9）准备工作完成后，设计软件界面如图 18-34 所示。

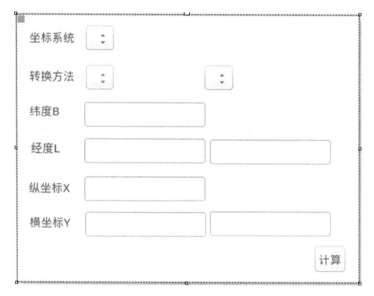

图 18-34　C#坐标转换程序界面设计

18.4.2　自定义成员函数

（1）系统自动添加的引用，如下所示：

using System；

using Gtk；

（2）自定义变量，如下所示：

// 椭球长半轴及扁率

double E_a = 6378245，E_f = 1/298.3，E_a1 = 6378245，E_f1 = 1/298.3，E_a2 = 6378140，E_f2 = 1/298.257；

```
double L0=0,L=0,C_X=0,C_Y=0,C_r=0,C_B=0,C_L=0,zz=0;
    int C_J=0,t=0,Constant=500000,words=0;
    double PI=3.1415926535897932384626;
```

（3）系统自动生成的主函数，如下所示：

```
public partial class MainWindow: Gtk.Window
{
    public MainWindow（）: base（Gtk.WindowType.Toplevel）
    {
        Build（）;
    }
    protected void OnDeleteEvent（object sender, DeleteEventArgs a）
    {
        Application.Quit（）;
        a.RetVal = true;
    }
}
```

（4）添加自定义成员函数（部分），如下所示：

```
// 显示结果对话框
public void MessageBox（String MyMessage）
{
    this.Title = " 提示:" +MyMessage;
}
```

（5）添加响应函数，相当于 C++中的 onClick 函数，下面给出常用的两种监听函数格式：

```
①protected void OnCombobox2Changed（object sender, EventArgs e）
    {
        // 其他代码
    }
②protected void OnButton1Clicked（object sender, EventArgs e）
    {
        // 其他代码
    }
```

18.4.3　编译与运行

源代码添加完毕，编译运行程序，可进行大地坐标正反算及换带计算，显示如下：

（1）大地坐标正算，如图 18-35 所示。

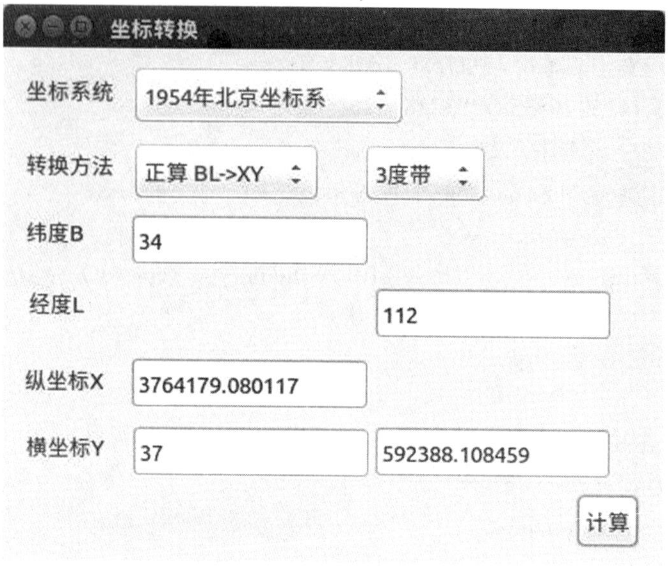

图 18-35　大地坐标正算

（2）大地坐标反算，如图 18-36 所示。

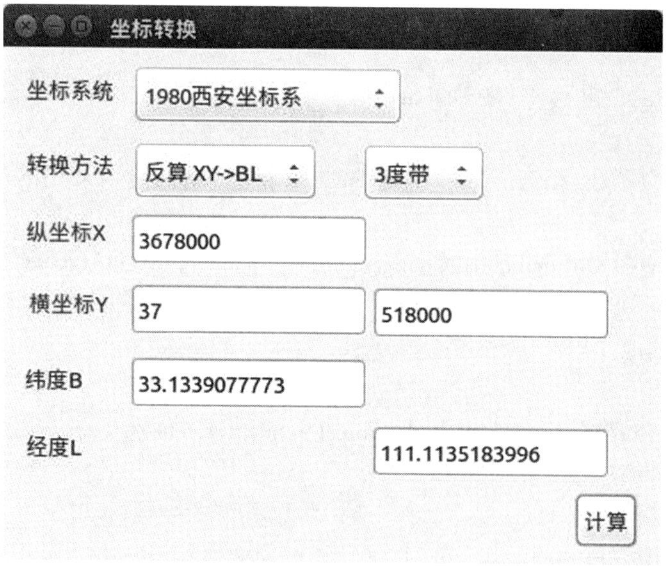

图 18-36　大地坐标反算

（3）换带计算，如图 18-37 所示。

图 18-37　换带计算

18.4.4　C#源代码

```
using System；
using Gtk；
public partial class MainWindow：Gtk.Window
｛
    // 椭球长半轴及扁率
    double E_a = 6378245，E_f = 1/298.3，E_a1 = 6378245，E_f1 = 1/298.3，E_a2 =
6378140，E_f2 = 1/298.257；
        double L0 = 0，L = 0，C_X = 0，C_Y = 0，C_r = 0，C_B = 0，C_L = 0，zz = 0；
        int C_J = 0，t = 0，Constant = 500000，words = 0；
        double PI = 3.1415926535897932384626；
        public MainWindow（）：base（Gtk.WindowType.Toplevel）
        ｛
            Build（）；
            combobox1.InsertText（0，"1954 年北京坐标系"）；
            combobox1.InsertText（1，"1980 西安坐标系"）；
            combobox1.InsertText（2，"2000 国家大地坐标系"）；
            combobox2.InsertText（0，"正算 BL->XY"）；
            combobox2.InsertText（1，"反算 XY->BL"）；
            combobox2.InsertText（2，"换带 XY->XY"）；
            combobox3.InsertText（0，"3 度带"）；
            combobox3.InsertText（1，"6 度带"）；
```

```
    }
    protected void OnDeleteEvent（object sender，DeleteEventArgs a）
    {
        Application.Quit（）；
        a.RetVal = true；
    }
    //自定义成员函数
    // 显示结果对话框
    public void MessageBox(String MyMessage)
    {
        this.Title=" 提示:"+MyMessage；
    }
    // DMS==>DEG
    double DEG(double angle)
    {
        int sign=1,k=0; if(angle<0) { sign=-1; angle=-angle; }
        String ch,ch1,ch2,ch3,ch4；
        double d=0,m=0,s=0,dms; ch=string.Format(" {0:F10}",angle)；
        for(int i=0; i<ch.Length; i++) { if(ch.Substring(i,1)=="." ) k=i; }
        ch1=ch.Substring(0,k); ch2=ch.Substring(k+1,2); ch3=ch.Substring(k+
3,2); ch4=ch.Substring(k+5); ch3+="."+ch4；
        d=Convert.ToDouble（ch1）; m=Convert.ToDouble（ch2）/60; s=Convert.
ToDouble（ch3）/3600;        dms=d+m+s；
        return sign*dms; //ch=string.Format（"0:%1.10f",angle）；
    }
    // DEG==>DMS
    double DMS(double angle) // 秒为两位数
    {
        int sign=1; if(angle<0) { sign=-1; angle=-angle; }
        String ch,ch1,ch2,ch3,ch4,ch5; //ch=string.Format(" {0:F}",angle)；
        double d,m,s,deg; int D,M；
        D=(int)(angle); M=(int)((angle-D)*60); s=(((angle-D)*60)-M)*60；
        ch1=string.Format(" {0:d3}",D)；
        ch2=string.Format(" {0:d2}",M+1000); ch2=ch2.Substring(ch2.Length-2,2)；
        ch3=string.Format(" {0:f2}",s+1000); ch5=ch3.Substring(ch3.Length-5,5)；
        ch3=ch5.Substring(0,2); ch4=ch5.Substring(ch5.Length-2,2)；
        if(Convert.ToInt16（ch3）==60) { ch2=string.Format(" {0:d2}",Convert.
ToInt16(ch2)+1); ch3="00"; }
```

```
        if( Convert.ToInt16 ( ch2) = = 60) ｛ ch1 = string.Format ( " {0:d3} " , Convert.
ToInt16( ch1) +1) ; ch2 = "00" ; ｝
            ch = ch1 + "." + ch2 + ch3 + ch4 ; //AfxMessageBox ( ch) ;
            deg = Convert.ToDouble ( ch) ;
            return sign * deg ;
    ｝
    // DEG = =>DBLDMS
    double DBLDMS( double angle) // 秒为五位数
    ｛
        int sign = 1 ; if( angle<0) ｛ sign = -1 ; angle = -angle ; ｝
        String ch,ch1,ch2,ch3,ch4,ch5 ; //ch = string.Format ( " {0:f} " , angle) ;
        double d,m,s,deg ; int D,M ;
        D = ( int) ( angle) ; M = ( int) ( ( angle-D) * 60) ; s = ( ( ( angle-D) * 60) -M) * 60 ;
        //string cc = D.ToString ( ) + " , " +M.ToString ( ) + " , " +s.ToString ( ) ; Message-
Box ( cc) ;
        ch1 = string.Format ( " {0:d3} " , D) ;
        ch2 = string.Format ( " {0:d2} " , M+1000) ; ch2 = ch2.Substring ( ch2.Length-
2,2) ;
        ch3 = string.Format ( " {0:f18} " , s+1000) ;
        ch5 = ch3.Substring ( ch3.Length-21,21) ; ch3 = ch5.Substring ( 0,2) ;
        ch4 = ch5.Substring ( ch5.Length-18,18) ;
        if( Convert.ToInt16 ( ch3) = = 60) ｛ ch2 = string.Format ( " {0:d2} " , Convert.
ToInt16( ch2) +1) ; ch3 = "00" ; ｝
        if( Convert.ToInt16 ( ch2) = = 60) ｛ ch1 = string.Format ( " {0:d3} " , Convert.
ToInt16( ch1) +1) ; ch2 = "00" ; ｝
        ch = ch1 + "." + ch2 + ch3 + ch4 ; // MessageBox( ch) ;
        deg = Convert.ToDouble( ch) ;
        return sign * deg ;
    ｝
    // 坐标正算
    void BLXY( double u,double v,double w,int q,int Constant,double a0, double f0)
// BL 为 DMS 格式
    ｛
        double b0,e2,e12,n2,t,V,W,c,M,N,b,l,s,g2 ; double MO = PI/180,P =
180/PI * 3600 ;
        double A,B,C,D,E,F,G ; String ch ; b0 = a0 * ( 1-f0) ;
        // 计算常数
        e2 = ( a0 * a0-b0 * b0) /a0/a0 ; e12 = ( a0 * a0-b0 * b0) /b0/b0 ;
```

A = 1 + 3 * e2/4 + 45 * Math.Pow(e2,2)/64 + 175 * Math.Pow(e2,3)/256 + 11025 * Math.Pow(e2,4)/16384 + 43659 * Math.Pow(e2,5)/65536 + 693693 * Math.Pow(e2,6)/1048576;

B = 3 * e2/8 + 15 * Math.Pow(e2,2)/32 + 525 * Math.Pow(e2,3)/1024 + 2205 * Math.Pow(e2,4)/4096 + 72765 * Math.Pow(e2,5)/131072 + 297297 * Math.Pow(e2,6)/524288;

C = 15 * Math.Pow(e2,2)/256 + 105 * Math.Pow(e2,3)/1024 + 2205 * Math.Pow(e2,4)/16384 + 10395 * Math.Pow(e2,5)/65536 + 1486485 * Math.Pow(e2,6)/8388608;

D = 35 * Math.Pow(e2,3)/3072 + 105 * Math.Pow(e2,4)/4096 + 10395 * Math.Pow(e2,5)/262144 + 55055 * Math.Pow(e2,6)/1048576;

E = 315 * Math.Pow(e2,4)/131072 + 3465 * Math.Pow(e2,5)/524288 + 99099 * Math.Pow(e2,6)/8388608;

F = 693 * Math.Pow(e2,5)/1310720 + 9009 * Math.Pow(e2,6)/5242880;

G = 1001 * Math.Pow(e2,6)/8388608;

// 计算子午线弧长

b = DEG(u) * MO; l = (DEG(v) - DEG(w)) * MO; g2 = e12 * Math.Cos(b) * Math.Cos(b);

s = a0 * (1 - e2) * (A * b - B * Math.Sin(2 * b) + C * Math.Sin(4 * b) - D * Math.Sin(6 * b) + E * Math.Sin(8 * b) - F * Math.Sin(10 * b) + G * Math.Sin(12 * b));

// 其他变量

n2 = e12 * Math.Cos(b) * Math.Cos(b); t = Math.Tan(b); V = Math.Sqrt(1 + n2);
W = Math.Sqrt(1 - e2 * Math.Sin(b) * Math.Sin(b)); N = a0/W;

double x1,x2,x3,x4,y1,y2,y3,y4;

x1 = t * N * Math.Pow(Math.Cos(b),2) * l * l/2;

x2 = t * N * Math.Pow(Math.Cos(b),4) * (5 - t * t + 9 * n2 + 4 * n2 * n2) * Math.Pow(l,4)/24;

x3 = t * N * Math.Pow(Math.Cos(b),6) * (61 - 58 * t * t + t * t * t * t + 270 * n2 - 330 * t * t * n2) * Math.Pow(l,6)/720;

x4 = t * N * Math.Pow(Math.Cos(b),8) * (1385 - 3111 * t * t + 543 * Math.Pow(t,4) - Math.Pow(t,6)) * Math.Pow(l,8)/40320;

y1 = N * Math.Cos(b) * l;

y2 = l * N * Math.Pow(Math.Cos(b),3) * (1 - t * t + n2) * Math.Pow(l,3)/6;

y3 = l * N * Math.Pow(Math.Cos(b),5) * (5 - 18 * t * t + Math.Pow(t,4) + 14 * n2 - 58 * t * t * n2) * Math.Pow(l,5)/120;

y4 = l * N * Math.Pow(Math.Cos(b),7) * (61 - 479 * t * t + 179 * Math.Pow(t,4) - Math.Pow(t,6)) * Math.Pow(l,7)/5040;

C_X = s + x1 + x2 + x3 + x4;

C_Y = y1 + y2 + y3 + y4;

```
        C_Y = C_Y+Constant；
        double p = 206264.8062471，p2 = p * p，p4 = p2 * p2；l = l * p；
        // 高斯平面子午线收敛角
        C_r = l * Math.Sin( b ) * ( 1+l * l * Math.Cos( b ) * Math.Cos( b ) * ( 1+3 * g2+2 *
g2 * g2 )/3/p2+l * l * l * l * Math.Pow( Math.Cos( b )，4 ) * ( 2−t * t )/15/p4 )；
        C_r = DBLDMS( C_r/3600 )；
        if( q = = 3 ) C_J = ( int )( DEG( w )/3 )；
        if( q = = 6 ) C_J = ( int )(( DEG( w )−3 )/6 )+1；
        if( q = = 0 ) C_J = 0；
    }
    // 坐标反算
    void XYBL( double u，double v，double w，int q，int Constant，double LO，double a0，doub-
le f0 )
    {
        double b0，e2，e12，n2，t，V，W，c，M，N，b，l，s，g2，z；double MO = PI/180，P = 180/
PI * 3600；
        double A，B，C，D，E，F，G，B0，Bi，Bf，FB，FB1，dB，y，t2，t4，t6；
        String ch；b0 = a0 * ( 1−f0 )；int words = 0；
        // 计算常数
        e2 = ( a0 * a0−b0 * b0 )/a0/a0；e12 = ( a0 * a0−b0 * b0 )/b0/b0；
        A = 1+3 * e2/4+45 * Math.Pow( e2，2 )/64+175 * Math.Pow( e2，3 )/256+11025 *
Math.Pow( e2，4 )/16384+43659 * Math.Pow( e2，5 )/65536+693693 * Math.Pow( e2，6 )/
1048576；
        B = 3 * e2/8+15 * Math.Pow( e2，2 )/32+525 * Math.Pow( e2，3 )/1024+2205 *
Math.Pow( e2，4 )/4096+72765 * Math.Pow( e2，5 )/131072+297297 * Math.Pow( e2，6 )/
524288；
        C = 15 * Math.Pow( e2，2 )/256+105 * Math.Pow( e2，3 )/1024+2205 * Math.Pow
( e2，4 )/16384+10395 * Math.Pow( e2，5 )/65536+1486485 * Math.Pow( e2，6 )/8388608；
        D = 35 * Math.Pow( e2，3 )/3072+105 * Math.Pow( e2，4 )/4096+10395 * Math.Pow
( e2，5 )/262144+55055 * Math.Pow( e2，6 )/1048576；
        E = 315 * Math.Pow( e2，4 )/131072+3465 * Math.Pow( e2，5 )/524288+99099 * Math.
Pow( e2，6 )/8388608；
        F = 693 * Math.Pow( e2，5 )/1310720+9009 * Math.Pow( e2，6 )/5242880；
        G = 1001 * Math.Pow( e2，6 )/8388608；
        // 计算底点纬度
        B0 = u/( a0 * ( 1−e2 ) * A )；
    next：
        FB = a0 * ( 1−e2 ) * ( A * B0−B * Math.Sin( 2 * B0 )+C * Math.Sin( 4 * B0 )−D *
```

Math.Sin(6 * B0) + E * Math.Sin(8 * B0) - F * Math.Sin(10 * B0) + G * Math.Sin(12 * B0));

    FB1 = a0 * (1-e2) * (A-2 * B * Math.Cos(2 * B0) + 4 * C * Math.Cos(4 * B0) - 6 * D * Math.Cos(6 * B0) + 8 * E * Math.Cos(8 * B0) - 10 * F * Math.Cos(10 * B0) + 12 * G * Math.Cos(12 * B0));

    Bi = B0+(u-FB)/FB1; dB = Bi-B0; if(dB<0) dB = -dB;

    if(dB>0.000000000001) ｛ B0 = Bi; if(words++<9999) goto next; else ｛ MessageBox("计算底点纬度失败,请检查数据!"); return; ｝ ｝

    Bf = B0;

    // 其他变量

    n2 = e12 * Math.Cos(Bf) * Math.Cos(Bf); t = Math.Tan(Bf); t2 = t * t; t4 = t2 * t2; t6 = t2 * t4;

    V = Math.Sqrt(1+n2); W = Math.Sqrt(1-e2 * Math.Sin(Bf) * Math.Sin(Bf)); N = a0/W; M = a0/W; y = v-Constant;

    if(L0>=0) L0 = L0;

    else

    ｛

        if(q == 3) L0 = (float)(3 * w);

        if(q == 6) L0 = (float)(6 * w-3);

        if(q == 0) L0 = 0;

    ｝

    C_B = Bf+t * (-1-n2) * y * y/(2 * N * N)+t * (5+3 * t2+6 * n2-6 * t2 * n2-3 * n2 * n2-9 * t2 * n2 * n2) * y * y * y * y/(24 * Math.Pow(N,4))+t * (-61-90 * t2-45 * t4-107 * n2+162 * t2 * n2+45 * t4 * n2) * Math.Pow(y,6)/(720 * Math.Pow(N,6))+t * (1385+3633 * t2+4095 * t4+1575 * t6) * Math.Pow(y,8)/(40320 * Math.Pow(N,8));

    C_L = y/(N * Math.Cos(Bf))+(-1-2 * t2-n2) * Math.Pow(y,3)/(6 * Math.Pow(N,3) * Math.Cos(Bf))+(5+28 * t2+24 * t4+6 * n2+8 * t2 * n2) * Math.Pow(y,5)/(120 * Math.Pow(N,5) * Math.Cos(Bf))+(-61-662 * t2-1320 * t4-720 * t6) * Math.Pow(y,7)/(5040 * Math.Pow(N,7) * Math.Cos(Bf));

    z = (C_B/MO); C_B = DBLDMS(z);

    z = (C_L/MO+DEG(L0)); C_L = DBLDMS(z);

｝

// 坐标转换方法改变时响应函数

protected void OnCombobox2Changed(object sender, EventArgs e)

｛

    // 转换方法

    String method = combobox2.ActiveText;

    if (method.Equals("正算 BL->XY"))

```
        {
            label3.Text = "纬度 B";
            label4.Text = "经度 L";
            label5.Text = "纵坐标 X";
            label6.Text = "横坐标 Y";
            entry2.Hide ( );
            entry5.Show ( );
        }
    if ( method.Equals( "反算 XY->BL" ) )
        {
            label3.Text = "纵坐标 X";
            label4.Text = "横坐标 Y";
            label5.Text = "纬度 B";
            label6.Text = "经度 L";
            entry2.Show( );
            entry5.Hide ( );
        }
    if ( method.Equals( "换带 XY->XY" ) )
        {
            label3.Text = "纵坐标 X";
            label4.Text = "横坐标 Y";
            label5.Text = "纵坐标 X";
            label6.Text = "横坐标 Y";
            entry2.Show( );
            entry5.Show ( );
        }
}
// 计算
protected void OnButton1Clicked ( object sender, EventArgs e)
{
    //throw new NotImplementedException ( );
    // 坐标系统
    String system = combobox1.ActiveText;
    // 转换方法
    String method = combobox2.ActiveText;
    // 带号
    String tape = combobox3.ActiveText;
    if( system.Equals( "1954 年北京坐标系" ) )
```

```
        }
      E_a = 6378245; E_f = 1/298.3; //CoordinateSystemValue = 1954;
    }
    if( system.Equals( "1980 西安坐标系" ) )
    {
      E_a = 6378140; E_f = 1/298.257; //CoordinateSystemValue = 1980;
    }
    if( system.Equals( "2000 国家大地坐标系" ) )
    {
      E_a = 6378137; E_f = 1/298.257222101; //CoordinateSystemValue = 1954;
    }
    String ch1 = entry1.Text;
    String ch2 = entry2.Text;
    String ch3 = entry3.Text;
    // 正算
    if ( method.Equals( "正算 BL->XY" ) )
    {
        if( ch1.Length = = 0 ) MessageBox( "请输入 纬度 B!" );
        else if( ch3.Length = = 0 ) MessageBox( "请输入 经度 L!" );
        else
        {
            double B = Convert.ToDouble( ch1 );
            double L = Convert.ToDouble( ch3 );
            if( tape.Equals( "3 度带" ) )
            {
                t = 3; L0 = 3 * Convert.ToInt16( DEG( L )/3 );
                if( DEG( L ) - L0>1.5 ) L0 = L0+3;
            }
            if( tape.Equals( "6 度带" ) )
            {
                t = 6; L0 = 6 * ( Convert.ToInt16( ( DEG( L ) -3 )/6 ) +1 ) -3;
                if( DEG( L ) - L0>3 ) L0 = L0+6;
            }
            BLXY( B, L, L0, t, Constant, E_a, E_f );
            entry4.Text = string.Format( "{0:f6}", C_X );
            entry5.Text = string.Format( "{0:d2}", C_J );
            entry6.Text = string.Format( "{0:f6}", C_Y );
        }
```

```
            }
// 反算
if（method.Equals（"反算 XY->BL"））
{
        if( ch1.Length == 0 ) MessageBox（"请输入 纵坐标 X！"）;
        else if( ch2.Length == 0 ) MessageBox（"请输入 "+tape+" 带号！"）;
        else if( ch3.Length == 0 ) MessageBox（"请输入 横坐标 Y！"）;
        else
            {
                double X1 = Convert.ToDouble（ch1）;
                double Y1 = Convert.ToDouble（ch3）;
                int J1 = Convert.ToInt16（ch2）;
                if( tape.Equals（"3 度带"））
                    {
                        t = 3;
                    }
                if( tape.Equals（"6 度带"））
                    {
                        t = 6;
                    }
                XYBL（X1,Y1,J1,t,Constant,-999,E_a,E_f）;
                entry4.Text = string.Format（"{0:f10}",C_B）;
                entry5.Text = "";
                entry6.Text = string.Format（"{0:f10}",C_L）;
            }
    }
// 换带
if（method.Equals（"换带 XY->XY"））
{
        if( ch1.Length == 0 ) MessageBox（"请输入 纵坐标 X！"）;
        else if( ch2.Length == 0 ) MessageBox（"请输入 "+tape+" 带号！"）;
        else if( ch3.Length == 0 ) MessageBox（"请输入 横坐标 Y！"）;
        else
            {
                double X1 = Convert.ToDouble（ch1）;
                double Y1 = Convert.ToDouble（ch3）;
                int J1 = Convert.ToInt16（ch2）;
                if( tape.Equals（"3 度带"））
```

```
                    t=3;
            }
        if(tape.Equals("6 度带"))
            {
                    t=6;
            }
        XYBL(X1,Y1,J1,t,Constant,-999,E_a,E_f);
        if(tape.Equals("3 度带"))
            {
                    L0=3*J1;if(Y1>Constant) L0=L0+3;else L0=L0-3;
            }
        if(tape.Equals("6 度带"))
            {
                    L0=6*J1-3;if(Y1>Constant) L0=L0+6;else L0=L0-6;
            }
        BLXY(C_B,C_L,L0,t,Constant,E_a,E_f);
        entry4.Text=string.Format("{0:f6}",C_X);
        entry5.Text=string.Format("{0:d2}",C_J);
        entry6.Text=string.Format("{0:f6}",C_Y);
            }
        }
    }
}
```

18.5　安装与卸载

18.5.1　如何在终端运行自己开发的程序

当开发好自己的程序后,如何在终端运行呢? 下面选择三种常用工具开发的程序来总结:①用 Eclipse 中的 Java 语言开发界面程序,关于如何自制 Jar 安装包在前面章节中已经介绍了,在此不再重复,直接复制到主文件夹下备用;②用 QT 开发的 C++程序,复制到主文件夹下,双击自动运行,也可以在终端运行;③用 MonoDevelop 开发的 C#程序,复制到主文件夹下,双击自动运行,也可以在终端运行。

(1)复制 QT 开发的程序到主文件夹下,如图 18-38 所示。

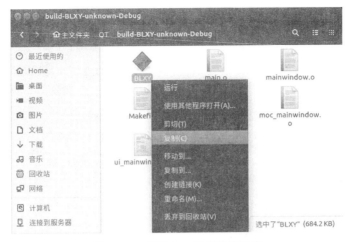

图 18-38　复制 C++坐标转换程序

（2）复制 MonoDevelop 开发的程序到主文件夹下，如图 18-39 所示。

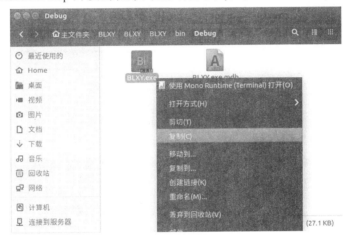

图 18-39　复制 C#坐标转换程序

（3）复制后的结果（jar 文件直接在/home/wuanzhuang 目录下生成）如图 18-40 所示。

图 18-40　复制到主文件夹

(4)打开终端,运行 Java 程序如图 18-41 所示。

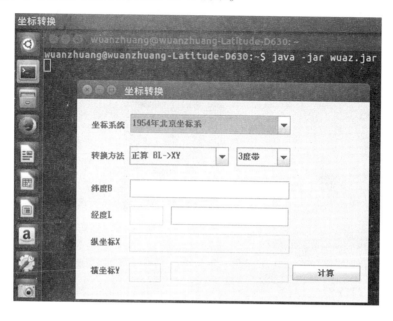

图 18-41　运行 Java 坐标转换程序

(5)打开终端,运行 QT 程序,如图 18-42 所示。

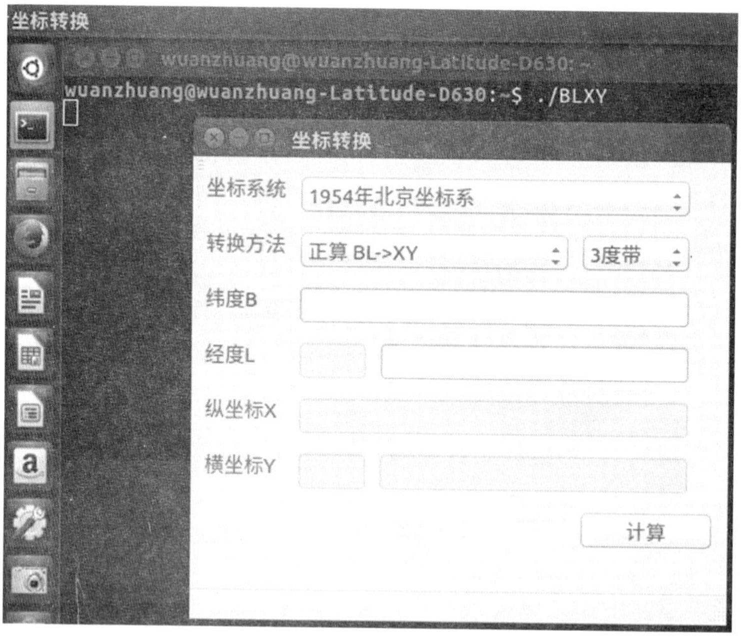

图 18-42　运行 C++坐标转换程序

（6）打开终端，运行 MonoDevelop 程序，如图 18-43 所示。

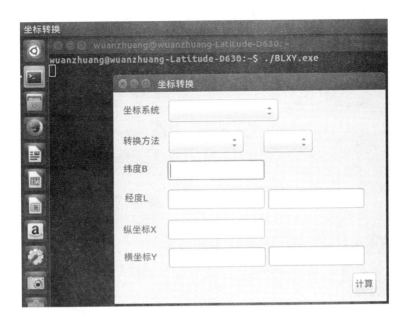

图 18-43　运行 C#坐标转换程序

18.5.2　如何自己制作 deb 安装包

（1）要制作自己的 deb 安装包，首先做好准备工作，按如下目录结构要求创建目录和相应文件，如图 18-44 所示。

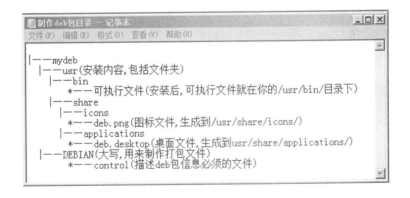

图 18-44　创建目录结构表

（2）打开主文件夹，点击鼠标右键，选择【新建文件夹】，创建名称为"mydeb"的文件夹，再打开 mydeb 文件夹，继续创建其他文件夹，方法一样，如图 18-45 所示。

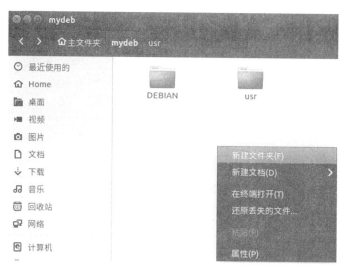

图 18-45　创建相应文件夹

（3）打开 Gedit 软件，编辑 control 文件，并保存在/mydeb/DEBIAN 目录下，如图 18-46 所示。

图 18-46　编辑 control 文件

（4）把编译好的 QT 可执行程序重命名为 myqt，然后复制到刚创建的/mydeb/usr/bin 文件夹下，如图 18-47 所示。

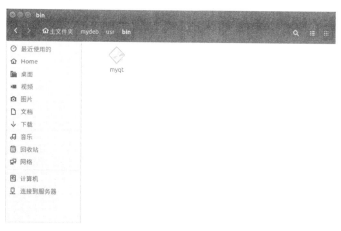

图 18-47　复制 QT 运行程序

（5）打开 Gedit 软件，编辑 deb.desktop 文件，保存在相应目录下，如图 18-48 所示。

图 18-48　编辑 deb.desktop 文件

（6）自己制作一个图标或下载一个图标，稍加修改，复制到 mydeb/usr/share/icons 文件夹下，如图 18-49 所示。

图 18-49　制作应用程序图标

（7）准备工作完成后，打开终端，输入 sudo dpkg -b mydeb wuaz_1.0_i386.deb，回车，输入管理员密码，开始制作 deb 安装包，如图 18-50 所示。

图 18-50　制作 deb 安装包方法

（8）输入 sudo dpkg -i wuaz_1.0_i386.deb，安装软件包，安装完成，输入应用程序名称，如 myqt，开始运行，结果显示在右下角窗口，如图 18-51 所示。

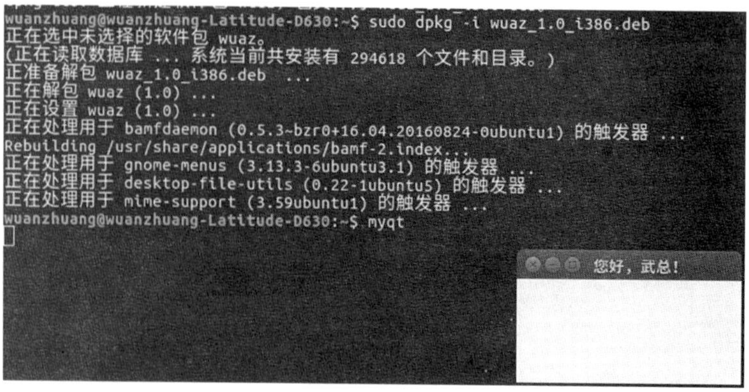

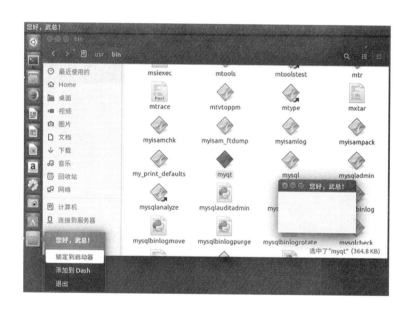

图 18-51　测试运行程序

（9）打开用户的主文件夹下左边的计算机图标，再点击右边的 usr/bin 文件夹下的 myqt，双击打开也可以运行。如果需要创建快捷方式，点击左边启动栏上的图标，选择"锁定到启动器"即可，也可以直接拖到桌面上，如图 18-52 所示。

图 18-52　创建快捷方式方法

注意：在编辑两个文本文件时，不得出现空行，光标留在最后一行的末尾，不得按回车键移动到下一行，否则会出错。

18.5.3　如何安装与卸载 deb 安装包

（1）卸载软件比较简单，打开终端输入 dpkg-l，显示所有已安装的包名，例如：输入 dp-kg-l wuaz，只显示 wuaz 安装包的相关信息，如图 18-53 所示。

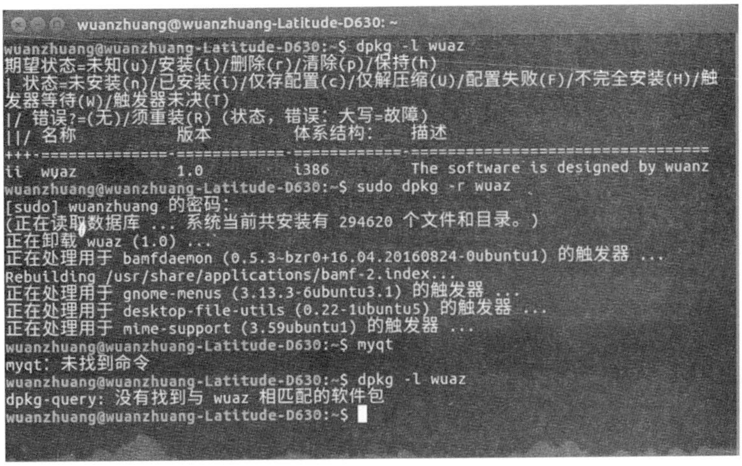

图 18-53　卸载 deb 安装包方法

（2）输入 sudo dpkg -r wuaz，回车，输入管理员密码，开始卸载软件。

第 19 章　常见技术问题

19.1　常见软件问题

19.1.1　常用 Linux 系统下软件开发工具

Linux 操作系统是一个优秀的开发环境,但是如果没有良好的软件开发工具,这个环境给你带来的好处就会大打折扣,幸运的是,有很多好用的 Linux 系统版本和开源开发工具供你选择。如果你是一个新手,你可能不知道有哪些工具可用,茫茫然不知所措,以下简要介绍 10 个杰出的开源开发工具,它们将帮助你提升自己的开发效率。

1.GCC

GCC 是一个 GNU 编译器,支持 C、C++、Objective-C、FORTRAN、java 和 Ada 等语言。尽管它是一个命令行工具,但却非常强大,许多 IDE 都使用它作为前端工具,GCC 实际上是一套工具。

最常见的用途是作为 C 和 C++代码的编译器。对于 C 来说,调用"gcc"命令,而对于 C++来说,调用"g++"命令。两个编译器在同一套工具集中,而且 g++是一个编译器,而不仅仅是一个预处理器,它可以直接从源代码创建目标代码,而无须使用一个中介从 C++ 代码创建 C 代码,这样可以创建更好的目标代码,而且让你掌握更好的调试信息。

该工具的主页:http://gcc.gnu.org/。

2.GDB

严格来说,GDB 算不上一个开发工具,不过它是多数 Unix/Linux 开发者必备的工具之一。GDB 就是 GNU 调试器。这个工具从命令行中启动,让开发者可以立即获得来自另一个被执行程序的即时反馈。在处理漏洞报告时,GDB 也非常好用。

如果你要创建、完成和发布一个应用程序,可能需要了解问题所在,为了帮助你发现这些问题,你可以从 GDB 工具中启动这个程序,它将帮助你发现问题所在。通过 GDB 你可以完成如下任务:①按照影响应用程序行为的指定参数、开关或输入来启动它;②针对特定行为终止应用程序执行;③当你的应用程序停止时检查发生的事情;④修改应用程序,迅速进行测试。

该工具的主页:http://www.gnu.org/software/gdb/。

3.Make

Make 是一个 Linux 工具,可以自动判断大型程序的哪一部分需要被编译,一旦判断出哪些需要被编译后,它将运行必要的命令来完成这个操作。当从源代码安装应用程序时经常会用到 Make,因此开源应用程序开发者应该对 Make 工具有比较深入的了解,明白如何使用它。

如果你计划开发一个需要从源代码安装的应用程序,你需要知道如何使用makefile。这个makefile描述了你应用程序中不同文件之间的关系,并且包含了需要拼合在一起的声明。如果你熟悉应用程序安装的话,你会了解这个命令,例如:./configure;make;make install。

4.Glade

Glade是一个GNOME桌面环境下用于开发GTK+的RAD(迅速应用开发)工具,它的界面与GIMP非常类似,可以被用户定制,甚至可以被嵌入到Anjuta中。

Glade包含许多创建界面控件,诸如文本框、对话标签、数字输入框和菜单等,让你可以更快速地开发界面。界面设计以xml格式存储,从而让这些设计可以被轻松地应用于外部工具中。

安装Glade的过程非常简单。如果你使用的是Fedora操作系统,你可以使用命令"yum install glade3"来启动安装。Glade不像Anjuta一样具有一个强大的项目管理器,但是你可以在Glade中创建、编辑和保存项目。

该工具的主页:http://glade.gnome.org/。

5.Anjuta

Anjuta是一个免费的开源C和C++开发工具,它的安装非常简单,提供项目管理、应用程序向导、交互式调试器、强大的源代码编辑器(支持源浏览、代码完成和语法高亮功能)等功能。Anjuta有一个灵活而强大的用户界面,让你可以在布局界面中拖动工具来设计图形用户界面,方便实用,而且每一个用户配置的布局对一个项目来说是可以持续生存的。Anjuta团队开发的这个强大的IDE非常易于使用,而且可以满足你的C和C++编程需求。

Anjuta还有一个强大的插件系统,通过它你可以选择激活或关闭一个插件,而且与所有开源项目一样,你可以为Anjuta开发满足你自己需求的插件。在Anjuta应用程序中最大的工具之一是项目管理器,这个工具几乎可以打开任何基于automake/autoconf的项目,这个项目管理器不会增加任何基于Anjuta的信息到这个项目中,因此在Anjuta之外,你的项目同样可以被维护和开发。

该工具的主页:http://anjuta.sourceforge.net/。

6.Eclipse

Eclipse是一个用Java语言编写、跨平台、多语言支持的IDE,它具有一个丰富的插件系统,让你可以对其进行功能扩展,平均每月被下载的次数超过100万次。Eclipse是当今软件开发领域最强大的工具之一,Eclipse最强大的地方或许在于其插件功能。

在支持编程语言方面,Eclipse号称拥有高达58个插件基于这个功能丰富的开发环境,Eclipse拥有一个巨大的开发者社区,而且很多机构都提供该IDE的培训,甚至有的大学将其列为学习课程之一。

该工具的主页:http://www.eclipse.org/。

7.Kdevelop

Kdevelop创建于1998年,是一个非常易用的KDE桌面环境IDE。Kdevelop目前在GPL下发布,可以免费使用。Kdevelop支持15种编程语言,对每一种语言有其特定的功能。Kdevelop 还提供内置调试器、版本控制系统(Subversion)、应用程序向导、文档查看器、代码段工具(code snippets)、集成 Doxygen、RADio 工具、支持 Ctags、代码格式重定、QuickOpen 支持和停靠窗口与工具栏等功能。

Kdevelop 是基于插件的,因此你可以通过增加和移除插件,来创建最适合你需要的功能。Kdevelop 还支持描述性档案(Profile)功能,因此不同设置的插件可以与特定项目关联在一起。

Kdevelop 最好的功能之一是它替用户完成了众多底层的任务。不断处理 make、automake 和 configure 操作是一件令人讨厌的事情,任何优秀的程序员应该知道这些工具,Kdevelop 包含了一个 Automake 管理器,简化了它们的使用。该工具另一个好用的功能是编译器的输出窗口是彩色的,因此你可以很容易地立刻看到错误、警告和信息之间的区别。

8.Bluefish

Bluefish 是开发 Web 时最受欢迎的 IDE 之一,它能够处理编程和标记语言,但是该工具的重点用途在于创建动态和交互式网站。Bluefish 是一个轻量级工具,运行速度非常快,它所占据的资源只有同类工具的 30%~40%。

Bluefish 可以一次打开多个文档(最多可打开 3 500 个文档),它包含项目支持、远程文件支持、搜索和替换(包括正则表达式)、无限撤销/重做、多语言定制、语法高亮、窗口反斜线、文本和多编码支持等功能。

Bluefish 最实用的功能之一是用户自定义工具栏 Quickba,它可以让你通过"右键点击并选择增加到 Quickbar"的方式来增加按钮。你可以增加任意 HTML 工具栏按钮到 Quickbar 上。Bluefish 有针对 C、Apache、DHTML、DocBook、HTML、PHP+HTML 和 SQL 的智能向导。如果是手动开发自己的网站,你应该选择使用 Bluefish 这个工具。Bluefish 还有许多操作简化工具,可以帮助你增加不同元素到你的代码中。

该工具主页:http://bluefish.openoffice.nl/。

9.KompoZer

KompoZer 是一个易用的所见即所得(WYS|WYG)Web 开发工具,其目标是让用户创建一个专业 Web 站点,而又不需要深入了解 HTML 知识。KompoZer 是微软 FrontPage 和 Adobe Dreamweaver 的免费开源替代产品,和其竞争产品一样,KompoZer 可以通过点击一个标签就实现代码编辑和预览界面的切换,是非常适合初学者学习的一个工具。

KompoZer 具有众多亮点功能,其中最强大的一点就是可以通过一个 URL 打开、编辑和上传一个网站,这个功能让你可以无须编辑 HTML 就可以简单地对网站进行更新,当然,前提是你必须具有网站的上传权限,在使用其他网站作为模板时,这个功能也非常有用。

该工具的主页:http://www.kompozer.net/。

10.Quanta Plus

与 KompoZer 类似,Quanta Plus 也是一个 HMTL 开发工具,Quanta Plus 支持所见即所得(WYS|WYG),也支持代码处理,还支持 HTML、XHTML、CSS、XML(以及基于 XML 的语言)和 PHP。

Quanta Plus 的特色功能包括快速标签完成、项目管理、实时预览、PHP 调试器、CVS 支持和子版本支持(需要插件支持)。相比较来说,KompoZer 的主要目标用户是那些非技术专业用户,而 Quanta Plus 则是针对那些希望有一个好的所见即所得编辑器的技术型用户。

19.1.2　常用 Ubuntu 软件安装方法

Ubuntu 下常用的软件安装有以下几种方法,下面分别进行简要说明。

1.deb 包的安装方法

deb 是 debian 系列的 Linux 包管理方法,Ubuntu 属于 debian 的派生,也默认支持这种软件安装方法,当下载到一个 deb 格式的软件包后,直接在界面上就可以安装,命令如下:

sudo dpkg-i xxx.deb(注:xxx 为软件名称)

假设你下载的软件包 test.deb 放在桌面,你的用户名是 wuanzhuang,安装命令如下:

sudo dpkg-i /home/wuanzhuang/desktop/test.deb

2.编译安装方法

第二种常见的安装方法是源代码编译安装,很多软件会提供源代码给最终用户,用户需要自行编译安装,先使用 tar 将源代码解压到一个目录下,然后进入这个目录,依次执行以下三条命令:

./configure

sudo make

sudo make install

卸载程序使用如下命令:

sudo make uninstall

注意:在使用编译安装前,需要先建立编译环境,使用以下命令建立基本的编译环境:
sudo apt install build-essential,不过,现在的 Ubuntu 16.04 LTS 系统已经默认安装了。

3.apt-get 安装方法

第三种方法是 apt-get 的安装方法,APT 是 Debian 及其衍生发行版的软件包管理器,APT 可以自动下载、配置,并安装二进制或者源代码格式的软件包,因此简化了 Unix/Linux 系统上管理软件的过程,常用的安装/删除软件命令如下:

sudo apt-get install 软件名　// 安装软件

sudo apt-get remove 软件名 // 删除软件

sudo apt-get remove--purge 软件名 //彻底删除文件,包括配置文件

apt-cache search 软件名 // 搜索软件

注意:Ubuntu 16.04 LTS 可使用 apt 来代替 apt-get,"--purge"中,purge 前是两个小横杠。

4.新立得软件包管理器安装方法

新立得软件包管理器也是一款软件,是用来管理软件安装与卸载的工具,可以搜索,下载,安装 Ubuntu 源里的软件。安装方法:打开终端,输入 sudo apt install synaptic,进行安装。安装完毕,可以用新立得安装与卸载其他软件,参见前面的章节。

5.二进制包的安装方法

值得说明的是,有不少开源的商业软件会采用这种二进制包的形式发布 Linux 软

件,例如 google earth,在获取二进制软件后,把它放到/tmp 目录下,在终端进入安装目录,在安装目录下执行:./软件名,然后按照提示,一步步安装该软件。

6.rpm 包的安装方法

rpm 包是除 deb 包外最常见的一种包管理方法,Ubuntu 同样可以使用 rpm 的软件资源。首先我们需要安装一个 rpm 转 deb 的软件,命令如下:sudo apt-get install alien,然后就可以将 rpm 格式的软件转换成 deb 格式,命令如下:alien-d xxx.rpm。

当然,也可以直接安装 rpm 包,命令如下:alien-i xxx.rpm。

更多的 alien 使用方法可以用-h 参数查看相应说明文档。

7.shell 脚本安装包(.sh,.bash,…)

扩展名为.sh 的软件包,可以在终端中运行 sh 命令来安装,比如我们要安装一个位于用户 wuanzhuang 的桌面下的安装包 test.sh,安装方法如下:输入 sh/home/wuanzhuang/desktop/test.sh,如果提示权限不够,更改权限:chmod +x test.sh,再进行安装。

8.其他安装方法

其他安装方法一般还有脚本安装方法,对于这类软件,你会在软件安装目录下发现类似以下后缀名的文件,如.sh、.py 和 .run 等,有的甚至连后缀名都没有,直接只有一个 install 文件。对于这种软件,可尝试用以下几种方法安装:

最简单的就是直接在软件目录下输入:./软件名 *(注意有一个 * 号,一般可以通配所有后缀名);

或者:sh 软件名.sh;

或者:python 软件名.py。

19.1.3　常用压缩与解压缩文件方法

Linux 系统下常用的压缩与解压缩文件的方法有 4 种(zip、tar、tar.gz、tar.bz2),为了方便读者理解,演示示例如下,首先打开用户的主文件夹,建立一个目录,名称为"temp",里面存放三个文件:123、456、789,以作演示使用,如图 19-1 所示。

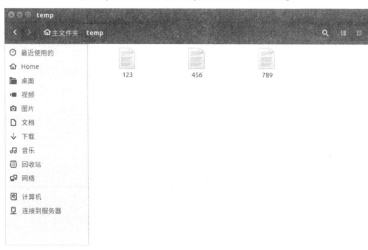

图 19-1　新建示例压缩文件

1.zip

zip 可能是目前使用得最多的通用文档压缩格式,它的优点是可以在不同的操作系统平台上使用,比如 Linux、Windows、Mac OS X,缺点是支持的压缩率不是很高,而 tar.gz 和 tar.gz2 在压缩率方面做得非常好,请看示例(见图 19-2):

压缩目录:# zip-r archive_name.zip directory_to_compress;

解压 zip 文档:# unzip archive_name.zip。

图 19-2　zip 压缩与解压缩

2.tar

tar 是在 Linux 系统中使用得非常广泛的文档打包格式,它的好处是只消耗非常少的 CPU 资源以及时间去打包文件,但它仅仅是一个打包工具,并不负责压缩,请看示例(见图 19-3):

打包目录:# tar-cvf archive_name.tar directory_to_compress;

解包方法 1:# tar-xvf archive_name.tar,将文档解压在当前目录下面;

解包方法 2:# tar-xvf archive_name.tar-C /tmp/extract_here/,将文档解压在指定目录下面。

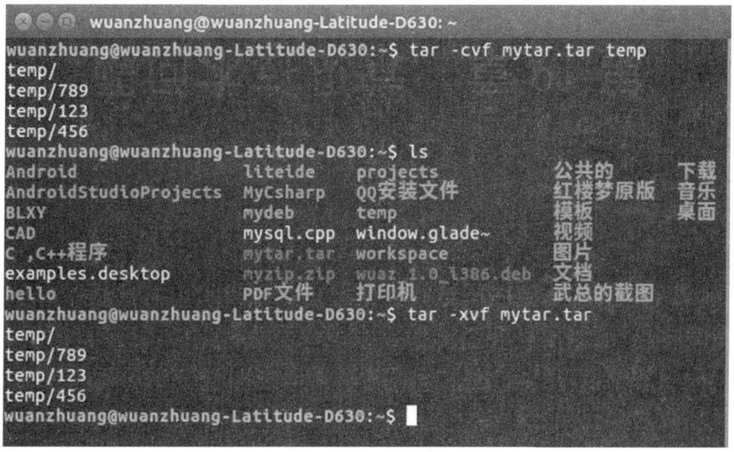

图 19-3　tar 压缩与解压缩

3.tar.gz

这种格式是使用得最多的压缩格式。它在压缩时不会占用太多 CPU 资源,而且可以得到一个非常理想的压缩率,请看示例(见图 19-4):

压缩目录:# tar-zcvf archive_name.tar.gz directory_to_compress;

解压缩 1:# tar-zxvf archive_name.tar.gz,将文档解压在当前目录下面;

解压缩 2:# tar-zxvf archive_name.tar.gz-C /tmp/extract_here/,将文档解压在指定目录下面。

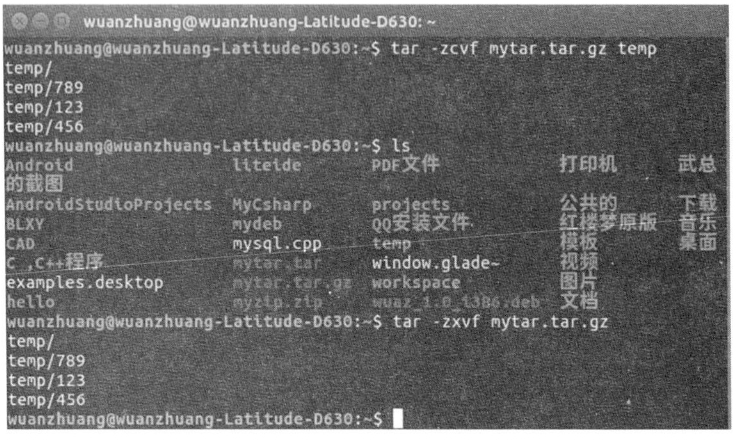

图 19-4　tar.gz 压缩与解压缩

4.tar.bz2

这种压缩格式是所有方式中压缩率最好的,当然,这也就意味着,它比前面的方式要占用更多的 CPU 资源与时间,请看示例(见图 19-5):

压缩目录:# tar-jcvf archive_name.tar.bz2 directory_to_compress;

解压缩:# tar-jxvf archive_name.tar.bz2,将文档解压在当前目录下面。

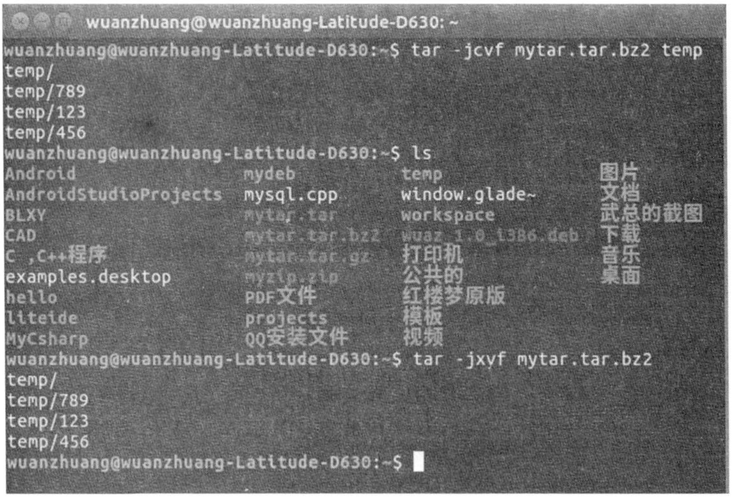

图 19-5　tar.bz2 压缩与解压缩

19.1.4　关于 Ubuntu Software 问题

由于作者的计算机在安装软件过程中操作失误,出现死机现象,重新启动后,发现 Ubuntu Software 打不开了,从网上查的解决办法如下,依次运行下面的命令:

sudo apt-get update

sudo apt-get dist-upgrade

sudo apt-get install--reinstall software-center

需要说明的是,按此方法重新安装后,没有修复原来的软件包,反而出现了一个新的软件中心,看起来是旧版本的,不过也可以使用,如图 19-6 所示。

图 19-6　Ubuntu 软件中心

19.2　常见硬件问题

19.2.1　Ubuntu 16.04 LTS 忘记 root 密码的解决办法

(1)待重新开机后连续快速按下 Esc 键,进入 GNU GRUB 界面,如图 19-7 所示。

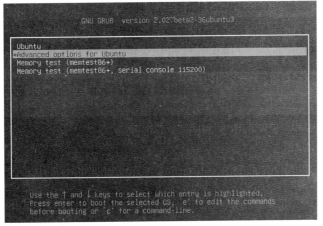

图 19-7　忘记 root 密码的解决办法

（2）将光标向下移动到第二行，按回车键，进入如图 19-8 所示的界面，然后选中有 re-covery mode 的选项。

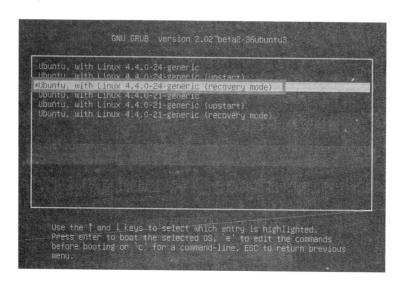

图 19-8　切换到 recovery mode 模式

（3）按字母 e 进入如图 19-9 所示的界面，找到图中框内标注"recovery nomodeset"字符所在行。

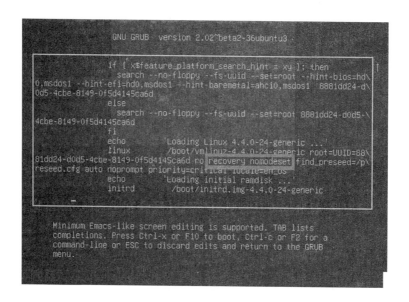

图 19-9　查找并标记插入位置

（4）将光标移动到该行的末尾，并在这一行的后面输入 quiet splash rw init =/bin/bash，然后按 F10 键，返回命令行，禁止按回车键，如图 19-10 所示。

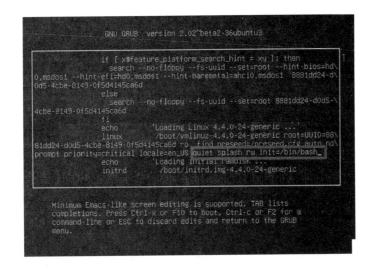

图 19-10　添加执行代码

（5）在命令行内输入 passwd 命令后进行修改密码,重复输入两次,如图 19-11 所示。

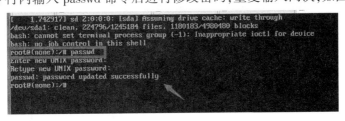

图 19-11　重新设置新密码

（6）若修改成功,则会返回"password updated successfully",如图 19-11 所示。

19.2.2　Ubuntu 16.04 LTS 如何建立 Wi-Fi 热点

（1）点击桌面右上角的网络符号(空心扇形),如图 19-12 所示。

（2）点击【编辑连接】,显示如图 19-13 所示的对话框。

图 19-12　打开编辑连接

图 19-13　显示网络连接

（3）点击右上角的【增加】按钮，显示如图 19-14 所示的对话框。

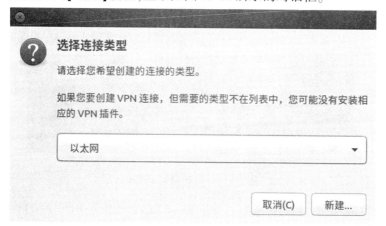

图 19-14　创建新网络

（4）点击中间最右边的小倒三角符号，选择连接类型，如图 19-15 所示。

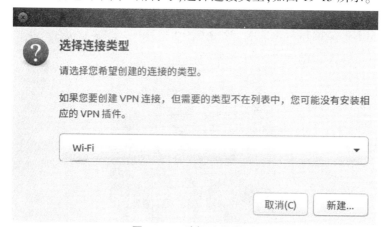

图 19-15　选择连接类型

（5）选择"Wi-Fi"，点击右下角的【新建】按钮，如图 19-16 所示。

图 19-16　输入连接名称

（6）输入连接名称（SSID），模式选择热点，然后切换到 Wi-Fi 安全性标签页，如
图 19-17 所示。

图 19-17　设置连接密码

（7）在安全选项一栏选择"WPA 及 WPA2 个人"，密码自己设置，然后切换到 IPv4 设置标签页，如图 19-18 所示。

图 19-18　设法共享网络方法

（8）在方法一栏中选择"与其他计算机共享"，点击右下角的【保存】按钮，返回，如图 19-19所示。

图 19-19　创建网络完成

（9）关闭该对话框,打开网络连接符号,选择【连接到隐藏的 Wi-Fi 网络（C）...】,如图 19-20 所示。

图 19-20　连接到隐藏网络

（10）选择连接名称为刚才设置的名称,点击右下角的【连接】按钮,如图 19-21 所示。

图 19-21　开始发射信号

（11）到此为止,Wi-Fi 热点设置成功,打开手机,搜索附近的网络,就可以看到你刚才建立的网络名称,输入密码就可以上网了。

注意:本方法只适用于使用有网线模式下创建无线网络的情况,使用无线网络客户端无法创建无线热点。经作者试验表明,虽然创建成功,用手机也能找到刚创建的无线网络,但是相互干扰,最终删除刚创建的无线网络后,才恢复正常。

19.2.3　Ubuntu 16.04 LTS 如何获取硬件信息

在 Ubuntu 上我们可以通过以下几种工具来获取机器的硬件信息。

1.lshw

安装方法：sudo apt install lshw，如图 19-22 所示。

图 19-22　安装 lshw

lshw 是命令行工具，可以获取 BIOS、主板、CPU 及内存等信息，如图 19-23 所示。

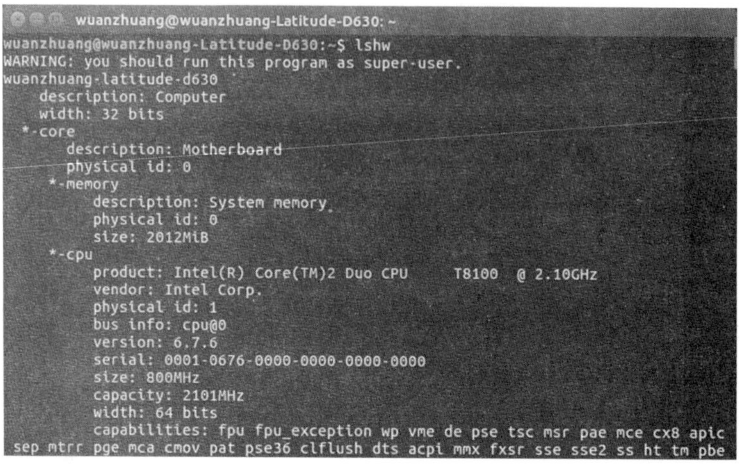

图 19-23　显示硬件信息

2.hwinfo

安装方法：sudo apt install hwinfo，如图 19-24 所示。

图 19-24　安装 hwinfo

hwinfo 是命令行工具，可以显示处理器、主板及芯片组、PCMCIA 卡、BIOS 版本、内存等信息，如图 19-25 所示。

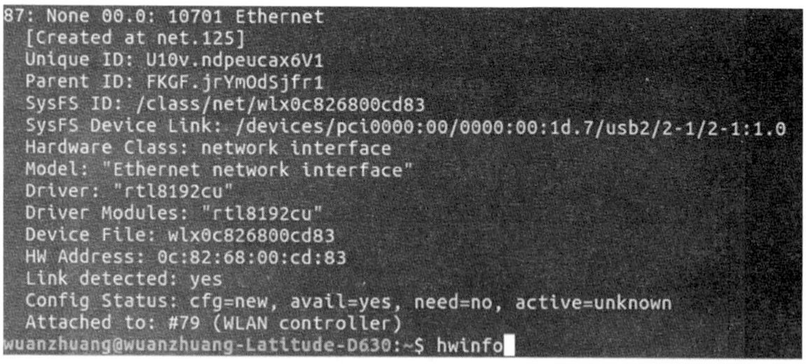

图 19-25　显示硬件信息

3.hardinfo

安装方法：sudo apt install hardinfo，如图 19-26 所示。

图 19-26　安装 hardinfo

hardinfo 也是图形工具，除了可以显示硬件信息外，还可以显示操作系统信息，比如内核版本、计算机名、桌面环境、内核模块等，如图 19-27 所示。

图 19-27　显示硬件信息

4.sysinfo

安装方法：sudo apt install sysinfo，如图 19-28 所示。

图 19-28　安装 sysinfo

sysinfo 同样也是图形工具，是 hardinfo 的轻量级替代品，它可以显示系统、CPU、内存、存储、主板、显卡、网络等一系列的详细信息，如图 19-29 所示。

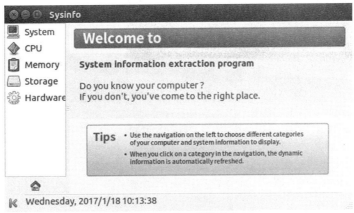

图 19-29　显示硬件信息

5.hostname

显示主机名称,如图 19-30 所示。

图 19-30　显示主机名称

6.lspci

显示硬件信息,如图 19-31 所示。

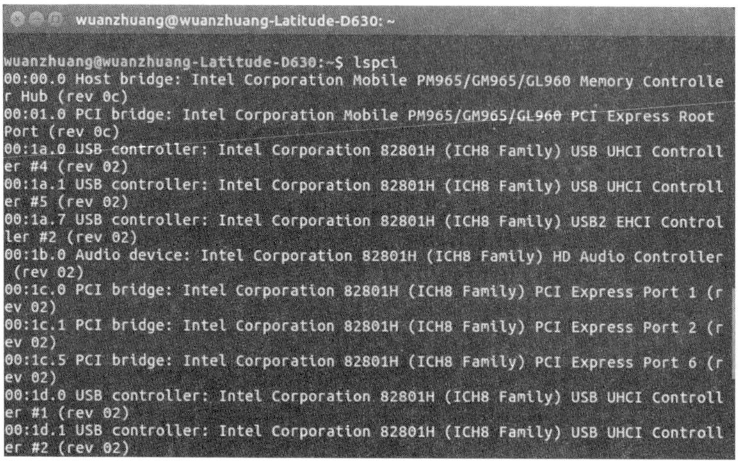

图 19-31　显示硬件信息

7.lsusb

获取 USB 信息,如图 19-32 所示。

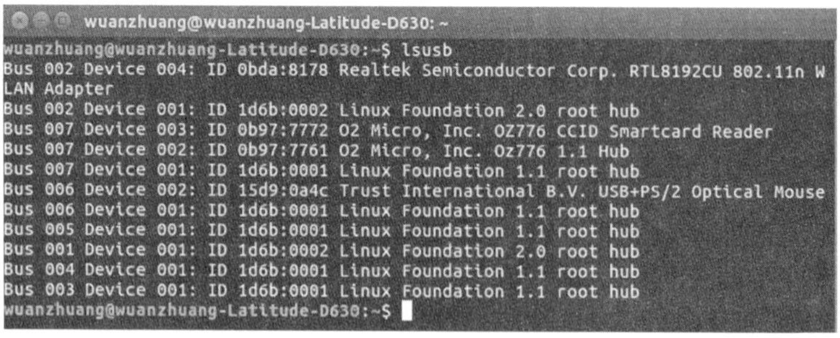

图 19-32　显示 USB 信息

8.cat/proc/cpuinfo

获取 CPU 信息,如图 19-33 所示。

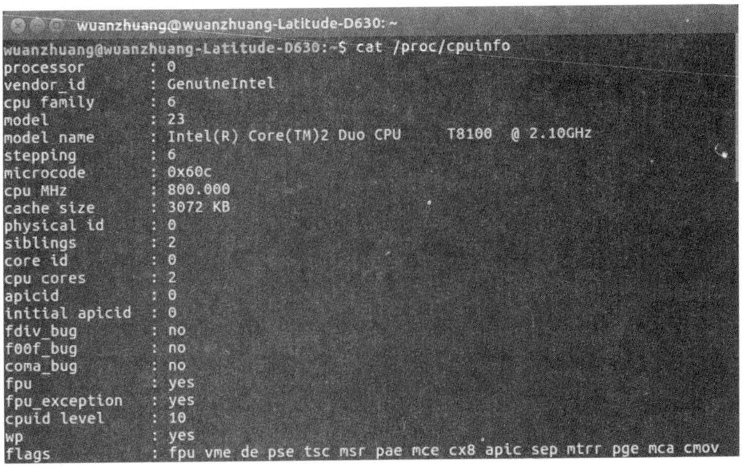

图 19-33　显示 CPU 信息

19.2.4　DELL 电脑找不到 Wi-Fi 的解决办法

　　一般来说,笔记本电脑都有一个管理无线网络的开关,一般不用,所以不留心。作者的电脑一直都会自动连接上 Wi-Fi,可是某天忽然连接不上了,显示 Wi-Fi 已禁用,如图 19-34所示。

图 19-34　Wi-Fi 网络已禁用解决办法

　　开始作者以为是单位出台了新政策,限制上网,绑定了网卡 MAC 地址,后来想想会不会是别的原因造成的。由于作者以前使用的联想电脑,在右下角有一个管理无线网络的开关,所以后来联想到 DELL 电脑会不会也是这个原因,于是在电脑旁边查看,果然,电脑左边有一个小开关,从来没用过,重新复位,试一下,成功了。

19.3 其他技术问题

19.3.1 如何选择 Ubuntu、CentOS、Debian 版本

Linux 操作系统有非常多的发行版本,从性质上划分,大体分为由商业公司维护的商业版本和由开源社区维护的免费发行版本。

商业版本以 Redhat 为代表,开源社区版本则以 Debian 为代表。这些版本各有不同的特点,在不同的应用领域发挥着不同的作用,不能一概而论,而绝大多数 VPS(Virtual Private Server,虚拟专用服务器)上只提供开源社区维护的发行版本,下面就对这些不同的 Linux 发行版本进行简单的介绍。

1.Ubuntu

Ubuntu 近些年的用户越来越多,Ubuntu 有着漂亮的用户界面、完善的软件包管理系统、强大的软件源支持、丰富的技术社区,Ubuntu 还对大多数硬件有着良好的兼容性,包括最新的图形显卡等,这一切让 Ubuntu 越来越向大众化方向发展。Ubuntu 的图形界面非常漂亮,但这也决定了它最佳的应用领域是桌面操作系统而非服务器操作系统,仅仅适合安装在自己的电脑中而非服务器中,非常适合初学者入门学习使用,但是,如果你所需要的是一个简约、稳定、易用的服务器系统,则最好选择 CentOS。

2.CentOS

你会发现非常多的商业公司部署在生产环境上的服务器使用的都是 CentOS 系统,CentOS 是从 RHEL 源代码编译的社区版本重新编译发行的新版本。CentOS 简约,命令行下的交互做得比较好,性能稳定,有着强大的英文文档与开发社区的支持,与 Redhat 有着相同的渊源。虽然不单独提供商业支持,但往往可以从 Redhat 中找到一丝线索,相对 Debian 来说,CentOS 体积略大一点,是一个非常成熟的 Linux 发行版。

3.Debian

一般来说,Debian 作为适合于服务器的操作系统,它比 Ubuntu 要稳定得多,整个 Debian 系统,只要应用层面不出现逻辑缺陷,基本上运行非常稳定,是一个常年不需要重启的系统(虽然有点夸张,但并没有夸大其稳定性)。

Debian 整个系统基础核心非常小,不仅稳定,而且占用硬盘空间小,占用内存小,128 MB 的 VPS 即可以流畅运行 Debian,而运行 CentOS 则会略显吃力,但是由于 Debian 的发展路线,它的帮助文档相对于 CentOS 略少,技术资料也少一些。由于其优秀的表现与稳定性,Debian 非常受 VPS 用户的欢迎。

此外,还有 Arch Linux、Gentoo、Slackware 等一系列的 Linux 和 FreeBSD、Unix 等系统,由于其涉及领域更加专业,很少在 VPS 中出现,因此不作介绍。对于初学者,建议采用 CentOS 或 Debian,这两种系统都能在配置较低的 VPS 上运行,但是如果 VPS 配置太低(OPENVZ 内存在 128 MB 以下,或者 XEN 架构内存在 192 MB 以下),建议采用 Debian,也可采用 CentOS,以获取更多的在线帮助与支持,让自己入门更轻松。

19.3.2　安装 Linux 系统时容易出现的问题

（1）作者在制作安装 Ubuntu 系统过程中，出现如图 19-35 所示的问题，一直找不到解决办法，后来买了一个新的 KinsSton 16 GB U 盘，重新制作启动盘，就可以顺利安装了。

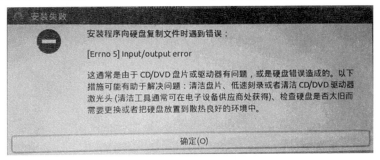

图 19-35　安装过程中硬件出现问题

（2）如果使用的软碟通工具版本过低，也会导致安装失败。以前下载的是 UltraISO.v.9.6.2.3059，能制作成功，但是安装失败，后来重新下载最新的版本，如 UltraISO_9.6.5.3237_cn，就顺利安装 Ubuntu 16.04 LTS 版本了。

（3）使用 Universal-USB-Installer-1.9.6.8 工具制作的启动盘一直没有安装成功，找不到原因，待查。另外，需要注意的是，用软碟通制作的启动盘有可能不能被重新格式化，用 Universal-USB-Installer-1.9.6.8 软件制作的启动盘则可以被重新格式化。

（4）如果系统在安装时或安装后出现如图 19-36、图 19-37 所示的问题，则只能重新安装系统。

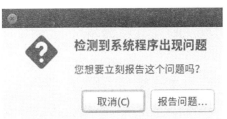

图 19-36　程序出现问题

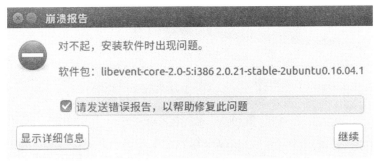

图 19-37　系统崩溃原因

19.3.3　安装软件包过程中出现问题的解决办法

（1）安装包被中断，恢复方法：sudo dpkg--configure-a，如图 19-38 所示。

图 19-38　安装包被中断恢复

（2）如果出现如图 19-39 所示的图标，表示服务器无法连接，稍候再试，直到安装成功。

图 19-39　服务器无法连接

（3）如果出现如图 19-40 所示的对话框，表示软件包未检索到，可忽略，继续安装。

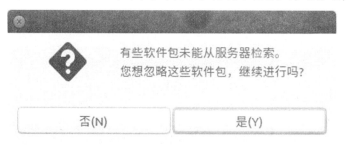

图 19-40　软件包未检索到

（4）如果出现如图 19-41 所示的对话框，表示由于某种原因，有些安装包不能正确下载，点击【关闭】按钮。

出现一个错误
提供的详情如下:
E: android-studio: 子进程 已安装 post-installation 脚本 返回错误状态 1
W: 未能取回 http://mirrors.ustc.edu.cn/ubuntu/pool/universe/w/webkitgtk/libwebkitgtk-1.0-0_2.4.11-0ubuntu0.1_i386.deb
无法发起与 mirrors.ustc.edu.cn:80 (2001:da8:d800:95::102) 的连接 -
关闭(C)

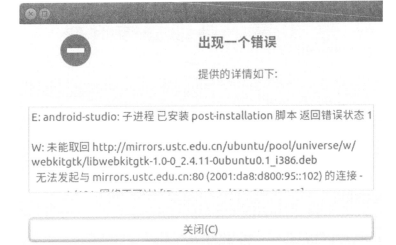

图 19-41　子进程出错

(5)如果出现如图 19-42 所示的对话框，显示变更已应用，但有些变更没有正确下载和安装，点击【Close】按钮，继续，系统会尝试重新下载。

变更已应用
变更已应用
更改和更新并未全部成功。有关失败的细节，请展开下面的“细节”面板查看。
当变更成功应用后自动关闭(对话框)
详细信息
Close

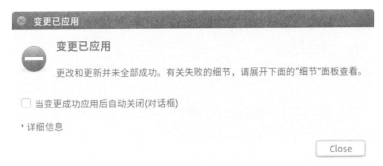

图 19-42　安装软件没成功

(6)在使用 dpkg 安装软件包时，例如：sudo dpkg-i 文件名.deb，如果出现安装失败，提示缺少依赖的包，可使用如下命令：sudo apt install-f，然后重新安装就可以了。

(7)如果出现如图 19-43 所示的情况，可注销或关机重试，基本可以解决问题。

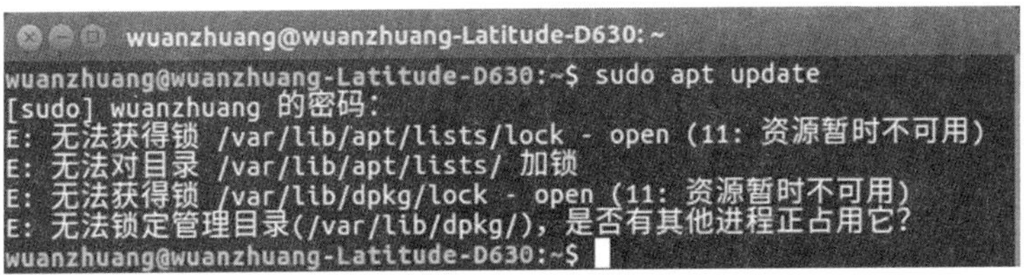

wuanzhuang@wuanzhuang-Latitude-D630: ~
wuanzhuang@wuanzhuang-Latitude-D630:~$ sudo apt update
[sudo] wuanzhuang 的密码:
E: 无法获得锁 /var/lib/apt/lists/lock - open (11: 资源暂时不可用)
E: 无法对目录 /var/lib/apt/lists/ 加锁
E: 无法获得锁 /var/lib/dpkg/lock - open (11: 资源暂时不可用)
E: 无法锁定管理目录(/var/lib/dpkg/)，是否有其他进程正占用它?
wuanzhuang@wuanzhuang-Latitude-D630:~$

图 19-43　软件资源已占用提示

第 20 章　其他参考资料

20.1　Linux 系统基础知识

20.1.1　Ubuntu 常用终端命令

1.目录/文件管理

（1）目录：

cd 目录名 //改变当前目录

cd .. //回当前目录的上一级目录

cd- //回上一次所在的目录

cd 或 cd ~ //回当前用户的宿主目录,进入用户/home 目录

mkdir 目录名 //创建一个目录

rmdir 空目录名 //删除一个空目录

rm-rf 目录名 //无条件删除子目录

pwd //查看自己所在目录

du //查看当前目录大小

（2）文件/文件夹：

ls //列出当前目录文件(不包括隐含文件)

ls-a //列出当前目录文件(包括隐含文件)

ls-l //列出当前目录下文件的详细信息

rm 文件名 文件名 //删除一个文件或多个文件,区分大小写

rm-rf 非空目录名 //删除一个非空目录下的一切

mv 文件名 新名称 //在当前目录下改名

find 文件名 //查找当前路径下匹配的文件

find 文件夹 //显示该文件夹下包括子文件夹内的全部文件和目录

whereis 文件名 //快速查找某个文件

locate 文件名 //快速定位某个文件

file 文件名 //查看文件类型

more 文件名.txt　//浏览文件

less 文件名.txt　//浏览文件

cp 源文件 目标文件 //复制文件

ln 来源文件 链接文件　//建立 hard 链接

ln-s 来源文件 链接文件　//建立符号链接

2.系统管理

（1）系统：

uname-a //查看内核版本

lsmod //查看内核加载的模块

lspci //查看 PCI 设备

lsusb //查看 USB 设备

cat /etc/issue //查看 Ubuntu 版本

cat /proc/cpuinfo //查看 CPU 信息

sudo ethtool eth0 //查看网卡状态

（2）硬盘：

sudo fdisk-l //查看硬盘的分区

sudo hdparm-i /dev/hda //查看 IDE 硬盘信息

sudo hdparm-I /dev/sda //查看 STAT 硬盘信息

df-h //查看硬盘剩余空间

du-hs 目录名 //查看目录占用空间

lshw //查看当前硬件信息

（3）内存：

free-m //查看当前的内存使用情况

（4）进程：

top //查看当前进程的实时状况

lsof-p //查看进程打开的文件

ps-A //查看当前有哪些进程

kill 进程号 //就是上一个命令 ps-A 中的第一列的数字

kill-9 进程号 //强制杀死一个进程

3.常用软件包管理命令

pkg-config−list-all //查看安装包

apt-cache search 包名 //搜索包

apt-cache show 包名 //获取包的相关信息，如说明、大小、版本等

sudo apt install 包名 //安装包

sudo apt install 包名 --reinstall //重新安装包

sudo apt-f install //修复安装，-f =-fix-missing

sudo apt remove 包名 //删除包

sudo apt remove 包名--purge //彻底删除包，包括删除配置文件等

sudo apt update //更新源

sudo apt upgrade //更新已安装的包

sudo apt dist-upgrade //升级系统

apt-cache depends 包名 //了解使用依赖

apt-cache rdepends 包名 //查看该包被哪些包依赖

sudo apt build-dep 包名 //安装相关的编译环境

apt source 包名 //下载该包的源代码

sudo apt clean && sudo apt autoclean //清理无用的包

sudo apt clean //清理所有软件缓存(缓存在/var/cache/apt/archives 目录里的 deb 包)

sudo apt-get autoclean //清理旧版本的软件缓存

sudo apt-get clean //清理所有软件缓存

sudo apt-get autoremove //删除系统不再使用的孤立软件

4.关于 deb 安装包命令

dpkg-l //查看系统中已安装软件包信息

dpkg-L xxx.deb //查看文件拷贝详情

dpkg-info xxx.deb //查看软件包信息

dpkg-i xxx.deb //安装 deb 软件包

dpkg-r xxx.deb //删除软件包

dpkg-r--purge xxx.deb //连同配置文件一起删除

dpkg-reconfigure xxx //重新配置软件包

20.1.2　Ubuntu 操作系统升级

（1）如果系统检测到有软件更新信息，会给出提示，如图 20-1 所示。

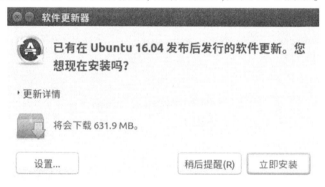

图 20-1　软件更新提示

（2）输入管理员密码，进行认证授权，如图 20-2 所示。

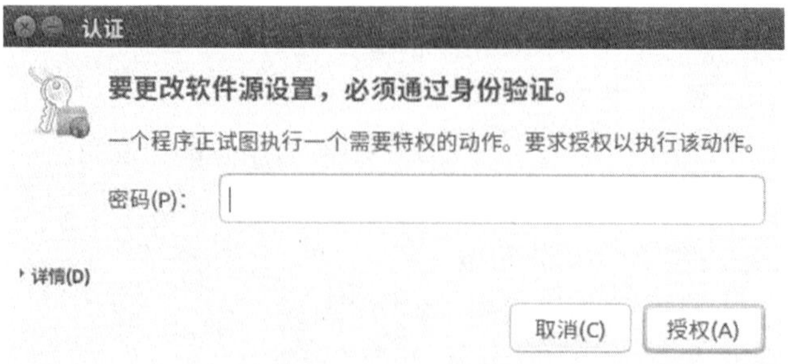

图 20-2　输入密码

（3）点击认证后开始下载并安装更新，如图 20-3 所示。

图 20-3　下载并安装更新

（4）安装完毕，重新启动计算机即可，如图 20-4 所示。

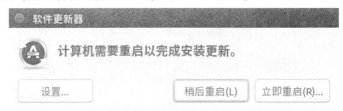

图 20-4　完成安装

20.1.3　Linux 系统硬盘挂载点

1.Linux 硬盘的接口类型

硬盘的接口一般分为两种：一种是 IDE 并行接口，另一种是 SATA 串行接口，在 Linux 系统上，IDE 接口的硬盘被识别为/dev/hd[a-z]这样的设备，其中 hdc 表示光驱设备，这是因为主板上面一般有两个 IDE 插槽，一个 IDE 插槽可以接两个硬盘，而光驱是接在 IDE 的第二个插槽上面的第一个接口上面，其他诸如 SCSI，SAS，SATA，USB 等接口的设备在 Linux 上被识别为/dev/sd[a-z]。

2.Linux 硬盘的分区

磁盘的分区分为 primary（主分区）、extended（扩展分区）、logical（逻辑分区），主分区加上扩展分区的个数小于等于 4 个。扩展分区最多只有 1 个，扩展分区是不能直接在里面写入数据的，扩展分区里面新建逻辑分区后才能读写数据，如果你看见一个硬盘有很多分区，则其实是在扩展分区里面新建的逻辑分区。主分区从 sdb1 到 sdb4，逻辑分区从 sdb5 到 sdbN。

3.Linux 硬盘挂载点

接下来我们需要设置许多分区（挂载点）：/boot，swap（交换空间），/，/home，/usr，等等。

第一，设置"/boot"挂载点，用来存放系统引导的挂载点，大小以 200~400 MB 为宜，如图 20-5 所示。

第二，设置"swap（交换空间）"，说直白点，是硬盘与内存互动的空间，相当于 Windows 虚拟内存的意思，设置大小以内存大小的 2 倍为宜，最多不超过 2 GB 空间。

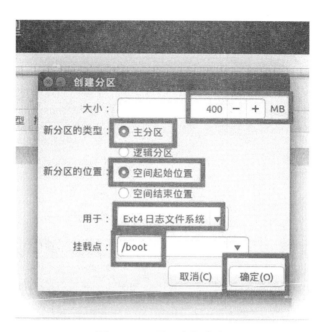

图 20-5　设置硬盘挂载点

第三,设置"/"挂载点,为系统默认根目录,用户没有明确设置挂载点的均在这里分配空间,大小约 8 GB,总容量为 50 GB 的请分 10~15 GB。

第四,设置"/home"挂载点,大小为 10 GB,用户的文件都存在这里,如果有空间可以多分点。

第五,其余的空间全部分给"/usr",如果空间大的话,其他挂载点建议都分给几 GB,具体干什么用的请在百度上查找。

以下是作者的电脑,DELL 旧电脑,硬盘 160 GB,内存 2 GB,分配方案如表 20-1 所示。

表 20-1　作者电脑分配方案

/boot	1 GB	引导区
swap	2 GB	交换空间
/	50 GB	根目录
/home	80 GB	用户目录
/usr	24 GB	余下空间

20.1.4　Linux 系统硬盘分区方案

Linux 系统硬盘分区方案见表 20-2。

表 20-2　Linux 系统硬盘分区方案

分区类型	介绍	说明
/boot	启动分区	一般设置 100~200 MB,boot 目录包含了操作系统的内核和在启动系统过程中所要用到的文件
/	根目录分区	所有未指定挂载点的目录都会放到这个挂载点下
/home	用户目录	一般每个用户 100 MB 左右,分区大小取决于用户多少。对于多用户使用的电脑,建议把/home 独立出来,而且可以很好地控制普通用户权限等,比如对用户或者用户组实行磁盘配额限制、用户权限访问等
/tmp	临时文件	一般设置 1~5 GB,方便加载 ISO 镜像文件使用,对于多用户系统或者网络服务器也有独立挂载的必要。临时文件目录,也是最常出现问题的目录之一
/usr	文件系统	一般设置要 3~15 GB,大部分的用户安装的软件都在这里,就像是/Windows 目录和/Program Files 目录。很多 Linux 家族系统有时还会把/usr/local 单独作为挂载点使用
/var	可变数据目录	包含系统运行时要改变的数据。通常这些数据所在的目录的大小是经常变化的,系统日志记录也在/var/log 下。一般多用户系统或者网络服务器要建立这个分区,设立这个分区,对系统日志的维护很有帮助。一般设置 2~3 GB 大小,也可以把硬盘余下空间全部分为 var
/srv	系统服务目录	用来存放 service 启动所需的文件资料目录,不常改变
/opt	附加应用程序	存放可选的安装文件,一般把自己下载的软件资料存在这里,比如 Office、QQ 等
swap	交换分区	一般为内存的 2 倍,最大指定 2 GB 即可

以下为其他常用的分区挂载点

/bin	二进制可执行目录	存放二进制可执行程序,里面的程序可以直接通过命令行调用,而不需要进入程序所在的文件夹
/sbin	系统管理员命令存放目录	存放标准系统管理员文件
/dev	存放设备文件	存放驱动文件等

20.2 Ubuntu 远程登录与监控技术

20.2.1 Ubuntu 如何连接到服务器

在文件管理器(Nautilus)中,可以访问 FTP、SSH 或 Windows 共享,方法如下:

(1)点击左侧栏的主文件夹图标,打开用户主文件夹,如图 20-6 所示。

图 20-6　打开用户主文件夹

(2)点击桌面最上边的菜单栏中的菜单:【文件】→【连接到服务器(S)...】",如图 20-7 所示。

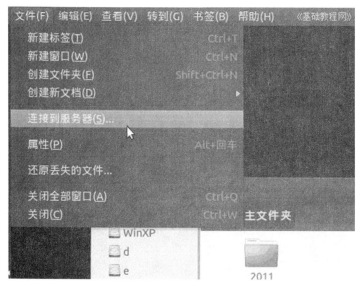

图 20-7　连接到服务器

（3）显示一个对话框,点击中间的类型下拉列表,选择"FTP(需登录)",如图 20-8 所示。

图 20-8　选择 FTP(需登录)

（4）接下来依次输入服务器地址、用户名、密码,然后点击右下角的【连接】按钮,如图 20-9 所示。

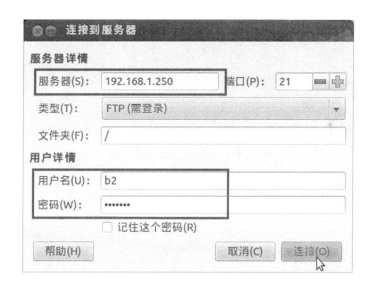

图 20-9　输入服务器地址、用户名、密码

（5）稍等就可以登录到 FTP 服务器上,在左侧栏网络中显示一个项目,可以把它添加到书签中便于下次访问,如图 20-10 所示。

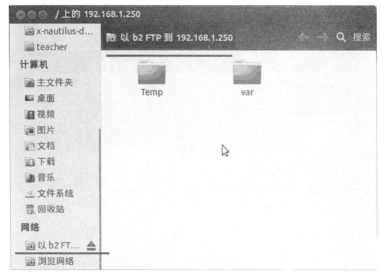

图 20-10 登录到 FTP 服务器成功

(6)接下来就跟平常一样操作文件夹,可以复制、粘贴或删除文件。

20.2.2 Ubuntu 翻墙方法(shadowsocks)

1.安装 shadowsocks 方法

输入命令:sudo apt-get install shadowsocks,如图 20-11 所示。

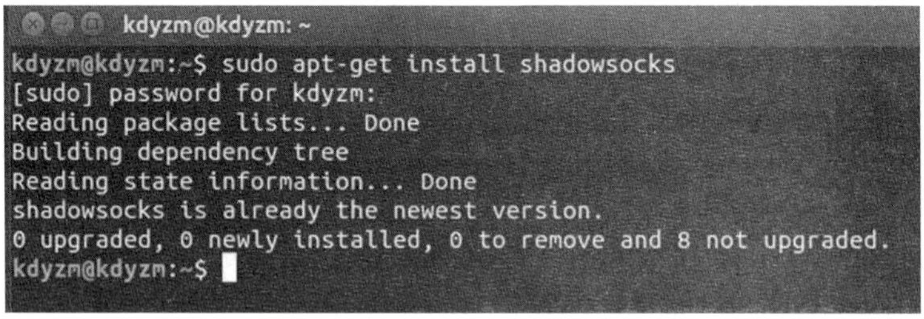

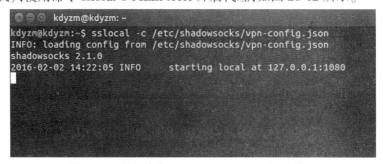

图 20-11 安装 Ubuntu 翻墙软件

2.配置 shadowsocks 配置文件

随便找一个路径创建一个文本文件(.json),并将配置信息填好(免费的 shadowsocks 很多,自己找),使用命令 sslocal-c FILEPATH 开启代理,如图 20-12 所示。

```
😣 🖨 📵 kdyzm@kdyzm: ~
kdyzm@kdyzm:~$ sslocal -c /etc/shadowsocks/vpn-config.json
INFO: loading config from /etc/shadowsocks/vpn-config.json
shadowsocks 2.1.0
2016-02-02 14:22:05 INFO     starting local at 127.0.0.1:1080
```

图 20-12 使用命令 sslocal-c FILEPATH 开启代理

3.配置火狐浏览器代理

依次找到 Preference→Advanced→Network→Settings,然后单击"Manual proxy configuration",填好代理服务器地址和端口,如图 20-13 所示。

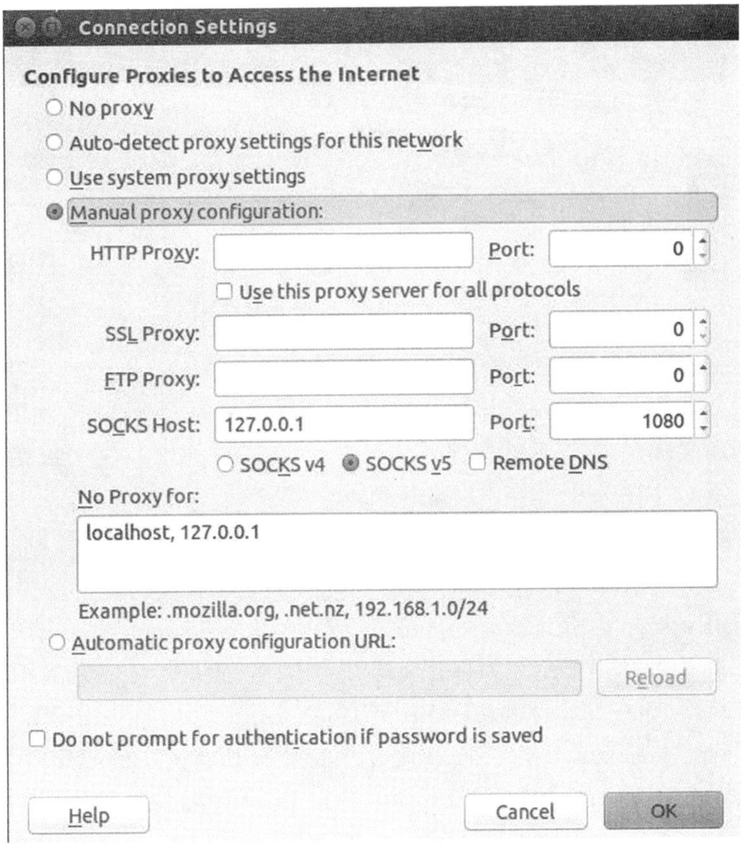

图 20-13　填写代理服务器地址和端口

4.注意事项

这种方式只能让火狐浏览器访问被墙网站,如果想要让所有程序都能够访问被墙网站,则需要开启系统代理,开启系统代理的方法是:依次找到 SystemSetting→Network→NetworkProxy,选中 Manual,填写好代理服务器地址和端口即可,但是需要注意这种方式访问非被墙网站也会走代理。

注意:以上内容来自网络,由于受我国政策限制,只简单介绍翻墙方法,不作详细说明,仅供参考。

20.2.3　Ubuntu 默认防火墙安装、启用、查看状态

Ubuntu 16.04 LTS 默认安装的是 UFW 防火墙,支持界面操作。在终端输入 ufw 命令,就可以看到提示的一系列可进行的操作。输入 sudo ufw status,可检查防火墙的状态,输入 sudo ufw version,可显示防火墙版本,如图 20-14 所示。

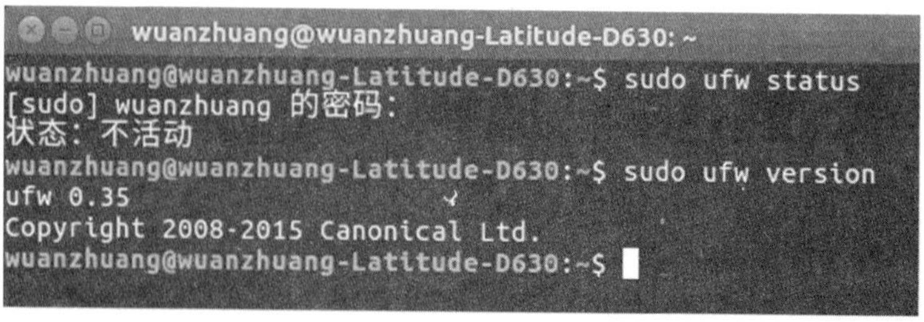

图 20-14　查看防火墙状态

（1）安装方法：

sudo apt install ufw

（2）启用方法：

sudo ufw enable

sudo ufw default deny

运行以上两条命令后，就开启了防火墙，并在系统启动时自动开启。作用是关闭所有外部对本机的访问，但本机可正常访问外部。

（3）开启/禁用方法：

sudo ufw allow|deny [service]

打开或关闭某个端口，例如：

sudo ufw allow smtp //允许所有的外部 IP 访问本机的 25/tcp(smtp)端口

sudo ufw allow 22/tcp //允许所有的外部 IP 访问本机的 22/tcp(ssh)端口

sudo ufw allow 53 //允许外部访问 53 端口(tcp/udp)

sudo ufw allow from 192.168.1.100 //允许此 IP 访问所有的本机端口

sudo ufw allow proto udp 192.168.0.1 port 53 to 192.168.0.2 port 53

sudo ufw deny smtp //禁止外部访问 smtp 服务

sudo ufw delete allow smtp //删除上面建立的某条规则

（4）查看防火墙状态：

sudo ufw status

（5）UFW 使用范例：

允许 53 端口：$ sudo ufw allow 53

禁用 53 端口：$ sudo ufw delete allow 53

允许 80 端口：$ sudo ufw allow 80/tcp

禁用 80 端口：$ sudo ufw delete allow 80/tcp

允许 smtp 端口：$ sudo ufw allow smtp

删除 smtp 端口的许可：$ sudo ufw delete allow smtp

允许某特定 IP：$ sudo ufw allow from 192.168.254.254

删除上面的规则：$ sudo ufw delete allow from 192.168.254.254

20.3　Linux **系统发展前景**

20.3.1　使用 Linux 操作系统的优越性

如果把 Linux 与 Windows 相比较,会有很多优势存在。不同的人有不同的见解,习惯于使用 Windows 操作系统的人会按照思维定式来对待 Linux,总感觉到不如 Windows 好用,其实不然,习惯了 Linux 的人对 Linux 评价更高。现在,站在一个公平的立场上,把两者做一比较,供大家参考。

提起安卓手机,我想大家都不会陌生,如果没用过,起码听说过。Android(安卓或安致)就是基于 Linux 平台开发的开源手机操作系统,现在 Linux 系统越来越普及,Ubuntu(乌班图)手机也已经诞生,还有物联网、云计算等,也是基于 Linux 系统的。Linux 系统以其免费、安全、稳定等优点获得人们的广泛好评,那么,Linux 与 Windows 操作系统相比有哪些优越性呢? 简单来说就是:

第一,操作系统比较稳定,Linux 是基于 Unix 概念而发展出来的操作系统,因此 Linux 具有与 Unix 系统相似的程式介面和操作方式,当然也继承了 Unix 稳定并且高效的特点。安装 Linux 的主机连续运行 1 年以上而不会宕机、不必关机是平常的事。

第二,操作系统开源,这点对于搞软件开发的人很有吸引力,吸引越来越多的软件开发人员参加到开发团队里。

第三,操作系统免费,并且版本多,选择性大,升级免费,稳定高效。

第四,体积小,硬件配置要求低,占用内存小,淘汰的旧电脑可以用来安装 Linux 操作系统。

第五,安全管理(分超级用户和普通用户,权限不同,不能越权操作等)。

第六,适合作为网站操作系统,一般大型的服务器、工作站都是用 Linux 或 Unix 作为操作系统,甚至可以数月不用重启机器,因为它具有独特的内存管理方式。

第七,免费软件很多,用户可以随意选择安装或删除,Debian 包括了超过 37 500 个软件包并支持 12 个计算机系统结构。

第八,系统升级时无须重新安装全部应用程序。/usr 用来存放系统程序,/usr/local 用来存放本地安装的程序和其他文件。但是,需要注意的是,用户重装系统后,所有应用程序不复存在。

第九,采用嵌入式操作系统,Linux 只要几百 K 不到的程式代码,就可以完整地驱动整个电脑硬件,并成为一个完整的作业系统,因此相当适合于目前小家电或者是小电子产品的作业系统,例如智能手机、数位相机、PDA、家用电器等的微电脑作业系统。

第十,云计算,以计算机网络为基础发展起来的新技术,正在发挥着巨大的作用,推动云计算的 Linux 开源开发技术也迅猛发展。

20.3.2　中国标准操作系统国家参考架构选定

2013 年 3 月 21 日上午,中国工信部软件与集成电路促进中心(CSIP)携国防科技大学(NUDT)与 Canonical 公司(开发 Ubuntu Linux 操作系统的公司)在北京宣布合作成立开源软件创新联合实验室,并举办协议签约及揭牌仪式,中国政府选择了 Ubuntu 作为国家操作系统参考架构(见图 20-15)。

图 20-15 中国标准操作系统国家参考架构签订仪式

Canonical 官方表示,CSIP 选择了 Ubuntu 作为中国标准操作系统国家参考架构,同时将与 CCN 合作开发中国版桌面和服务器操作系统 Ubuntu Kylin,并将为中国用户做更多定制化,希望让中国开源社区融入全球 Ubuntu 社区。

20.3.3 世界上第一款 Ubuntu 系统手机诞生

在经历了多年的研发之后,Canonical 公司终于推出 Ubuntu 手机,目前通过越来越多的合作厂商(西班牙 BQ 厂商、国产魅族厂商),有一系列 Ubuntu 手机公开发行。

1.BQ Aquarius E4.5 手机

2015 年 2 月 9 日,世界上第一个 Ubuntu 手机在欧洲地区上市,这款手机是西班牙 BQ 的中端产品 Aquarius E4.5,售价 170 欧元(约合人民币 1 200 元),采用线上销售方式出售。这款手机还和多家运营商推出定制版机型,包括"3"、GiffGaff、葡萄牙电信等,并且提供和 SIM 卡打包出售的型号,如图 20-16 所示。

图 20-16 BQ Aquarius E4.5 手机

第一款 Ubuntu 手机是一个中端产品,拥有 4.5 英寸 540×960 分辨率的显示屏,搭载联发科四核处理器,主频 1.3 GHz(可能是 MT6582),载有 1 GB RAM,以及 800 万像素后置摄像头和 500 万像素前置摄像头。

本机的 Ubuntu 系统的大部分功能都基于手势操作,这和 Jolla 的 Sailfish 系统比较相似,同时也具有类似 Android 系统中具备的通知中心、快捷选项、应用侧边栏和多任务界面等功能,不同的是该系统会根据不同的状态为你提供当前位置信息,如周边的新闻、地点等,以云计算作为基础服务功能。

2.魅族 PRO 5 Ubuntu 手机

2014 年 2 月 20 日,Canonical 公司于北京中关村皇冠假日酒店召开了 Ubuntu 智能手机发布会,正式宣布 Ubuntu 与国产手机厂商魅族合作推出 Ubuntu 版 MX3,魅族副总裁李楠出席。

2016 年 4 月 27 日,Ubuntu 系统开发商 Canonical 与魅族共同推出了号称"迄今为止性能最强的 Ubuntu 手机"——魅族 PRO 5 Ubuntu 版,如图 20-17 所示。魅族是目前全球范围内唯一同时拥有 Android、Ubuntu、YunOS 三套操作系统的制造商。

图 20-17　魅族 PRO 5 Ubuntu 版手机

魅族 PRO 5 Ubuntu 版采用 5.7 英寸的 1 080P AMOLED 显示屏,搭载三星 Exynos 7420 八核处理器,3 GB/4 GB LPDDR4 内存+32 GB/64 GB 机身存储,后置摄像头为 2 110 万像素,前置摄像头为 500 万像素,电池容量为 3 050 mAh,支持指纹识别以及 hi-fi 音效,采用 Type-C 接口。魅族 PRO 5 Ubuntu 版的手机售价 369.99 美元/2 390.14 元人民币/331.03 欧元。

3.魅族 MX6 Ubuntu 手机

该机背部将采用与魅族 PRO 6 相似的设计,2016 年 7 月 19 日举办新机发布会,如图 20-18 所示。

图 20-18 魅族 MX6 Ubuntu 手机

　　魅族 MX6 配备 Helio X20 处理器,采用 5.5 英寸 1 080 P 显示屏,机身厚度为 7.5 mm,存储组合将由 3 GB RAM+32 GB ROM 起步,但也会提供 4 GB RAM 内存版本,所配的电池容量为 3 060 mAh。该版本手机售价高达 399 欧元(约合人民币 2 950 元)。不过关于国内版本的售价,据称会根据它是否搭载压力感应技术而有所不同。

参 考 文 献

[1] 武安状.空间数据处理系统理论与方法[M].郑州:黄河水利出版社,2012.

[2] 武安状.实用 ObjectARX2008 测量软件开发技术[M].郑州:黄河水利出版社,2013.

[3] 武安状.实用 Android 系统测量软件开发技术[M].郑州:黄河水利出版社,2014.

[4] 武安状.基于 VS2012 平台 C#语言测量软件开发技术[M].郑州:黄河水利出版社,2015.

[5] 武安状.测量师必备基础知识与操作技能[M].郑州:黄河水利出版社,2016.

[6] 张敬伟.建筑工程测量[M].2 版.北京:北京大学出版社,2013.

[7] 谭浩强.C 语言程序设计[M].2 版.北京:清华大学出版社,2006.

[8] 刘小石,郑淮,马林伟,等.精通 Visual C++6.0[M].北京:清华大学出版社,2000.

[9] 许福,舒志,张威.Visual C++程序设计技巧与实例[M].北京:中国铁道出版社,2003.

[10] 启明工作室.Visual C++ SQL Server 数据库应用实例完全解析[M].北京:人民邮电出版社,
2006.

[11] 刘烨,吴中元.C#编程及应用程序开发教程[M].北京:清华大学出版社,2003.

[12] James Foxall.Visual C# 2005 入门经典[M].陈秋萍,译.北京:人民邮电出版社,2007.

[13] 李容.Visual C# 2008 开发技术详解[M].北京:电子工业出版社,2008.

[14] 刘烨,季石磊.C#编程及应用程序开发教程[M].2 版.北京:清华大学出版社,2007.

[15] 陈云志,张应辉,李丹.基于 C#的 WindowsCE 程序开发实例教程[M].北京:清华大学出版社,
2008.

[16] 周立.GPS 测量技术[M].郑州:黄河水利出版社,2006.

[17] 李征航,黄劲松.GPS 测量与数据处理[M].武汉:武汉大学出版社,2005.

[18] 佘志龙,陈昱勋,郑名杰,等.Google Android SDK 开发范例大全[M].北京:人民邮电出版社,
2011.

[19] 赫达逊.深入解析 Ubuntu 操作系统[M].北京:清华大学出版社,2008.

[20] 理查德·史蒂文斯,拉戈.UNIX 环境高级编程[M].北京:人民邮电出版社,2006.

[21] Christopher Negus.Linux 宝典[M].9 版.北京:清华大学出版社,2016.

[22] Michael kerrisk.Linux/UNIX 系统编程手册[M].北京:人民邮电出版社,2014.

[23] 王大亮,曾广平,张德政.Ubuntu 标准教程[M].北京:人民邮电出版社,2008.

[24] 王旭.Debian 标准教程[M].北京:人民邮电出版社,2009.

[25] 郝铃,李晓.Ubuntu Linux 从入门到精通[M].北京:科学出版社,2009.

[26] 李晨光.Linux 企业应用案例精解[M].北京:清华大学出版社,2014.

[27] 梁庚,陈明,马小陆.高质量嵌入式 Linux C 编程[M].北京:电子工业出版社,2015.

[28] 程国钢,张玉兰.Linux C 编程从基础到实践[M].北京:清华大学出版社,2015.

[29] 董峰.深入剖析 Linux 内核与设备驱动[M].北京:机械工业出版社,2015.

[30] 马玉军,郝军.Linux Bash 编程与脚本应用实战[M].北京:清华大学出版社,2015.

[31] 王宏勇.Ubuntu Linux 基础教程[M].北京:清华大学出版社,2015.

[32] 高峰,李彬.Linux 环境编程从应用到内核[M].北京:机械工业出版社,2016.

[33] 张金石.Ubuntu Linux 操作系统[M].北京:人民邮电出版社,2016.

[34] 陈祥琳.CentOS Linux 系统运维[M].北京:清华大学出版社,2016.

［35］伍之昂,等.Linux Shell 从初学到精通［M］.北京:电子工业出版社,2016.

［36］张敬东.Linux 服务器配置与管理［M］.北京:清华大学出版社,2016.

［37］何晓龙.完美应用 Ubuntu［M］.3 版.北京:电子工业出版社,2017.